普通高等学校旅游管理教材

宴会运营管理

主　编　王天佑
副主编　张一楠

U0268384

清华大学出版社
北京交通大学出版社
·北京·

内容简介

《宴会运营管理》是顺应知识经济时代的要求，根据21世纪我国商贸活动、旅游业、会展业、饭店业、休闲业和餐饮业的发展及对旅游管理、会展管理、休闲管理和酒店管理人员的知识要求而编写。内容设计是基于增加旅游业、会展业、休闲业、饭店业与餐饮业的管理人员对现代宴会运营管理知识的全面了解。全书内容包括三个部分。第一部分为宴会概论，包括宴会含义与特点、不同种类的宴会介绍、宴会历史与文化、宴会运营组织、宴会与中餐、宴会与西餐、宴会与酒水等。第二部分为宴会运营管理，包括宴会生产管理、宴会成本管理、宴会质量管理等。第三部分为宴会营销管理，包括宴会菜单筹划、宴会服务管理、食品卫生与安全、宴会营销管理等。

本教材可用于高等院校的旅游管理专业、会展经济与管理专业、酒店管理专业和餐饮管理专业。同时，也可作为旅游企业管理人员的培训教材。

本书封面贴有清华大学出版社防伪标签，无标签者不得销售。
版权所有，侵权必究。侵权举报电话：010-62782989　13501256678　13801310933

图书在版编目（CIP）数据

宴会运营管理／王天佑主编. —北京：北京交通大学出版社：清华大学出版社，2019. 9
（普通高等学校旅游管理教材）
ISBN 978-7-5121-4072-1

Ⅰ.① 宴…　Ⅱ. ① 王…　Ⅲ. ① 宴会-设计 ② 宴会-商业管理　Ⅳ. ① TS972. 32
② F719. 3

中国版本图书馆 CIP 数据核字（2019）第 207054 号

宴会运营管理
YANHUI YUNYING GUANLI

责任编辑：郭东青
出版发行：清 华 大 学 出 版 社　邮编：100084　电话：010-62776969　http://www.tup.com.cn
　　　　　北京交通大学出版社　邮编：100044　电话：010-51686414　http://www.bjtup.com.cn
印 刷 者：北京鑫海金澳胶印有限公司
经　　销：全国新华书店
开　　本：185 mm×260 mm　印张：15. 5　字数：397 千字
版　　次：2019 年 9 月第 1 版　2019 年 9 月第 1 次印刷
书　　号：ISBN 978-7-5121-4072-1/TS · 39
印　　数：1~3000 册　定价：46. 00 元

本书如有质量问题，请向北京交通大学出版社质监组反映。对您的意见和批评，我们表示欢迎和感谢。
投诉电话：010-51686043，51686008；传真：010-62225406；E-mail：press@ bjtu. edu. cn。

前　言

随着我国旅游业、会展业、酒店业、餐饮业和休闲业的发展，宴会运营知识和宴会营销能力对旅游集团管理人员、酒店管理人员、会展运营管理人员和景区管理人员等都是非常重要的。同时，宴会产品是旅游业、会展业、酒店业、餐饮业和休闲业经营的一项核心产品，其质量和特色与旅游产品、会展产品、酒店产品及休闲产品的质量紧密相关。同时，宴会内涵、宴会文化、宴会知名度和宴会特色对旅游目的地的吸引力、酒店和会展的运营有着直接的影响。21世纪是知识经济时代，知识是旅游业、会展业、酒店业和餐饮业等竞争力的基础和核心，是旅游企业的无形资本和竞争力的根本要素。当代，旅游业、酒店业、会展业和餐饮业不仅是劳动密集型企业，还是知识型企业。新世纪，国际旅游业、酒店业和餐饮业竞争的焦点已由物质资本转向知识资本。旅游企业、酒店业和餐饮业的核心知识及专有技术已成为其核心竞争力的关键因素。同时，现代宴会产品的生产和销售是基于对消费需求的深入了解、满足消费者个性化需求为前提的。总结成功的旅游企业的运营经验，发现其宴会产品的知识含量高，创意性强并具有个性化，其营养、安全、服务的标准紧跟现代商务、会展、旅游和休闲市场发展的需求。

《宴会运营管理》是顺应知识经济时代的要求，根据21世纪我国商贸活动、旅游业、会展业、酒店业、休闲业和餐饮业的发展及对运营管理人员的知识和能力要求而编写的。本教材内容设计是基于对现代宴会运营管理知识的全面了解。全书内容分为三个部分：第一部分为宴会概论，包括宴会含义与特点、不同种类的宴会介绍、宴会历史与文化、宴会运营组织、宴会与中餐、宴会与西餐、宴会与酒水等。第二部分为宴会运营管理，包括宴会生产管理、宴会成本管理、宴会质量管理等。第三部分为宴会营销管理，包括宴会菜单筹划、宴会服务管理、食品卫生与安全、宴会营销管理等。

本教材内容坚持从培养国内旅游业、酒店业、会展业和餐饮业运营管理人才的需要出发，借鉴与吸收国际上最新的业务知识，形成面向国际、满足我国旅游业、会展业、酒店业和餐饮业运营管理需要的知识。同时，培养学生和管理人员的复合知识和管理实践能力，强调理论与实践相结合，使学生具有专业的理论深度和广度及完整的知识体系。本教材具有较强的科学性、实用性和超前性。作者有多年的教学与实践的管理经验并曾在国外著名高校和酒店学习与实践。

本教材由王天佑担任主编，张一楠担任副主编，康佳丽参加编写。以上编写人员都有在国外院校学习和工作实践的经历。其中，王天佑教授为中国欧美同学会酒店管理专家委员会成员，联合国劳工组织奖学金获得者。

本教材在编写过程中得到美国弗吉尼亚理工大学高级讲师 James P. Sexton 先生、新加坡香格里拉酒店、广州白天鹅酒店和北京钓鱼台大饭店等管理人员的支持与帮助。在此，一并表示谢忱。不足之处，希望读者指正！

王天佑负责选题与框架设计并编写第 1 章、3 章和第 10 章，张一楠负责编写第 5 章、第 6 章、第 7 章、第 8 章和第 11 章，康佳丽负责编写第 2 章、第 4 章和第 9 章。

编　者

2019 年 9 月

目　录

第1章 宴会概述

本章导读

宴会是指有组织、有目的的聚会，是宴和会的结合。宴会是在会议和用餐的基础上发展而成。当今宴会的特点表现在会议、商务、休闲与用餐等活动的有机结合，而宴会市场在旅游市场、会展市场和饭店市场中具有广阔的发展前景，对促进饭店营销具有不容忽视的作用。通过本章学习可了解宴会含义、宴会种类与特点、宴会的意义、宴会的发展趋势、宴会的历史与发展等。

1.1 宴会含义与特点

1.1.1 宴会含义

宴会是指人们为了商务、科研、家庭、休闲和喜庆等目的而举行的正式或非正式的聚会活动。宴会是在会议和用餐的基础上发展而成。当今，宴会将会议、商务、休闲与用餐紧密地结合在一起。当代宴会是政府机关、社会团体、企事业单位、家庭及个人为了表示欢迎、答谢和庆贺等举行的一项隆重、正式或非正式的聚会活动。戈登认为，宴会是一种具有仪式的社交活动，是参与者通过宴会与其他人进行交流的活动。宴会有不同的主题、类型和特点。根据研究，宴会可使参加者获得餐饮文化和艺术的享受，增进企业和组织之间的沟通、增进家庭之间和个人之间的友谊。当然，成功的宴会需要专业管理人员、生产人员和服务人员提供优质的服务来支撑。

1.1.2 宴会特点

1. 呈现不同的目的与主题

通常，不同的宴会，其举办目的不同，主题也不同。例如，欢迎宴会和告别宴会是两个不同方向的主题。因此，不同主题和不同目的的宴会，其环境布局、菜单筹划、活动程序、服务方式也完全不同。

2. 具有宴和会的双重作用

所谓宴会是有目的的聚会，是宴和会的结合。宴会的目的就是通过宴和会的有机结合达到欢迎、庆贺、商务和休闲等目的。因此，宴会主题应与其需要的活动环境、菜单设计、设施设备、接待程序和服务方法紧密结合。

3. 享用同样的菜点和服务

宴会是宴和会的集合，是一个聚会。在宴会中，所有宴会参加者为了一个共同的主题或目标，在同一时间和同一地点举行带有餐饮的会议。尽管有时候分开。然而，在尊重宾主的民族习惯、宗教信仰和身体状况等基础上，宴会通常使用统一的菜单，享用同样的菜点和服务。

4. 关注宴会礼仪和礼貌

宴会对礼仪和礼貌十分重视。因此，礼仪和礼貌是赴宴者表示互相尊重而必须遵守的。包括个人仪容、举止行为、环境布局、餐具摆放、服务程序、菜单设计和宴会文娱活动等安排。不论任何主题宴会都要体现组织者与参与者的互相尊重和友谊。

5. 提供相应的设施和服务

当今，宴会的举办需要理想的活动环境、有效的设备和设施、配套的服务方法与程序。其中，包括环境布局与装饰、视听设备与多媒体、表演舞台和局部照明等。人们通过宴会，不仅可获得餐饮和艺术的享受，还增进了组织和个人之间的交往。因此，提供相应的设备和设施是宴会成功举办的基础。同时，有效的宴会服务、配套的宴会服务程序和方法是宴会举办成功的基础。

1.2 宴会的意义

宴会作为社会交往的工具被组织和个人或家庭广泛运用，是人们表达好客和礼仪的有效方式。袁国宏指出，发展宴会可推动旅游经济的发展，培养新的服务经济增长点。从而，促进产业结构的调整。郝瑛指出，良好的宴会营销对增加地区财政收入、增加餐饮业及相关行业的利润、繁荣市场等方面起到促进作用。郑丽娟指出，宴会经营具有周期短，收益大等特点，宴会运营效果直接影响饭店及其餐饮运营的经营效益。

综上所述，宴会除了是人们沟通的手段之一，也是人们生活中的物质文化与精神文化的反映与需求，还是组织与个人文化素质的展现。对于饭店而言，宴会常作为饭店产品的一个重要组成部分，宴会的营业收入是饭店收入的重要来源，而宴会产品质量和特色在提高饭店知名度和品牌效益方面也起着支撑作用。综上所述，宴会的主要功能和意义如下。

1.2.1 宴会在饭店餐饮运营中具有优势

根据研究，宴会在饭店运营中最具有发展优势和市场前景，对促进饭店营销具有不容忽视的作用。同时，发展宴会经济可促进地方服务经济的增长，符合我国旅游业、会展业和饭店业发展的方向和要求。

1.2.2 宴会收入是饭店效益的重要来源

宴会收入是饭店运营收入的重要来源之一。根据统计，宴会人均消费水平常超过餐厅散客水平，其利润比餐厅散客高。饭店宴会收入常占其餐饮运营总收入的60%及以上。正是由于以上原因，饭店不仅要做好宴会的运营管理，还必须做好房务经营和会展经营管理。这是因为，宴会业务可带动房务收入、会展收入和商务收入。

1.2.3 宴会业务可带动饭店整体产品的提升

宴会业务影响着饭店的整体经营效益和产品质量。由于宴会业务与饭店的房务业务和会展业务紧密相关，许多宴会的组织者和参与者都会入住某一饭店并是该饭店房务产品、会展产品和商务产品的主要消费者。因此，饭店在管理宴会产品质量时，还必须关注其相关产品的质量。综上所述，饭店宴会运营还带动了其房务产品和餐饮产品等的质量管理。

1.2.4 宴会产品可提高饭店知名度

宴会产品的质量与特色是影响饭店知名度的重要因素。由于参加宴会的顾客人数多，涉及各个国家和地区，来自各个行业等。因此，提高宴会产品质量和特色，可赢得饭店的良好口碑，显示饭店优秀的企业形象。因此，一旦饭店成功地举办了宴会，不仅会给顾客留下美好和深刻的印象，而且顾客还常自愿为饭店进行免费宣传以吸引更多潜在的消费者和组织购买者。

1.2.5 宴会举办可加强人际交流和沟通

信息交流与沟通是宴会的基本功能和特征，包括各企事业、政府组织、家庭和个人的交往、国家庆典、亲朋聚会、欢度佳节和商务谈判等。人们欢聚一堂、互相增进了解、加深情谊及品尝了具有特色的菜点。因此，宴会的主题和宴会的一切活动安排由宴会主办组织或主办人决定。主宾是宴会接待的对象，可以是某人或某集体，常安排在宴会厅明显的位置。这样，宴会中的一切活动要与接待对象紧密联系。

1.3 宴会的分类

1.3.1 根据宴会主题分类

所谓宴会主题是指举办宴会要达到的目的。根据宴会主题，宴会可分为商务宴会、欢迎宴会、庆祝宴会（见图1-1）、答谢宴会、告别宴会、生日宴会、结婚宴会、年终宴会、出国宴会和升学宴会、节日宴会、休闲宴会等。

图1-1 2017年诺贝尔颁奖庆祝宴会

1.3.2 根据宴会风格分类

宴会风格是指宴会举办环境、菜单、设备与设施、服务程序与方法等的风格。例如，中餐宴会与西餐宴会，其风格完全不同。

1. 中餐宴会

中餐宴会是指宴会的菜点和酒水以传统的中式菜点和酒水为核心，使用中餐餐具和设备，宴会的用餐环境与设备布局、服务方法突出中餐文化。同时，注重中国传统的礼仪。中餐宴会的风格特色通常从环境布局、服务设备、菜点名称、菜点原料及制作方法、餐具、用具和棉织品等来体现。

2. 西餐宴会

西餐宴会是指宴会的菜点和酒水主要为欧洲和北美式，使用西餐餐具和设备，用餐环境和布局突出欧洲或北美各国餐饮文化。同时，西餐宴会的服务风格和礼仪体现欧洲各国或美国餐饮文化。此外，西餐宴会遵循欧美的饮食习惯，采取分食制，讲究酒水与菜点的搭配。其宴会厅布局、台面设计（见图 1-2）和服务都有明显的西餐特色，突出欧洲与北美民族文化传统。

3. 中西合璧式宴会

中西合璧式宴会是指宴会的菜点和酒水可根据宴会的具体需求而定，可来自中国各地区、欧洲和北美等。根据宴会的服务要求，可使用中餐和西餐各种餐具和设备，用餐环境的布局可根据主办者的需要。同样，宴会服务风格和礼仪可根据宴会的主题，将中国、法国、英国、意大利、俄罗斯及美国等宴会的服务程序和方法等进行合理的搭配（见图 1-3）。

图 1-2 西餐宴会台面设计

图 1-3 中西合璧式宴会摆台设计

4. 仿古宴会

仿古宴会是指在宴会举办的环境、菜单、生产设备和工艺及接待与服务等方面模仿古代某一主题宴会。其目的主要是体验某一著名宴会的主题和文化。孔子认为，“食不厌精，脍不厌细”。至目前，孔府家宴仍然受到宴会市场欢迎，特别受到国际旅游者青睐。根据记载，明清两代，孔府后人多次接待一些国家的皇室人员、政府官员及旅游团队，举行庆典仪式等都是根据传统的孔府家宴风格进行。当今，孔府家宴已形成完整的接待体系和具有特色的菜单。

1.3.3 根据宴会服务场所分类

当今，一些宴会在饭店内部的宴会厅举行，这种宴会称为宴会厅宴会。另外一些宴会根据主办者的要求，在主办者指定的饭店外部场所举行，称为指定场所宴会。

1. 宴会厅宴会

宴会厅宴会是指宴会在饭店内部的宴会厅举行。因此，宴会的餐饮生产、宴会厅布置与宴会服务都要在饭店内部的宴会厅完成。其优势是宴会管理人员和宴会主办单位或个人熟悉环境，生产设施与设备齐全，方便宴会服务。所以，宴会举办的成功率高。

2. 指定场所宴会

指定场所宴会也称作饭店外卖宴会或外送宴会。这种宴会的餐饮生产、宴会厅布置与宴会服务都要在饭店外部并由宴会举办方指定的场所完成。顾客之所以将宴会指定在饭店的外部有其重要的作用或原因，可能是对参会者的交通的考虑，更重要的原因都是与宴会举办的目的和主题相关。另外的原因，使宴、会及场所三者融为一体，给参会者一个深刻的印象。当然，这种宴会的举办，对饭店宴会管理人员而言，增加了一定的困难。包括不熟悉宴会举办环境，生产设施与服务设备效果差及不理想等。

1.3.4 根据宴会主菜分类

1. 鱼翅宴

鱼翅宴是指以鲨鱼鳍为原料制成主菜而举办的宴会。这种宴会的服务形式为传统式，即服务员将菜点和酒水服务到餐桌的方法。其他方面与中餐宴会相同。近年来，由于保护海洋动物，这种宴会几乎不再举办。

2. 燕窝宴

燕窝宴是指宴会以燕窝菜肴为主菜的中餐宴会。这种宴会的服务形式为传统中餐宴会，即服务员将菜点和酒水服务到餐桌的服务方法。由于燕窝的价格较高且这种菜肴需要精心制作。因此，这种宴会的配套菜点也都需要精心烹制。同时，需要专业水平较高的服务团队。

3. 海参宴

海参宴是指将海参菜作为主菜的中餐宴会。这种宴会的服务形式为传统式中餐宴会，即服务员将菜点和酒水服务到餐桌的方法。其他方面与传统式中餐宴会相同。

4. 素菜宴

素菜宴是指以植物原料制成的中餐宴会。这种宴会的服务形式基本为传统的中餐宴会服务，即服务员将菜点和酒水服务到餐桌的方法。

5. 牛排宴

牛排宴是指以牛排菜肴为主菜的西餐宴会。这种宴会的服务形式为传统式西餐宴会。牛排宴讲究餐具摆放，使用的银器和酒具种类较多，菜点的道数较多。宴会服务员需要将菜肴和酒水服务到餐桌。

6. 海鲜宴

海鲜宴是指以海鲜菜肴为主菜的中餐宴会或西餐宴会。这种宴会的服务形式为传统式的中餐宴会或西餐宴会，即服务员将菜肴和酒水服务到餐桌的方法。海鲜宴会讲究餐具的摆放，菜点道数较多，宴会服务专业化水平较高。

7. 全鸭宴

全鸭宴也称作全鸭席，是指宴会的主菜以鸭肉为主要原料，配以适当的蔬菜和面点等组成的宴会菜点。其中，全鸭宴的主菜包括北京烤鸭、糟熘鸭三白、酱爆鸭丁、宫保鸭翅、黄焖八宝鸭、香酥鸭和香菇扒鸭等，其配菜和面点包括滑炒蚝油鸭丝、煎鸭肉藕饼、鸭块炖莴笋球、芋艿烩鸭汤、荷叶饼等。

1.3.5 根据宴会重要性分类

1. 国宴

国宴是指某一国家元首或政府首脑为招待国宾或在重要节日招待各界人士而举行的隆重宴会。实际上，国宴是一个国家的家宴，是一国规格最高的宴会，用以欢迎另一国家元首或政府首脑访问等。国宴讲究接待程序和礼仪并根据宴会主题筹划和设计菜单。通常，国宴中安排一些适合的文艺表演。

2. 正式宴会

正式宴会是指政府部门和各组织机构及家庭为欢迎来访的宾客或举办较为隆重的庆典活动而举办的宴会。正式宴会讲究菜单与酒单的筹划，讲究宴会礼仪和礼貌，讲究宴会的进行程序和服务方法，讲究宾主的座位安排等。同时，正式宴会，一般有致辞和祝酒。其中，根据需要安排一些与宴会主题相关的音乐和文艺活动。

3. 非正式宴会

非正式宴会是为工作和生活中的信息交流和沟通而举办。这种宴会没有严格的礼仪，宾主之间随便就座，宴会的目的是为了聚会和达成某种协议及招待亲朋与好友等。非正式宴会没有正式讲话，席间可随意交谈，菜点的道数和酒水的品种等也没有具体要求，可根据主办者的需求而定。

4. 便宴

便宴是指一般的宴请或周末聚餐及平时的休闲聚会（宴会）。便宴或休闲宴会基本上没有严格的礼仪，宾主之间随便就坐。宴会的目的是为了聚会、休闲和度假。菜点的道数和酒水的品种等也没有具体要求。然而，便宴或休闲宴会对特色菜点需求度较高。

1.3.6 根据宴会服务形式分类

1. 传统宴会

传统宴会是指宴会的服务方法为传统模式，即将宴会所有的菜点和酒水都服务到餐桌，甚至在餐桌上分菜的服务方法。这种宴会可以是中餐宴会或西餐宴会。服务方法有不同的种类，包括中式服务方法、法式服务方法、英式服务方法、俄式服务方法和美式服务方法等。一些传统宴会采用综合型的服务方法。不仅如此，传统宴会的环境布局和设施设备及服务用具等均采用传统式。通常，传统宴会的功能、菜肴造型与色调与传统餐饮文化相协调。

2. 自助餐宴会

自助餐宴会是将各种菜肴、面点和酒水等摆在宴会厅中的不同餐台上，顾客随意到餐台自已取自已喜爱的菜点和酒水的宴会形式。这种宴会，服务员不将菜肴和酒水服务到餐桌。通常，服务员帮助顾客换餐具和照料餐台上的菜点。目前，随着体验营销在宴会服务中的应用，自助餐宴会的主菜或特色菜点由厨师现场制作（见图1-4）。

图1-4 圣诞节自助餐宴会

3. 鸡尾酒会

鸡尾酒会是指一种简单的宴会。这种宴会

时间短，餐台基本上是各种小吃、水果及冷热饮。这种宴会常在晚餐前或正餐前举行。鸡尾酒会上，将各种小吃等摆在不同的餐台上，顾客到餐台自己取自己喜爱的食物。这种宴会的特点是活泼、有利于顾客之间广泛的接触与交谈。餐台上常摆放小型的三明治、开那批(canape)、小香肠、咸肉卷和各种面点及水果等。目前，一些鸡尾酒会不摆放桌椅，而是摆放高腿的小圆桌，桌上摆放着食用菜点的小叉子和羹匙及口纸。桌子的高度适合顾客站立桌旁并饮用饮料和葡萄酒，食用一些小吃等。餐具通常为一次性使用。

4. 茶话会

茶话会是一种简便的宴会形式。宴会目的是与参会人员进行一次沟通或会见等。茶话会常在晚餐前或晚餐后举办，宴会的菜点主要是各种冷热饮、小吃、甜点和水果。茶话会举办时间较短，一般约 1 小时。一些高消费的茶话会的环境布置和餐桌摆台（餐具摆放）都很讲究。

5. 冷餐会

冷餐会有西式冷餐会与中式冷餐会，在我国有时以西餐为主另加几道中餐热菜，形成中西合璧的冷餐会。冷餐会是一种灵活方便、经济实惠的宴会形式，菜点以冷菜为主或安排2~3道热菜。冷餐会的酒水品种比较丰富，席间宾客可以自由活动，自己到餐台选取菜点。酒水饮料可由服务员服务到桌或自己到吧台取。餐具和菜点通常都放在餐台上，方便顾客使用。冷餐会通常在餐厅里或庭院花园里举行。冷餐会以冷菜为主，其菜点丰盛、美观。一些冷餐会设主宾席并排座次。这种冷餐会常作为政府部门、工商企业等的庆祝会、欢迎会或新闻发布会。

6. 家庭宴会

家庭宴会是指在家庭酒楼（Family Restaurant）、饭店或家庭内举办的婚宴、休闲宴会、节假日宴会或生日宴会。一些家庭宴会有具体的主题，另一些家庭宴会没有具体的主题。根据宴会需要，可有一些礼仪或没有严格的礼仪；可排座次，也可不排座次。席间宾主比较随意地交谈。宴会目的通常是招待亲朋好友、假日休闲或家庭庆贺等。菜肴与酒水的种类与数量可根据宴会的具体需要而定。

7. 茶歇

当今，茶歇（tea break）被认为是一种宴会。因为不论是茶歇的服务设备、工具、菜点和饮品，还是茶歇的服务质量和特色等各方面已经具备宴会的功能。因此，茶歇可以称为茶歇宴会。茶歇源自美国心理学家提出的“break”即“工间休息”的概念。他认为“工间休息”可有效缓解工作压力，缓解人们的心理压力，促进企业内部人际交往，实现良好的沟通。茶歇是指会议期间的休息用餐，常在会议厅连带的专用空间举行，茶歇提供各类小吃与冷热饮、甜点和水果等及一些简易的娱乐活动。茶歇可以分为中式、西式、混合式及上午茶歇和下午茶歇等。中式茶歇的饮品通常包括绿茶、红茶、果汁、磷酸饮料；点心一般是各类中式点心及餐包和水果等。西式茶歇的饮品和茶点通常是红茶、咖啡、果汁和各种西式甜点与水果等。目前，茶歇多为中西混合式。

1.3.7 根据宴会时间分类

根据宴会时间，宴会可分为上午茶歇（brunch tea break）、午餐宴会（luncheon）、下午茶歇（afternoon tea break）、正餐（晚餐）宴会（dinner）。上午茶歇一般在上午 10 点至 10

点 30 分，下午茶歇一般在下午 3 点 30 分至 4 点举行。茶歇为自助餐形式，主要的菜点有各种小吃、甜点、水果和冰点等。冷热饮包括果汁、碳酸饮料、咖啡和茶水等。下午茶歇的主要菜点与上午茶歇大类基本相同，然而具体种类与特色不同。其原因是参考了世界各国和各地区不同时段的餐饮习惯。午餐宴会也称作工作宴会或简易宴会，主要是根据会议和接待的需要安排菜单和服务方法。正餐宴会通常是比较正式的宴会，接待程序和菜单设计都很讲究。

宴会分类具体如表 1-1 所示。

表 1-1　宴会分类

标　准	分　类
宴会主题	商务宴会、庆贺宴会、欢迎宴会、答谢宴会、告别宴会、生日宴会、结婚宴会、年终宴会、出国宴会、升学宴会、休闲宴会
宴会主菜	燕窝宴、海参宴、牛排宴、海鲜宴、素菜宴、全鸭席
宴会重要性	国宴 、正式宴会、非正式宴会、便宴
宴会风格	中餐宴会、西餐宴会、中西合璧宴会、仿古宴、风味宴
节假日	迎春宴、中秋宴、圣诞宴、除夕宴
宴会服务	传统式（餐桌式）宴会、自助餐宴会、冷餐会、鸡尾酒会、茶话会
宴会场所	饭店宴会厅宴会、指定场所宴会
宴会时间	上午茶歇、午餐宴会（luncheon）、下午茶歇、正餐（晚餐）宴会（dinner）
宴会菜系	北京菜系、广东菜系、四川菜系、扬州菜系、山西菜系、洛阳水席、豪特菜系（Haute Cuisine），法国宫廷菜系、意大利菜系，加州菜系

1.4　宴会的历史与发展

1.4.1　中餐宴会历史与发展

1. 中餐宴会起源

早在农业出现之前，原始的宴会已出现。根据研究，原始氏族部落在季节变化的时候常举行各种祭祀和典礼仪式，这些仪式往往有聚餐活动。《中国烹饪百科全书》记载，宴会起源于社会及宗教的朦胧时代。农业出现以后，因季节的变换与耕种和收获的关系，人们要在规定的日子里举行盛筵以庆祝有关自然事物的更新。宴会较早的文字记载于《周易·需》中的“饮食宴乐”。随着社会经济和物质不断丰富，宴会形式向多样化发展，宴会的名目也越来越多。然而，关于宴会的起源，各学者说法不一。选取有代表性的表述，如表 1-2 所示。

表 1-2　宴会起源

姓　名	观　点
陶文台	黄帝时期有完整的古乐，已有萌芽状态的筵宴
陈光新	筵席萌芽于虞舜时代，与古代祭祀、礼俗和宫室起居密切相关
侯汉初	筵席是商代烹饪发展后产生的，起源于祭祀礼，完善于宫廷宴会

续表

姓 名	观 点
高成鸢	宴会起源于古代祭祀活动，不是家族的聚餐
史昌友	宴会源于殷商时期的聚餐，是融合了许多礼的内容而形成的就餐方式

2. 先秦时期

我国自夏代以后，进入青铜器时代。这时，生产力有了很大的发展。由于食品原料种类不断增加和发展，人们开始用铜制成炊具和刀具。这样，可将食品原料切成较小的形状。同时，开始用动物的油脂烹制各种肉类和蔬菜菜肴。

根据考古，夏朝宫廷已有专管膳食和宴会的职务（庖正），建立了膳食管理组织并分工明确，还初步建立了宴会制度和进餐制度。同时，夏朝的农业、畜牧业、狩猎和渔业都有了很大的发展，从而为中餐宴会发展提供了丰富的食品原料。根据商代甲骨文和《诗经》中的记载，当时人们已种植了谷物。包括禾、粟、麦、稻和粱等。人们在菜肴的烹调中普遍以蔬菜为原料，包括韭、芹和笋等。那时，肉类菜肴的原料已经有猪、牛、羊、马和鸡等。同时，淡水水产品也普遍成为菜肴的原料。由于夏商时期出现了青铜灶具和餐具而促进了中餐烹调方法的不断创新。当时，人们已经掌握了煮、煎、炸、烤、炙、蒸、煨、焖和烧等烹调方法。根据《吕氏春秋·本味》记载，“调和之事，必以甘、酸、苦、辛、咸。”其含义是，菜肴味道的调和，一定要注意咸、酸、苦、辣 甜的合理配合。由于先秦时期掌握了基本的烹调技法，因此，当时中餐宴会已基本形成。由于烹调技法的提高，先秦时期中餐宴会（筵席）的菜肴道数和品种已初具规模。从陕西省宝鸡市茹家庄西周墓的考古中发现，公元前1076年至前771年，人们已将煤作为能源用于食品的烹调。

根据记载，夏朝禹的儿子在钧台（今河南禹县北门外）为宣告他接任王位而举行过盛大的宴会以招待部落酋长。至周朝，宴会的种类与主题已涉及行政事务和社会生活的各个方面，而且各种宴会都有相应的礼仪。综上所述，这一时期宴会的最大特点是形成了以礼为核心的宴会制度。周朝宴会礼仪形式和内容已有了详尽的规定。例如，《乡饮酒礼》的礼节程序有二十四节。当时，即便是宴会中的问答和赋诗都有一定的准则。如果宴会失言失态，则认为有失身份。根据《礼制·王制》的记载，周朝开发了养老宴。《礼记》中还记载了宴会菜点的陈列规定。例如，将带骨的熟肉放在左边，不带骨的肉放在右边，宴会的进餐程序是先酒次肉等。那时，周朝还实施了宴会菜点制度、献食制度、宴会接待程序等。包括谋宾（确定名单）、戒宾（发柬邀请）、陈宾（布置餐厅）、迎宾（恭候客人）、献宾（敬酒上菜）等制度。根据考证，周朝国宴的主菜常有烤肉。那时的烤肉味道单纯，其调味品只有来自胶东地区的海盐。宴会用酒是米酒。所以，先秦时期的一些宴饮活动或称为宴会可作为现代宴会的基础。

3. 秦汉魏晋及南北朝

秦汉时期宴会范围不断扩大。在民间，凡是节日、婚礼、生子、送别、乔迁和亲友来访等都要举行宴会（见图 1-5）。同时，朝廷常常举办各种形式的宴会活动。魏晋时期出现了新的宴会

图 1-5　东汉家宴图

主题和形式。例如，将旅游、欣赏自然美景与宴饮融为一体，即为游宴。这一时期的农业、手工业、商业有较大的发展。张骞通西域后，引进了一些新的蔬菜品种，包括茄子、大蒜、西瓜、扁豆和刀豆等。这时，豆腐干和腐竹等豆制品在宴会得到广泛的应用，植物油也开始用于宴会烹调。此外，宴会厨房还进行了专业分工。公元534年，北魏贾思勰撰写的《齐民要术》中记载了古代宴会烹调方法和调味品。秦汉以后，一些木制的宴会器具逐渐取代青铜制品。根据《齐民要术》记载，在南北朝时期，由于农作物的发展，宴会菜点的食品原料愈加丰富。不同种类的小麦、水稻和其他谷类、蔬菜和鱼类等品种不断增加，葱姜蒜酒醋和各种调味酱普遍作为宴会菜点的调味品。中餐宴会的制作开始讲究菜肴的火候与调味。此外，还出现了不同风味的中餐菜点。实际上，这是中餐菜系的原始开端。那时，有关饮食文化和中餐烹饪等著作也不断出现。例如，《食经》和《齐民要术》等。南北朝时期，宴会形成了明显的菜系。例如，杭州菜。宴会的用餐环境和宴会家具也不断地完善，出现了条案、漆器餐具等。当时，在宴会管理方面也取得了很大的进步。宴会主管人员常在宴会的管理中实施菜品数量控制，讲究餐具摆台。同时，宴会主题也不断增加，举办宴会的目的也更加明确。包括帝王登基宴会、功臣封赏宴会、省亲敬祖宴会、团年宴会等。

4. 隋唐五代时期

隋唐五代时期，从西域和南洋引进了新的蔬菜品种。包括菠菜、莴苣、胡萝卜、丝瓜和菜豆等，使得当时宴会的食品原料更加丰富。这一时期，由于食品原料和烹调器具的发展，中餐宴会菜点制作工艺有了很大的进步并趋向精细化的烹饪。当时，中餐宴会冷菜制作技术发展较快，出现了冷拼雕刻。同时，冷菜制作工艺也不断创新；而热菜制作强调菜肴的色、香、味、形。1080年至1084年期间，由沈括编著的《梦溪笔谈》记载了当时将芝麻油用于中餐宴会的菜点烹调。当时的宴会，不仅出现了分食制，还讲究宴会的环境。此外，唐代宴会的酒具生产不断创新。根据记载，制作酒具使用的材质包括玉、金银、玛瑙、水晶、玻璃、象牙、陶瓷和青铜等。至唐代，茶宴开始流行，包括宫廷茶宴和民间茶宴。根据记载，唐玄宗开元时期，由于经济繁荣，无外患威胁，君王除了举行宴会，召集百官一起游乐外，还鼓励大臣进行宴饮活动，甚至为了鼓励臣子举办宴会而赐予金钱赞助。唐代的进士宴是极其盛大的宴会，深为社会各阶层重视。从国家到地方都有一系列的庆祝活动。当时，科考之后，及第的进士们联合起来，举办各种形式的宴会。在唐代的诗文中，人们看到最多的是杏园宴。所谓杏园宴是皇帝的赐宴，地址在杏园，故称“杏园宴”。此外，唐代宴席上常有一些歌者进行歌唱活动。其中，《鹿鸣》《四牡》是经常被选的音乐诗以表示对来宾的欢迎和尊重。同时，每唱完一首歌，举办宴会的主人都要向歌者献酒，表示对他们的尊重和感谢。不仅如此，唐代宴会还将烹饪作为一种高雅的艺术。宴会讲究菜肴的色、香、味、形及用餐环境的完美统一，将乐舞、诗词等艺术作品用于宴会活动中。唐代宴会目的已不再是单纯的餐饮活动而成为人际交往活动。人们通过宴会增进友谊。

5. 宋元明清时期

宋代人们对饮食比较讲究，宋金的名宴比隋唐五代时期更多、更重视排场。包括春秋大宴、西湖船宴和闻喜宴等。那时，在临安的饭店使用清一色的银质和细瓷的餐具，这种气派是前所未有的。同时，在宴会市场上，出现了专门管理民间宴会的“四司六局”机构。在宋墓的彩绘或砖雕中的备宴图中，四位女子正为寿宴而忙碌，有人在炉前生火，有人在案前切割等。

元朝时期无论是宫廷宴会还是民间宴会，都出现了歌舞表演，使宴会内容更加丰富，情感更加饱满。元代宴会增添了浓郁的蒙古族饮食风格，宴会中还增设了小果盘、小香炉、花瓶等饰物以装饰宴会的台面。明代出现了中餐的五大菜系：扬州菜系、苏州菜系、浙江菜系、福建菜系和广东菜系。这一时期，宴会的规格更加细化，形式各异。例如，庆官宴、寿辰宴、节日宴和观灯宴等。宴会更加注重环境、气氛和命名并讲究礼仪。根据《宋氏养生部》和《明宫史》记载，当时的中餐宴会注重刀工技术和配菜技巧。明代皇帝御赐的宴席按照规格可分为大宴、中宴、常宴和小宴。大宴、中宴和常宴是日常的赐宴，而小宴则是皇帝对臣子的特例赐宴。赐宴制度还促进了君臣之间的信息交流和互相之间的沟通，加强了君主对下属臣子的管理，更有效地实现朝廷的秩序。同时，宴会的形式逐渐多种多样，呈现出不同的主题。由于宴会桌椅的出现（如八仙桌），家具的完善，餐具的配套等原因，使当时的中餐宴会更便于交谈、敬酒和派菜。从而，宴会主人、客人等的座位更有讲究。这时，还出现了宴会中的对号入座现象。

明清时期，中餐烹饪和宴会理论硕果累累，出现了著名的烹饪评论家李渔和袁枚。明代，宋诩著的《宋氏养生部》中对中餐宴会 1 300 个菜品进行了评论。1742 年随着农业和手工业的发展，城市商贸的繁荣，中餐宴会菜点的品种和质量不断地提高。1792 年由清代著名学者袁枚编著的《随园食单》中，对部分中餐菜肴和面点进行了评述并收集了我国各地风味菜肴案例 326 个，书中还对菜点的选料、加工、切配、烹调及其色、香、味、形、器及中餐宴会服务程序作了详细的论述。这一时期，由满菜和汉菜组成的满汉全席，是中国历史上最著名的宴会之一，也是清代最高级别的国宴。菜单中，满菜多以面点为主，汉菜融合了我国南方与北方著名的风味菜肴。满汉全席包括菜肴 108 道，其中南菜 54 道，北菜 54 道，点心 44 道。清朝，宴会强调席面的座位编排、菜肴制作和接待礼仪。例如，乾隆五十年的（公元 1785 年）千叟宴，宫廷的御膳房准备了全套的满汉全席。席中，乾隆皇帝还亲自为 90 岁以上的寿星斟酒。同时，各地的曲艺团体纷纷进京献艺。从那时起，中餐著名的宴会“满汉全席”代表了世界最著名的主题宴会和宴会菜单。明清时期，中餐的食品原料不断充裕，烹调方法在继承周、秦、汉、唐和宋朝等的优秀工艺后，融入满人的餐饮和宴会特色，宴会形式也发展成为多种多样，呈现出不同主题的宴会。

1.4.2 西餐宴会历史与发展

1. 公元前

根据研究，公元前 3000 年古埃及已经建立了统一的王朝。当时其高度的社会文明为其发展创造了灿烂的艺术和文化，包括宴饮文化。在古埃及人们的职业和社会地位不同，其日常享用的餐饮种类与质量也不同。这种社会阶层好像金字塔一样。在这种阶层中，最低层是士兵、农民和工匠，其上层是牧师、工程师和医生，更高一级的是贵族，而贵族是政府的组织者，元老是社会的最高阶层。当时，在宴会上贵族和高级牧师的餐桌上约有四十余种面点和面包供其享用。许多面点和面包使用了牛奶、鸡蛋和蜂蜜。同时，还有大麦粥、鹌鹑、鸽子、鱼类、牛肉、奶酪和无花果等和啤酒。在古埃及，人已经懂得了盐的用途，蔬菜常被宴会作为食品原料。包括黄瓜、生菜和青葱等。在夏季的宴会上，古埃及人用蔬菜制成沙拉并将醋和植物油混合在一起制成调味汁。古埃及人还种植无花果、石榴、枣和葡萄及用由葡萄汁制作葡萄酒。这一时期妇女负责家庭烹调，而宴会制作由男厨师负责。在举办宴会时，厨师们因为手艺高超常得到夸奖。许多出土的烹调用具都证明了西餐宴会在这一时期得到发展。根据出土文物，古埃及的宴会菜单上有烤羊肉、烤牛肉和水果等菜肴。通过古希腊哲学家霍摩尔（Homer）和柏拉图（Plato）描述的雅典奢侈的宴会菜单可以证实，希腊宴会已有4000年历史并形成了自己的风格。其宴会文化和宴会烹饪技术是其文化和历史的重要组成部分。根据记载，早在公元前5世纪希腊雅典就专门建造了一个供城市人共同进餐的场所。古希腊的宴会常包括两个部分：正餐与酒会。正餐是一天之中最重要的晚餐，较为正式。人们通常在正餐期间用食物驱散饥饿然后就是酒会，酒会期间人们开始饮酒、谈话和休闲。根据记载，那时希腊人举办宴会的场所相对固定，通常在宴会厅、圣堂及公共建筑物等。酒会中，宴会已使用酒缸、双耳饮杯、调酒缸、酒杯、凉酒壶等（见图1-6）。

2. 1世纪至10世纪

公元前27年至公元395年，古罗马帝国的社会结构和经济状况不断地得到改进。其宴会在各方面发展也逐渐走向正规化。与古希腊宴会不同的是，古罗马宴会逐渐发展为证明身份的场所。当时，罗马贵族在宴会中常斜躺于桌旁。公元后不久，希腊已成为欧洲的文明中心，雄厚的经济实力给她带来了丰富的农产品、纺织品、陶器、酒和食用油。当时，希腊的宴会的生产和服务工作有各自的具体职责。例如，购买粮食、烧饭和服务等。古希腊人认为，人们一起用餐和饮酒是一件身份平等的标志。它有助于形成集体的归属感，也是保持城邦秩序的一种手段。所以，聚餐或宴会就成为古希腊的一项重要的社会活动。根据纳杜（Nardo）的记录，公元100年，罗马贵族和富人的宴会菜肴包括猪肉、野禽肉、羚羊肉、野兔肉和瞪羚肉等，宴会服务由年轻的奴隶负责。奴隶将面包放在银盘中，一手托盘，一手将面包递给参加宴会的人，宴会还经常带有文娱节目。包括诗歌朗诵、音乐演奏和舞蹈表演等。根据古罗马后期的一位称为艾比西亚斯的美食者（Apicius）对古罗马宴会菜单的记录，古罗马宴会菜肴使用较多的调味品，菜肴的味道很浓。菜肴常带有流行的沙司或调味酱。不仅如此，当时还流行着一种沙司——卡莱姆（garum）。这种沙司（调味酱）由海产品和盐组成，经过发酵并熟制。其味道很鲜美。同时，宴会在制作工艺和用餐礼仪上都达到了一定的高度，人们赴宴时衣着讲究并且在家要沐浴，甚至带着仆人赴宴并按照身份等级安排在适当的座位上。宴会还常有歌手、舞蹈演员、杂技演员和话剧演员等表演。当时，罗马贵族为了显示自己的社会地位和财富常举办豪华的家庭宴会，而这成为罗马人生活享乐的一种表现形式。此外，一些贵族常在家庭餐厅举办宴会，餐厅墙壁上装饰着精美的壁画和镶嵌艺术图案，将银器与象牙饰品放入餐厅以供来客观赏。不仅如此，还讲究餐具的使用与座位的安排以显示主人的社会地位。当时，宴会上使用的主菜盘、汤匙、甜点匙等都与现代西餐宴会的餐具相似（见图1-7）。古罗马晚期，出席宴会的客人对穿着衣服呈现个性化。他们的服装根据个人的喜好与出席不同主题的宴会及其场所相协调。公元2世纪后期希腊作家波利埃努斯（polyaenus）记录了一份波斯国王宴会上的食品原料及其消耗量。其中记录了宴会菜点使用的食品原料品种和数量，令人惊叹。5世纪希腊市场上出现了新品种的蔬菜、粮食、香料和调味品及奶酪和黄油等，从而促进了希腊宴会菜点的开发与创新。例如，当时的创新开胃菜——熏牛肉（Pastrami），曾受到人们的青睐。同时，古希腊宴会在用餐礼仪方面也有了初步的发展。当人们入座后，服务员会拿来洗手盆，供参加宴会的人洗手。

图1-6　双耳饮杯

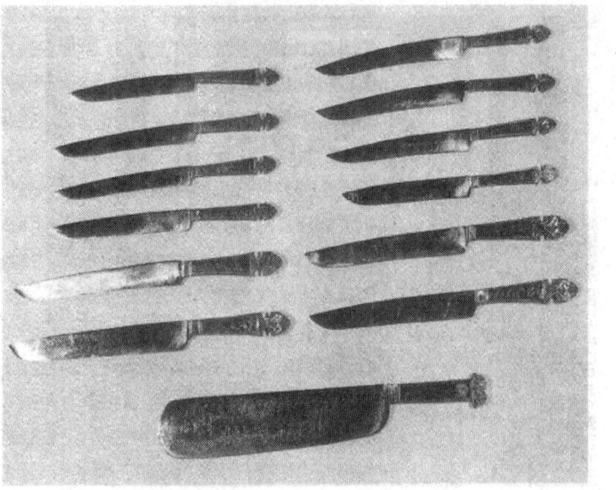
图1-7　15世纪宴会餐刀

3. 11世纪至16世纪

1066年，英格兰举办的宴会风格受到法国皇室的影响。宴会服务程序、宴会菜单风格、出现了变化。宴会菜点调味品更加丰富，常使用异国的香料、坚果、水果、醋、糖和玫瑰露等。同时，逐渐渗透到北欧各国。12世纪希腊的食品原料不断得到丰富，马铃薯、西红柿、菠菜、香蕉、咖啡被广泛地用于宴会。同时还开发了鱼子酱（caviar）、鲱鱼菜肴（herring）和茄子等而丰富了宴会的菜单。13世纪，英国更加关注宴会的礼仪，服务员在上每一道菜前，会向客人递上洗手盅和毛巾。正式宴会的出席人物主要以男士为主，只有最尊贵的宾客可以携带眷属出席。社会阶层分明、男权至上。宴会中以长辈为先、女士为先等礼仪。这一时期，餐饮已成为整个宴会活动的一个组成部分。宴会的整体活动比传统而单纯的饮食活动丰富得多并会持续几天。一些宴会的规模也很大，参加宴会的人从几百人至数千人。同时，宴会中的菜点服务与文娱节目穿插进行，而宴会的筹备工作常需要几个月的时间才能完成，包括订购葡萄酒和购买食品原料等。那时，人们开始关注宴会的举办场所及场地的装饰。例如，花冠和花环等装饰。

从11世纪中期，欧洲人的正餐宴会和普通宴会常为三道菜：第一道菜是带有开胃作用的汤、水果和蔬菜，第二道菜是以牛肉、猪肉、鱼及干果为原料制作的主菜，第三道菜是甜点。在宴会过程中，人们不断地饮用葡萄酒和食用奶酪。在节日宴请和比较隆重的宴会中，菜肴的道数还会增加。根据1393年出版的有关宴会的著作——《巴黎的一家之主》记录了当时人们在准备宴会时，树枝、绿色植物、紫罗兰和花环必须在合适的时间从卖花人那里运送至宴会厅。14世纪至16世纪文艺复兴时期，随着社会经济的发展，物质生活的丰富，人们消费的内涵和方式都发生了深刻的变化。人们在消费中，打破了以往的等级尊卑观念并向着自由和开放方向转变。人们对宴会的理解和认识不断加深，宴会的消费也不断地扩大。这一时期，许多新的食品原料引入欧洲。例如，玉米、花生、马铃薯、巧克力、香草、菠萝、菜豆、辣椒和火鸡等。那时，普通欧洲人仍然以黑麦面包和奶酪为主要食品，而中等阶层和富人的餐桌有各种精制的面包、牛肉、水产品、禽类菜肴及各种甜点并开始使用咸盐作为菜肴的调味品。16世纪意大利人宴会桌上出现了各种精巧和美观的陶瓷餐具，各类宴会餐具的使用也都有明确的划分，出现了各种餐碟、汤盘、汤匙和刀叉等。每个人都有自己固定的座位和专用的餐具（见图 1-8）。这一时期，宴会菜肴结构也发生了明显的变化，菜肴品种变得更加丰富，质量更加精细，制作工艺更加考究，餐具更为精美和实用，用餐方式更加文雅，宴请宾客更为注重环境与服务。14 世纪至 16 世纪的欧洲宴会，现场烧烤菜肴、餐桌边的菜肴切割表演盛行。至今，火焰圣诞布丁的表演仍反映出传统的原汁原味的宴会现场服务技术。1560 年英格兰伊丽莎白女王一世为了欢迎法国大使，在格林尼治公园（Greenwich Park）建造了一座宴会厅。1465 年 9 月在英国约克夏（Yorkshire）的卡伍德（Cawood），为庆祝大主教乔治·尼维尔（George Neville）登基，举办了大型宴会。宴会中共有 41 833 盘畜肉和禽类菜肴，有 62 个厨师和 515 个厨工完成宴会的制作。宴会生产中，绳子和滑轮必不可少，借助这些工具才能操作火源上的吊锅。法国作家蒙戴尔（Monteil）记录了 14 世纪法国宴会厨房，宴会厨房的烟囱的高度不少于 12 英尺，三角火炉架重 40 磅，铜炖锅的重量约是 40 磅，烤肉叉重量常是 11~12 磅。一道菜由 1~3 头小牛、2~4 只羊，再加上一些野生动物或家禽组成。16 世纪匈牙利的自由城市法令中对个人在正式宴会中的可食内容进行了规定。

图 1-8　17 世纪欧洲宫廷宴会

4. 17 世纪至 20 世纪

17 世纪，在路易 16 国王的管理下，法国制定了一套宴会礼仪。该礼仪规定皇宫所有的宴会都要按照法国宴会仪式进行（à la francaise）。该仪式规定，被宴请人应按照宴会的计划坐在规定的位置。菜肴分为三次送至客人面前，所有客人的菜肴放在一起，不分餐。第一道菜是汤、烧烤菜肴和其他热菜。第二道菜是冷烧烤菜肴和蔬菜。第三道菜是甜点。每一道菜肴中，所有的各种菜肴应同时服务到桌。根据记载，这一时期在一些美洲殖民地出现了世界规模最大的感恩节宴（thanksgiving dinner）。这一时期，宴会菜点发展的一大趋势是，甜点工艺和造型与建筑学紧密结合。同时，在宴会的餐桌上，蜜饯和水果的摆设要点缀五颜六色的甜点并堆成高高的圆柱或金字塔。17 世纪末，受法国宴会习俗的流行和影响，英国开始讲究宴会服务的规格和服务方法并根据用餐人的职位和经济情况进行服务细分（见图 1-10）。根据记载，1621 年在普利茅斯（Plymouth）朝圣地举行的宴会持续了 3 天。宴会菜单包括各种开胃菜、沙拉、汤、主菜和甜点。1672 年，英国珠宝商人约翰·夏尔丹（John·Chardin）记录了伊朗官员为法国大使举办宴会的场景。“一张金色的桌布，铺在地面上，上面摆着几种不同种类的面包，宴会服侍人员先后服务十一盆不同颜色和口味的肉饭。其中一盘肉饭中带有糖、石榴汁或藏红花等的调味品，每盆肉饭的重量约 80 磅，任何一种肉饭都可以单独使这个使团吃饱”。夏尔丹还记录了 17 世纪一些宴会服务过程。宴会开始，服务人员首先将一些甜食送至客人面前，然后是主菜。这些甜点包括杏仁软糖、冰冻果酱、酸甜饼干和蛋糕等。

18 世纪，欧洲流行以烤的方法制作菜肴，烤箱成为宴会厨房的普通炊具。厨师们根据自己的技术和经验决定菜肴的火候和成熟度。这一时期英国开始讲究宴会摆台、讲究正餐或宴会的礼仪（见图1-9）。在上层社会，每个参加宴会的人，从服装、装饰、用餐至离席等方面都规定了礼仪标准。女士在参加宴会前，需要花1个多小时化妆，男士需要进行自身的整理。通常，男主人首先进入餐厅，然后是年长女士，女主人和其他客人。根据宴会级别和宴会的需要，宴会菜肴分为3道，每道菜包括5个至25个不同种类的菜肴。每一道菜中的各种菜肴一起上桌，不分餐。这样，所有客人的菜肴放在同一餐盘，随着女主人为客人分汤，宴会正式开始。当时，传统的英式正餐或宴会，每上一道菜肴，换一次台布和餐具，正餐或正式宴会通常需要持续2个小时。此外，随着女主人起立，参加人可以离开餐桌，宴会结束。18世纪后期，法国涌现出了一些著名的烹调大师。这些烹调大师在一些重要的宴会中对菜肴和面点进行设计并制作了许多著名的菜肴。18世纪末，英国的下午茶开始流行。19世纪50年代，在正式宴会中，根据不同的进餐阶段，服务员服务不同种类的酒。每一种酒都有相应的酒杯并整齐地排列在宴会参加者身边的桌子上以方便顾客饮用。13世纪后，西餐文化迅速发展并成为我国饮食文化的一个重要元素。

图1-9　18世纪西餐正式宴会摆台

1.4.3　当代宴会发展

宴会是在普通用餐和会议的基础上发展成为一种高级会议与用餐结合的形式，是指宾主之间为了表示欢迎、祝贺、答谢、喜庆等目的而举行的一种比较隆重和正式的餐饮活动。宴会从起源到现在，不断地得到发展和规范。当今，宴会的举办形式向着多样化、个性化、快速化、自然化和国际化方向发展。所谓多样化即宴会的举办形式会因人、因主题、因目的、因时、因地而宜以满足主办者的需求。个性化反映了不同的地区、城市、民族和企业所具有的地域文化、不同菜系和民族习俗等，使宴会呈现各自特点。快速化是反映当代宴会所使用的半成品原料、先进的生产设备和改进的生产工艺使宴会生产和服务高效率进行。当今，宴会的举办地点不仅在饭店内的宴会厅、也选择在饭店内的湖边、草地进行。同时，根据主办者的需求，在主办组织或企业内部进行。此外，宴会厅用餐环境和餐具更多的体现宴会的主题和宴会文化，让参加宴会的人感受到不同的区域文化和企业文化，包括宴会厅的生态环境和宴会设施、设备及餐具等的造型及菜单的内涵与文化等。国际化是指宴会的运营管理要关注国际宴会参加者的需求，主要表现在菜单筹划，食品原料选择，菜点品种、味道和颜色，宴会服务流程和方式，宴会使用的设备、用具和餐具，宴会服务中的礼节和礼貌等。当然，关注宴会餐饮的营养，精简宴会菜点的道数或数量，减少宴会进行时间等也是目前国际宴会的发展趋势（见图1-10）。宴会的发展主要可以从以下几个方面进行总结。

图1-10　迪士尼乐园中的休闲宴会餐厅

1. 讲究宴会的主题

宴会与主题有着紧密的联系。一般而言，

宴会的举办都是有着不同的目的和主题而进行的，要完美地达到宴会主题的目标就必须围绕宴会主题的各影响因素下功夫。例如，宴会选址、宴会环境设计、宴会菜单筹划、宴会家具与用具选择、宴会服务程序与方法安排等。

2. 协调宴与会的关系

所谓宴会就是宴与会的结合。通常，有任何主题的会议，就有相关的宴饮活动或称之为餐饮活动。包括餐饮的总费用预算，平均每个参加会议人的消费，用餐时间与地点安排，宴会厅布置与服务程序等。因此，协调好宴与会的关系是宴会成功的开始。

3. 简化菜肴的道数

在宴会菜单的筹划与设计中，菜肴的道数（course）常根据宴会目的和宴会需求而定。通常，饭店与顾客将宴会的用餐时间和菜肴道数进行协商。所谓菜肴道数，即宴会中服务几个大类的菜肴。例如，一个三道菜的宴会可能是一道开胃菜、一道主菜和一道甜点。然而，其中每一道菜可能是一个至数个不同风格的菜肴。在比较重要的宴会中，可能安排四道菜或五道菜。但是，近年来，每道菜的内涵或不同风格的菜肴种类在减少。自助餐是当代人们喜爱的宴会方式。这种宴会，用餐方式灵活，顾客沟通方便，可以根据顾客对菜肴的具体爱好取菜，是目前流行的宴会形式。

4. 实施营养卫生

当今，随着宴会的餐饮结构向健康和营养方向发展，科学、合理及绿色食品会越来越多地在宴会餐桌上出现。相反，暴饮、暴食、酗酒、斗酒等的不文明的饮食行为已被淘汰。根据国际和国内的宴会菜单发展趋势，宴会菜点必须讲究营养和卫生并根据实际需要，在原材料的选择，菜肴的营养搭配及科学的生产等方面应满足会议参与者对膳食营养与安全的需要。宴会餐饮的安全与卫生发展趋势为绿色生产工艺、清淡菜点口味、餐桌分餐服务及自助餐服务等。

5. 关注原料与工艺

当今，宴会菜点的精致化趋势是指菜点原材料的卫生安全、菜点生产工艺的质量和效率、菜肴道数的数量与菜肴整体质量控制。现代宴会设计讲究实惠，避免追求排场，控制菜点的数量与用量，防止餐桌堆盘叠碗现象，避免菜点粗制滥造。因此，宴会的菜单设计会因人、因时、因地而宜，显现需求的个样化。从而，宴会菜点必须适合宴会主题需求而出现不同的原材料和生产工艺等（见图 1-11）。

图 1-11　宴会生产人员认真为菜点装饰

6. 优化宴会环境

优化宴会环境主要是指宴会召开地址的外观环境和室内环境两个方面。一般而言，举办宴会的企业应座落在交通方便、环境优美的地区。宴会厅内部的环境和气氛应符合宴会的主题。宴会厅空间布局，餐桌的摆放，台面餐具布置，台花的设计，环境装点，服务员服饰，餐具配套，菜肴搭配等都要围绕宴会主题而进行设计并力求创造理想的宴会效果，给用餐顾客以美的享受。同时，宴会中的音乐和舞蹈等艺术也都成为现代宴会不可缺少的重要组成部分。

7. 提高宴会效率

当今，宴会高效率就是用最短的时间以高质量服务完成宴会目标。工作效率是饭店及其内部各部门的工作质量和效率的基础和运营管理之本。因此，饭店业将复杂的宴会活动以高质量和简单化的方式完成是高效率的工作方式之一。例如，宴会菜点采用集约化生产方式，使用大型现代化生产与服务设施和设备，购买半成品食品原料或现成的调味酱等。

8. 宴会场所自然化

宴会场所自然化是指宴会举办地点向大自然靠拢。一些饭店将宴会和酒会举办场所选择在自然风景区的湖边等场所进行。在宴会厅内，布置一些树木、绿叶和鲜花以体现自然环境，让人们感受到自然花草，周边公园，田间小路，蓝天和白云的美感。现代社会，每个工作人员都面临着工作和生活的压力。一般宴会参与者都想通过宴会享受自然的环境而调整和提高本身的身心健康。

1.5 宴会运营组织

1.5.1 宴会运营组织概述

宴会运营组织是为了达到特定的宴会运营目标，在职务分工合作的基础上构成的职工组合。饭店宴会组织作为专业职工的组合，是为了实现既定的宴会运营目标，有意识地协调宴会运营活动组成的群体。科学的宴会组织使宴会运营稳定化，工作规范化、制度化，使分散的和孤立的职务凝聚成统一且高效的运营组织和强大的运营力量，使宴会部及其二级部门和各职务有明确的工作责任，减少工作中的推诿、摩擦和无人负责现象，提高宴会运营效益，理顺宴会部及其下属二级部门与岗位之间的关系。不同类型和规模的饭店或宴会运营企业，其宴会部组织规模和组织结构不同。因为，其经营的宴会类别和市场目标不同。例如，商务饭店以商务会议和家庭宴会为主要的运营目标，其设施配备、环境设计、菜单筹划和服务特色都与宴会运营目标相协调。因此，其宴会部的组织必须与宴会运营目标相协调。

饭店宴会部的职工构成是宴会运营组织的基本要素，包括宴会管理人员、营销人员、生产人员和服务人员等。在宴会运营中，人员素质、业务能力和人员与业务的协调是饭店宴会组织成功的关键。同时，宴会部的各种职务必须有相应的权利和职责以利宴会运营工作的展开和实施。其次，饭店运营组织的基础是部门和职务有效的沟通与协作并通过宴会组织的各职能部门和岗位将宴会运营工作进行完美组合。

1.5.2 宴会组织功能

饭店宴会组织是为了达到既定的运营目标，在分工协作的基础上构成的职工集合。该组织以专业化运营为基础，由下属职能部门、业务管理层和所有职工组成。在饭店宴会部中，各层管理人员和技术人员有不同的责任和权利。因此，宴会组织是宴会运营成功的基础，是实现宴会运营目标，制定宴会运营战略，保证宴会产品质量，开拓宴会目标市场，稳定宴会营业收入和利润及发展宴会组织及职工职业规划的核心力量。总结宴会组织的功能，主要包括以下几个方面。

1. 凝聚功能

科学的宴会运营组织应有明确的运营目标和工作任务。从而，将宴会组织中的全体职工凝聚成一个整体。如果该组织员工工作和谐，人际关系良好，该组织将产生有效的凝聚力。同时，良好的宴会组织成员应互相尊重，互相支持，互相信任，互相关心，对企业有归属感、责任感和向心力。同时，宴会组织的凝聚力还取决于管理人员的职业道德和管理能力等。包括公正廉洁、严于律己、团结职工及对职工职业发展的推动力等。

2. 协调功能

宴会运营组织应正确地处理部门分工和处理好本部门与其他业务部门的协作。为了达到宴会业务既定的运营效益和产品质量，宴会组织内部应有明确的分工，每个部门和职务应有相应的工作职责和工作范围并处理好与顾客、中间商、供应商及其他有关方面的合作与协调。

3. 制约功能

宴会组织的部门及其职工应负责宴会运营中的相应工作及承担责任。通常，根据各饭店宴会部的管理模式和运营特点，授予每个二级部门和职工不同的职责和权力以保证宴会运营的高效率。

4. 激励功能

宴会运营组织应高度重视职工素质和业务能力，肯定职工的工作成果，培养职工的企业伦理和工作职责，增强职工的荣誉感和信心，使用有效的激励手段激发职工的工作热情，使管理人员和被管理者和谐地工作。从而，不断开拓和创新宴会组织结构和管理程序及方法。通过调整宴会组织结构，提高职工的工作绩效，提高职工的薪酬，使职工感受到被上级管理人员认可的喜悦并通过管理人员为职工确定的职业发展目标，使职工努力地工作。

1.5.3 饭店宴会部组织原则

1. 经营任务与目标原则

饭店宴会部的根本目的是实现饭店宴会运营目标，完成饭店对宴会运营既定的工作任务。因此，该部门组织的层次、幅度、任务、责任和权力等都要以宴会运营目标和工作任务为基础。当宴会运营目标发生变化时，其部门结构应及时做出相应的调整。

2. 分工与协作原则

根据研究，现代饭店实施宴会生产流程化，宴会服务专业化及产品质量标准化。因此，应根据宴会部中的不同部门、工作类型做到合理分工。例如，大型商务饭店设立宴会部，下设营销部、厨房部、宴会厅等。这些部门都有自己的具体专业工作，专业性很强。同时，其二级部门应加强协作和配合，职务的设置应利于横向协作和纵向管理。

3. 组织统一指挥原则

饭店宴会运营部应保证其运营管理的集中统一，实行宴会部总监或经理（大型饭店）负责制，避免多头管理和无人负责。同时，宴会部应实施直线职能参谋制管理，宴会部直线指挥人员（宴会部总监或经理、宴会厨房总厨、宴会厅经理等）可向下级发出指令，实行一级管理一级，避免越权指挥。宴会部的上级部门，例如，饭店营销部和财务部等可通过宴会直线指挥人员协调管理宴会部的业务。

4. 有效的管理幅度

由于饭店宴会管理人员的时间、业务知识和工作能力都有一定的局限性，因此，宴会部的职能分工应注意管理幅度。例如，可在大型饭店宴会部中设立宴会营销部、宴会厨房、宴会厅及宴会后勤部等二级部门。由于各饭店的宴会市场、宴会运营目标、宴会运营设施、宴会规模、宴会产品及宴会运营模式等不同，因此，各饭店的宴会部组织结构也不完全相同。

5. 责权利一致原则

科学的宴会运营组织应建立岗位责任制，明确工作人员层次、职务（岗位）责任及他们的权利以保证宴会部各部门工作有序。同时，授予宴会管理人员的责任和权利应当适合，有较大的责任就应当有较大的权利，责任制的落实必须与相应的经济利益协调，使管理人员尽职尽责。此外，宴会部下属的各部门和各职务的职权和职责应制度化，不要随意因人事变动而变动。

6. 集权与分权相结合原则

根据实践，饭店宴会部运营管理权必须集中。这样，有利于宴会运营的整体指挥，有利于宴会运营人力、资金、能源、设备和原材料的合理配置和使用。此外，为了调动宴会管理人员的积极性与主动性，方便下属部门的管理，宴会部应授予各二级部门一定的权利。当然，集权和分权的程度应考虑饭店和宴会部的运营规模、运营特点、管理人员素质和业务能力等。

7. 稳定性和适应性原则

饭店宴会部应根据饭店等级、运营规模、饭店类型和具体运营目标而定，以保持宴会部运营的稳定性。为了适应饭店内外环境的变化，宴会部的组织结构和人员应有一定的弹性，其二级部门和各职务应随宴会市场的变化和宴会运营战略的变化而变化。

8. 组织的精简原则

现代饭店部的组织设计与工作职务安排应在完成饭店宴会运营目标的前提下，力求精干和简单的原则。宴会部组织形式应有利于宴会运营效益，降低人力成本，利于饭店市场竞争。

1.5.4 宴会部组织结构

根据调查，小型饭店的宴会和零点（散客）餐饮业务均由饭店餐饮部负责，不设宴会部。中型和大型饭店设立宴会部，特大型饭店的宴会业务由宴会总监负责。

1. 中型饭店宴会部

通常，中型饭店宴会部在饭店餐饮部的管理下，属于餐饮部的二级管理部门。因此，中型饭店宴会部可不设专门的宴会厅，各类宴会业务均由餐饮部管辖内的各餐厅完成。此外，一些饭店设立一至二个宴会厅，宴会业务由宴会主管负责。宴会部业务主管和宴会接待人员的工作职责是开展宴会策划、宴会推销和宴会预定工作，并将宴会业务信息传送给餐饮部业务主管人员。这种宴会部的结构、管理层次和职务种类比大型饭店宴会组织结构简单（见图1-12）。

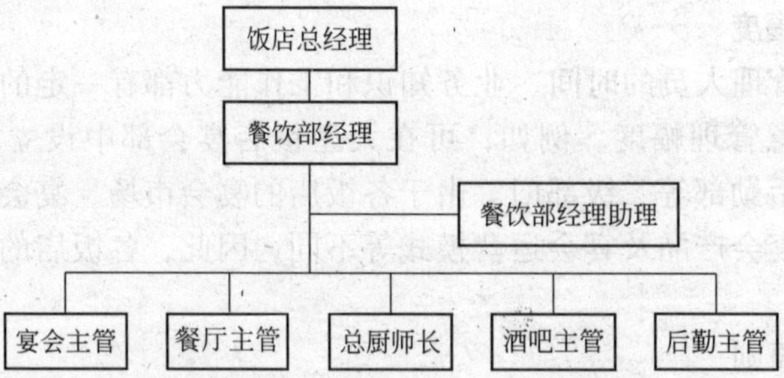

图 1-12 中型饭店宴会部组织图

2. 大型饭店宴会部

大型饭店宴会部通常在饭店餐饮总监的管理下，成立单独的宴会部。大型饭店宴会部拥有举办大型宴会的环境和设施及生产设备。其组织特点是，具有 2~3 个二级部门，组织层次为 2~3 层（见图 1-13）。近年来，随着宴会业务的发展与市场需求，一些大型饭店将宴会部与餐饮部的业务分离。宴会部的运营管理由宴会总监负责。其内部设营销部、生产部、后勤部、服务部等。

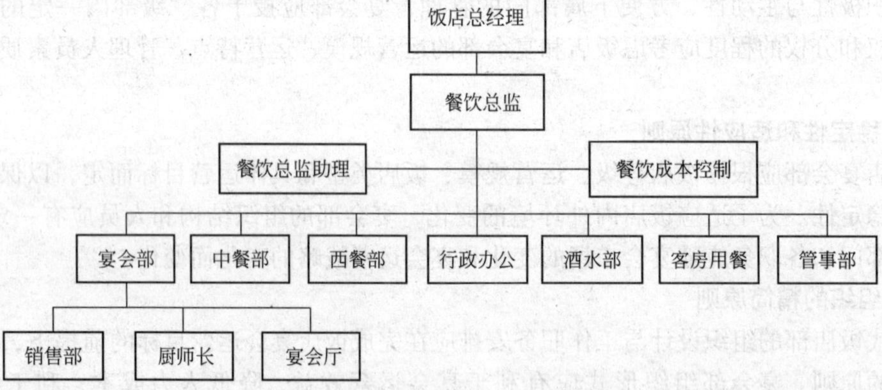

图 1-13 大型饭店宴会部组织图

本章小结

宴会是指有组织、有目的的聚会，是宴和会的结合。当代宴会是政府机关、社会团体、企事业单位、家庭及个人为了表示欢迎、答谢和庆贺等举行的一种隆重、正式或非正式的聚会活动。宴会作为社会交往的工具被组织和个人或家庭广泛运用，是人们表达好客和礼仪的有效方式。对于饭店而言，宴会常作为饭店产品的一个重要组成部分，宴会的营业收入是饭店收入的重要来源，而宴会产品质量和特色在提高饭店知名度和品牌效益方面也起着支撑作用。根据饭店宴会业务，宴会有多种分类方法。依据宴会主题分类，有商务宴会、欢迎宴会、答谢宴会、告别宴会、生日宴会、结婚宴会、年终宴会、出国宴会及其他宴会。依据宴会风格分类，有中餐宴会、西餐宴会、仿古宴和风味宴等。依据宴会主菜分类，有鱼翅宴、燕窝宴、海参宴、牛排宴、海鲜宴等。依据宴会的重要性分类，有正式宴会、非正式宴会和便宴等。依据宴会服务形式分类，有正餐宴会、自助餐宴会、鸡尾酒会、茶话会和茶歇等。根据研究，早在农业出现之前，我国原始宴会已出现。原始氏族部落在季节变化时常举行各种祭祀和典礼仪式。这些仪式往往有聚餐活动。在公元前3000年的古埃及，贵族是政府的组织者，元老是社会的最高阶层。在宴会上贵族和高级牧师的餐桌上约有四十余种面点和面包供其享用。

练习题

1. 名词解释

商务宴会、非正式宴会、自助餐宴会、鸡尾酒会、茶话会、茶歇

2. 判断对错题

(1) 宴会是指有组织、有目的的聚会，是宴和会的结合。

(2) 宴会是宴和会的结合，是一个聚会。在宴会中，所有宴会参加者为了一个共同的主题或目标，在同一时间和同一地点举行带有餐饮的会议。

(3) 宴会收入是饭店运营收入的重要来源之一。根据统计，宴会人均消费常超过餐厅散客水平，其利润比餐厅散客高。

(4) 由于饭店宴会管理人员的时间、业务知识和工作能力都有一定的局限性，因此，宴会部的职能分工应注意管理幅度。

(5) 正式宴会是指，具有正式仪式或正式社会交流活动的宴会。

(6) 茶话会（tea party）是下午茶中的一种正式宴会。这种宴会传统上只由女士参加，但也邀请一些男士参加。茶话会的特点是使用高级餐具。

(7) 从11世纪中期至16世纪，欧洲人的正餐宴会和普通宴会常为三道菜：第一道菜是带有开胃作用的汤、水果和蔬菜，第二道菜是以牛肉、猪肉、鱼及干果为原料制作的主菜，第三道菜是甜点。

(8) 通常，不同的宴会，其举办目的不同，主题也不同。不同主题和不同目的宴会，其菜单筹划、活动程序、服务方式也完全不同。

3. 简答题

(1) 简述宴会的特点。

(2) 简述宴会的意义。

4. 论述题

(1) 论述宴会运营组织及其功能。

(2) 论述当代宴会的发展。

阅读材料

国际宴会名称、主题与特点

1. Banquet 宴会

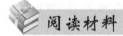

A banquet is a large meal or feast, complete with main courses and desserts, always served with ad libitum alcoholic beverages, such as wine or beer. A banquet usually serves a purpose such as a ceremony, or a celebration, and is often preceded or followed by speeches in honor of someone or something. In the majority of banquets, the gathering is seated at round tables with around 8-10 people per table.

2. Dinner 正餐宴会

The term dinner refers to the evening meal, which is now often the most significant meal of the day in English-speaking cultures. In some areas, the tradition of using dinner to mean the most important meal of the day regardless of time of day leads to a variable name for meals depending on the combination of their size and the time of day, while in others meal names are fixed based on the time they are consumed.

Christmas dinner is a meal traditionally eaten at Christmas. This meal can take place any time from the evening of Christmas Eve to the evening of Christmas Day itself. The meals are often particularly rich and substantial, in the tradition of the Christian feast day celebration, and form a significant part of gatherings held to celebrate Christmas.

The actual meal consumed varies in different parts of the world with regional cuisines and local traditions. In many parts of the world, particularly former British colonies, the meal shares some connection with the English Christmas dinner involving roasted meats and pudding of some description. The Christmas pudding and Christmas cake evolved from this tradition. In countries without a lengthy Christian tradition, such as Japan, the Christmas meal may be more heavily influenced by popular culture.

3. Reception 招待宴会

A social function, especially one intended to provide a welcome or greeting. Formal receptions are parties that are designed to receive a large number of guests, often at prestigious venues. The hosts and any guests of honor form a receiving line in order of precedence near the entrance. Each guest is announced to the host who greets each one in turn as he or she arrives. Each guest properly speaks little more than his name (if necessary) and a conventional greeting or congratulation to each person in the receiving line. In this way, the line of guests progresses steadily without unnecessary delay. After formally receiving each guest in this fashion, the hosts may mingle with the guests. Somewhat less formal receptions are common in academic settings, sometimes to honor a guest lecturer, or to celebrate a special occasion such as retirement of a respected member of staff. Receptions are also common in symposium or academic conference settings. These gatherings may be accompanied by a sit-down dinner, or more commonly, a stand-up informal buffet meal. Receptions are also held to celebrate exhibition openings at art galleries or museums. Refreshments at a reception may be as minimal, such as coffee or lemonade, or as elaborate as those at a state dinner.

4. Party 家庭宴会

A social gathering especially for pleasure or amusement. a cocktail party, a tea party, give (hold) a dinner, an evening party, a garden party.

A dinner party is a social gathering at which people eat dinner together, usually in the host' s home. At the most formal dinner parties, the dinner is served on a dining table with place settings. Dinner parties are often preceded by a cocktail hour in a living room or bar, where guests drink cocktails while mingling and conversing. Wine is usually served throughout the meal, often with a different wine accompanying each course.

At less formal dinner parties, a buffet is provided. Guests choose food from the buffet and eat while standing up and conversing. Women guests may wear cocktail dresses; men may wear blazers.

At some informal dinner parties, the host may ask guests to bring food or beverages (a main dish, a side dish, a dessert, or appetizers). A party of this type is called a potluck or potluck dinner. In the United States, potlucks are very often held in churches and community centers.

A garden party is a party in a park or a garden. An event describedas a garden party is usually more formal than other outdoor gatherings, which may be called simply parties, picnics, barbecues, etc. A garden party can be a prestigious event.

A cocktail party is a party at which cocktails are served. It is sometimes called a "cocktail reception". Women who attend a cocktail party may wear a cocktail dress. A cocktail hat is sometimes worn as a fashion statement.

A tea party is a formal gathering for afternoon tea. These parties were traditionally attended only by women, but men may also be invited. Tea parties are often characterized by the use of prestigious tableware, such as bone china and silver. The table, whatever its size or cost, is made to look its prettiest, with cloth napkins and matching cups and plates.

In addition to tea, larger parties may serve punch or, in cold weather, hot chocolate. The tea is accompanied by a variety of easily managed foods. Thin sandwiches such as cucumber or tomato, bananas, cake slices, buns, and cookies are all common choices.

A housewarming party may be held when a family, couple, or person moves into a new house or apartment. It is an occasion for the hosts to show their new home to their friends. Housewarming parties are typically informal and do not include any planned activities other than a tour of the new house or apartment. Invited family members and friends may bring gifts for the new home.

A shower is a party whose primary purpose is to give gifts to the guest of honor, commonly a bride-to-be or a mother-to-be. Guests who attend are expected to bring a small gift, usually related to the upcoming life event, like getting married or having a baby. Themed games are a frequent sight during showers as well.

5. Feast 大型盛宴

A large, elaborately prepared meal, usually for many persons and often accompanied by entertainment; a banquet. A meal that is well prepared and abundantly enjoyed. A periodic religious festival commemorating an event or honoring a god.

6. Fete 露天宴会

An elaborate party, An elaborate, often outdoor entertainment. (见图 1-14)

图1-14 露天宴会

7. Function 或 Event 正式宴会

An official ceremony or a formal social occasion (social gathering).

8. High Tea 下午茶宴会

A fairly substantial meal that includes tea and is served in the late afternoon or early evening.

9. Cafeteria 自助餐宴会（现场付费）

A restaurant in which the customers are served at a counter and carry their meals on trays to tables.

10. Buffet 自助餐宴会

A meal at which guests serve themselves from various dishes displayed on a table or sideboard.

参考译文

1. 宴会（banquet）

宴会是一个丰盛的餐饮活动，配有主菜和甜点，并附带理想的酒水服务。例如，葡萄酒或啤酒。宴会通常用于举行各种庆典活动，并在宴会前或宴会后有讲演活动。在宴会上，人们会围坐在圆桌旁，约8~10人左右。

2. 正餐宴会（dinner）

正餐宴会是指晚餐宴会。在英语国家中，晚餐是一天中最重要的一餐。然而，不同的地区dinner的含义不同。一些地区，dinner的用法是指一天中最重要的一餐，而不论其具体用餐时间。同时，根据dinner的规模和具体时间还可以派生出不同的宴会名称；而一些地区的dinner仅仅是指晚餐。

圣诞晚宴（Christmas dinner）是指圣诞节吃的宴会。这个宴会可以从平安夜到圣诞节晚上的任何时间举行。在基督教传统节日中，这个宴会的菜点特别丰盛，并且是庆祝圣诞节的重要组成部分。

在世界各地，圣诞晚宴的菜点因地区菜系和当地饮食传统而有所不同。在世界许多地方，特别是前英国餐饮文化影响的地方，晚宴的具体菜点来源于英国圣诞节晚宴的烤肉和布丁。因此，所谓圣诞布丁和蛋糕，实际上是来自于这个传统。一些没有基督教传统的国家，例如日本，其圣诞晚宴的菜点主要受其大众餐饮文化的影响。

3. 招待宴会（reception）

招待宴会，简称招待会，是一种基于社交功能的宴会，特别是为欢迎或问候而举办。正式的招待会可接待大量的顾客，通常是在知名的酒店等场所举办。在入口处，主人和客人双方都要按照顺序排成队，每个客人向主办方介绍他们的名字而通知他们的到来，主办方会依次向每位客人问候。一般而言，每一位客人除了介绍自己的名字，还要加上简单的问候或祝贺语。这样，客人的队伍会稳步前行，避免耽搁。在接待每位客人后，主人就穿插在客人中，与其一起交谈。在学术界，一般宴会可以在学术会堂或讨论室进行，而不用这么正式或传统的接待方式。其宴会的举办有时是为了迎接一位客座讲师，或者为一位受人尊敬的职员退休举办主题宴会。一些研讨会或学术会中的招待会可能采用传统方式的晚宴，或者这种晚宴采用站立式的自助餐。一些招待会仅仅是为了展览馆或博物馆的开幕而进行。这种宴会可能仅包括有限品种的茶点，甚至仅包括咖啡或柠檬水。当然，其菜点也可能像正式宴会一样精致。

4. 家庭宴会（party）

家庭宴会是指休闲或旅游活动中的家庭正式宴会（聚会）或非正式宴会（聚会）。这种宴会的内涵比较广泛，可细分为鸡尾酒会、茶会、晚宴、晚会或游园会（花园聚餐）等。

家庭正式宴会（dinner party）是指主办方在家庭主办的正式晚宴、休闲自助餐宴会或在公共场所进行的家庭合餐自助宴会。在家庭正式宴会上，人们围餐桌而坐，每位参加人面前都有摆好的餐具。一般而言，在开始前，主人与客人在客厅或家庭酒吧一边喝鸡尾酒或饮料，一边聊天。大约在30分钟后，晚宴开始，通常在餐厅或客厅进行。正式晚宴期间，人们通常饮用葡萄酒佐餐，每道菜都伴有不同种类的葡萄酒。一般的规律是，白葡萄酒和桃红葡萄与浅颜色菜肴（海鲜）搭配，红葡萄酒与深色菜肴（畜肉）搭配。同时，饮用葡萄酒时先饮用年份较近的或味道清淡的。

在非正式家庭宴会（informal dinner party）中，通常以自助餐形式举行。客人们一般站着用餐和聊天。参加宴会的人通常在自助餐台选择自己喜爱的菜点。女士与男士可穿一些具有特色的休闲服装。

在家庭合餐自助宴会上，主办人可能会要求参加宴会的人自带一些菜点（主菜，配菜，甜点或开胃菜）或饮品。这种宴会称为家常菜宴会。在美国家常菜宴会经常在教堂和社区中心举办。

花园宴会（garden party）或称为花园聚餐是在公园或花园举行的宴会。游园会通常比其他户外聚餐更正式，常称为郊外餐会、花园烧烤会等。这可能是简单的聚会、野餐、烧烤等。然而，游园宴会已经是一个有声望的聚餐活动。

鸡尾酒会（cocktail party）也称为以鸡尾酒为主题的宴会，也称为“鸡尾酒招待会”。参加鸡尾酒会的女士可穿与鸡尾酒会相关的漂亮服装。同时，穿戴鸡尾酒会的专用帽子代表了一种时尚。

茶话会（tea party）是下午茶中的一种正式宴会。这种宴会传统上只由女士参加，但也邀请一些男士参加。茶话会的特点是使用高级餐具。例如，由骨灰瓷和金属制成的餐具。在漂亮的餐桌上，铺着台布，摆放着整齐的餐巾、各式杯子和餐盘。在大型茶话会上，除了饮茶外，有宾治（punch，勾兑的无酒精饮料）。在天气冷的时候提供热巧克力饮料。同时，提供简易的菜点、蔬菜三明治等。例如，黄瓜或番茄三明治，香蕉、蛋糕、面包和饼干都是茶话会常见的菜点（见图1-15）。

图1-15　大型茶话会

乔迁宴会（house warming party）是指一个家庭或个人搬进新房子或新公寓时举行的宴会。这是主人向他们的朋友展示其新家的主题宴会。乔迁宴会通常是非正式的，是以参观新房子或公寓为主要目的的简单聚会，没有事前的筹划，菜点与宴会形式比较随意。此外，被邀请的家人和朋友会为庆贺新家而带来一些礼物。

庆贺宴会（shower）是指为了某人某件事项的成功而举办的家庭聚会。这一宴会的主要目的是给举办宴会的主人送礼物，通常是准新娘或准妈妈。参加宴会的客人通常会带一个小礼物并赠予即将到来的某一生活事件。例如，即将成婚的男士或女士、准妈妈等。这种宴会常筹划一些主题活动。

5. 大型宴会（Feast）

大型宴会是指经过精心准备的大型规模的宴会。通常，参加宴会的人数多。这种宴会常伴有一些娱乐活动。这种宴会的最大特点是需要精心准备，菜点丰盛。大型宴会还常指为宗教纪念活动或宗教节日而举办的宴会。

6. 广场盛宴（Fete）

广场盛宴也称为露天盛宴，是指经过策划在露天场所举办的宴会。其特点是菜点要精心制作并带有户外娱乐活动。

7. 正式宴会（Function）

正式宴会是指具有正式仪式或正式社会交流活动的宴会。

8. 茶宴会（High Tea）

茶宴会是指内容丰盛的一个下午茶会。该宴会包括比较丰富的甜点、水果和茶。通常，这种宴会在下午的晚些时候或傍晚举办。

9. 收费式自助餐宴会（Cafeteria）

该宴会通常在餐厅举办，参加人在自助餐台自己选择喜爱的菜点并放在托盘上。然后，在餐台旁的收银台付费。最后，将菜点送至自己的餐桌上。这种自助餐宴会以顾客取菜点的品种和个数为收费标准。

10. 自助餐宴会（Buffet）

自助餐宴会是指参加人在自助餐台选择自己喜爱的菜点。然后，将菜肴送至自己的餐桌上。这种自助餐宴会以用餐人数为收费标准。宴会参加人可以数次到自助餐台选菜。

参考文献

[1] 王觉非．近代英国史［M］．南京：南京大学出版社，1997.
[2] 王锦瑭．美国社会文化［M］．武汉：武汉大学出版社，1996.
[3] 勃利格斯．英国社会史［M］．北京：中国人民大学出版社，1991.
[4] 刘祖熙．斯拉夫文化［M］．杭州：浙江人民出版社，1993.
[5] 张泽乾．法国文化史［M］．武汉：长江文艺出版社，1997.
[6] 黄绍湘．美国史纲［M］．重庆：重庆出版社，1987.
[7] 田建军．现代企业管理与发展［M］．北京：清华大学出版社，2008.
[8] 胡朴安．中华全国风俗志［M］．石家庄：河北人民出版社，1986.
[9] 王子辉．隋唐五代烹饪史［M］．西安：陕西科技出版社，1991.
[10] 赵荣光．中国饮食文化史论［M］．哈尔滨：黑龙江科技出版社，1991.
[11] 王子辉．中国饮食文化研究［M］．西安：陕西人民出版社，1997.
[12] 黎虎．汉唐饮食文化史［M］．北京：北京师范大学出版社，1997.
[13] 姜习．中国烹饪百科全书［M］．北京：中国大百科全书出版社，1992.
[14] 丁应林．论宴会起源［J］．扬州大学烹饪学报，2011（03）：10-14.
[15] 郝瑛．内蒙古地区民族特色宴会的营销策略［J］．区域经济，2010（4）：46~47.
[16] 陶文台．中国烹饪概论［M］．北京：中国商业出版社，1988.
[17] 侯汉初．川菜的烹调技术［M］．成都：四川科学技术出版社，1989.
[18] 史昌友．灿烂的殷商文化［M］．北京：中国社会科学出版社，2006.
[19] 张晓娟．《诗经》与周代礼乐精神［D］．福州：福建师范大学，2008.
[20] 刘璐．西周饮食文化研究［D］．石家庄：河北师范大学，2008.

［21］吴娟．古希腊共餐研究［D］．上海：上海师范大学，2012.
［22］李晓丹．浅谈古希腊的会饮［J］．黑龙江教育学院学报．2008（4）：97-98.
［23］王天佑．西餐概论．5 版．［M］．北京：旅游教育出版社，2017.
［24］邱礼平．食品原料质量控制与管理［M］．北京：化学工业出版社，2009.
［25］刘雄．食品质量与安全［M］．北京：化学工业出版社，2009.
［26］魏益民．食品安全学导论［M］．北京：科学出版社，2009.
［27］佛里德曼．食物：味道的历史［M］．黄舒琪，译．杭州：浙江大学出版社，2015.
［28］李登年．中国宴席史略．北京：中国书籍出版社，2016.
［29］MCSWANE D. 食品安全与卫生基础［M］．吴勇宁，译．北京：化学工业出版社，2006.
［30］SPLAVER B. Successful catering［M］. New York：Van Nostrand Rinhold，1991.
［31］BOCUSE P. The new professional chef［M］. New York：Van Nostrand Reinhold，1991.
［32］PAULI E. Classical cooking the modern way［M］. New York：Van Nostrand Reinhold，1989.
［33］MONTANGNE P. The encyclopedia of food，wine & cookery［M］. New York：Crown Publishers，1961.
［34］GITLOW H S. Quality management［M］. 3rd ed. New York：Mcgraw-Hill Inc.，2005.
［35］RUSSELL R S. Operations management［M］. 4th ed. New Jersey：Prentice Hall，Inc，2003.
［36］JENNINGS M M. Business ethics［M］. Mason：Thomson Higher Education，2006.
［37］BURROW. Business principles and management［M］. Mason：Thomson Higher Education，2008.
［38］KOTAS R，JAYAWARDENA C. Food & beverage management［M］. London：Hodder & Stoughton，2004.
［39］WALKEN G R. The Restaurant From concept to operation［M］. 5th ed. New Jersey：John wiley & Sons，Inc.，2008.
［40］GORDON B. Messenger of the extraordinary［J］. Journal of popular culture，2002（3）：135-146.
［41］MEAD W E. The English medieval feast［M］. London：George Allen & Unwin，1931.
［42］MASON L. Food culture in Great Britain［M］. westport CT：Greenwood Press，2004.
［43］PITTE，J R. French gastronomy：the history and geography of a passion［M］. New York：Columbia University Press，2002.

第2章

宴会与中餐

本章导读

中餐是中国菜和中国面点的总称，是世界华人习惯食用的菜肴和点心。中餐的发展有着悠久的历史，其菜点的工艺与造型世界闻名。许多中餐菜点不仅是宴会中的美味佳肴，还是宴会中被顾客观赏的艺术品。同时，中餐菜点不仅作为中餐宴会的基础，而且已成为世界各国主题宴会菜单的首选内容。通过本章学习可了解中餐的特点、中餐在宴会中的意义、中餐历史与发展，掌握中餐菜系和中餐菜点种类与生产工艺等。

2.1 中餐概述

2.1.1 中餐含义及在宴会中的意义

中餐是中国菜和中国面点的总称，是世界华人习惯食用的菜肴和点心。中餐菜肴和面点不仅是中餐宴会的重要组成部分，也是各种宴会常选用的菜点。中餐的发展，可以显示国家、地区在一定时期的经济、政治、文化的发展及中餐食品原料、烹饪工艺、服务环境与布局等的发展。中餐是国际宴会产品、旅游产品、休闲产品和会展产品的重要组成部分。近年来，随着我国国民经济的快速增长、城乡居民收入不断提高，我国中餐宴会销售额不断增长。中餐的发展必然会促进中餐宴会市场的持续增长。

2.1.2 中餐特点

中餐有着悠久的历史，经过长期的发展，融汇了我国各民族和各地区的食品原料、饮食文化和制作工艺，形成了中餐及中餐宴会的总体特色。这些特色表现在食品原料、制作工艺、菜点原料、工艺生产、外观造型及服务技术等方面。

1. 精选的食品原料

在我国广阔的国土和水域内蕴藏着丰富的食品原料。包括各种畜肉、禽肉、水产品、谷类、蔬菜、水果和菌类等。这些动物和植物食品原料为各种宴会提供了广阔的原材料。同时，中餐在选择食品原料时，讲究原料的产地、季节、部位和成熟度等以使中餐具有特色。此外，中餐还讲究食品原料的搭配以使菜单具有安全、营养和食疗等作用。从而，中餐原料的特点显现中餐宴会产品的市场优势。

2. 严谨的制作工艺

中餐菜点的生产与造型世界闻名。许多中餐菜点不仅是美味佳肴，还是顾客观赏的艺术品。其原因是，菜肴制作中严格遵守工艺纪律和产品造型。许多食品原料被切成块、片、段、丝、粒、末、茸及各种花形。同时，中餐菜点讲究烹调方法、火候控制、调味技术和制作程序等。因此，现代中餐具有“一菜一格，百菜百味”等特点，而这一特点形成了中餐产品的市场优势。

3. 特色的外观设计

中餐菜点讲究产品外观和盛装的餐具。例如，著名的浙江菜——叫花鸡，使用荷叶包装。其外观符合休闲宴会回归自然的需求。福建菜——佛跳墙装在钵中，使菜肴味道更加浓郁。一些中餐菜点的盛器和汤的容器呈现个性化，甚至是专门为某些菜点而设计和制作的。因此，现代中餐产品的特色不仅反映在原料选择和生产工艺方面，还反映在菜点设计和盛器与餐具方面。

4. 科学的菜点组合

现代中餐，讲究菜点的科学组合。其中，对菜肴的制作原料、调味品和制作工艺等进行了严格的设计以组成一个完整的菜点组合。这样，在菜点造型、味道、营养等各方面达到应有的特色与和谐。例如，北京烤鸭常配有荷叶饼、青葱丝、黄瓜条及炒熟的甜面酱等。

2.1.3 中餐菜点名称

中餐菜点命名不仅根据一定的原则或餐饮文化，且反映菜肴的原料、工艺、外观、味道和造型及宴会主题等。在中餐宴会运营中，菜点的名称起着重要的营销作用，是销售宴会的重要媒介之一。根据消费心理学，菜点名称是引起宴会顾客消费的有效手段，常引起顾客的兴趣和联想。从而，产生对宴会的购买欲望。

1. 以食品原料为核心的命名方法

中餐菜点常以主要食品原料名称为基础，加入配料名称、调料名称、烹调方法或加入菜肴形状、质地和颜色等描述及相关人名或地名等。例如，虾仁锅巴、芥末鸭掌、清蒸鲥鱼等。

2. 具有寓意的命名方法

一些中餐菜点名称常以其造型、工艺或以良好的祝福词语及历史传说等寓意的命名方法。例如，孔雀开屏、熊猫戏竹、葱烧蹄筋、碧绿带子、四喜丸子、全家福及佛跳墙等。

3. 将菜点与宴会主题相协调的命名方法

一些宴会的中餐菜点名称与宴会主题相协调。例如，在为庆祝学生的升学考试的宴会中，菜点名称有锦绣河山、金榜题名等。

2.2 中餐历史与发展

2.2.1 中餐起源

根据考证，中餐的发展有着悠久的历史。我国古代人在1万年前已开始使用陶制餐具和调味品（盐、酒和酱）。从黄河中游地区出土的谷物、工具和家畜骨头等显示，公元前6000年至公元前5600年，该地区已开始饲养家畜和农耕。从浙江省余姚市河姆渡遗址的考查发现，公元前5000年至前3400年该地区已经种植水稻，采集并栽培菱、枣、桃和薏米并饲养家畜。从西安市的半坡遗址、山西省芮城县王村遗址、河南省洛阳王湾遗址等发现，公元前5000年至前3000年黄河中游地区已使用石斧、石锄和石铲等农具，种植粟、芥菜和白菜等。从浙江省嘉兴市马家浜遗址发现，公元前4300年至前3200年该地区已种植水稻，饲养水牛。从浙江省余杭县良渚遗址发现，公元前3100年至前2200年该地区已种植水稻和粳米并采集和种植花生、胡麻、蚕豆、菱、瓜、桃和枣等植物。

2.2.2 先秦时期

我国自夏代以后进入青铜器时代，生产力有了很大的发展。根据记载和考古发现，当时已经有了青铜厨具。其主要包括鼎、鬲、镬和釜等。铜鼎是古代的铜锅，长方形或圆形，可用于煮、炖和炸等烹调方法。例如，在安阳殷墟出土的方鼎重达875千克，带耳，高达1.33米。铜鬲为圆形煮锅，鬲下部有三足（见图2-1）。铜镬相当于今天的烹调锅，其形状与现在广东餐厅使用的铁锅很相似。铜釜也是一种烹调锅，圆形，主要用于煮和炖等方法。

图2-1 铜鬲

这一时期，农业、畜牧业、狩猎和渔业都有了很大的发展，为中餐的发展提供了丰富的动物和植物食品原料。根据商代的甲骨文和《诗经》中的记载，当时人们已种植谷物。包括禾、粟、麦、稻等。人们在烹调中普遍使用蔬菜为原料。包括韭、芹和笋等。在畜肉和禽肉原料中包括猪、牛、羊、马和鸡等。同时，普遍使用多种河鱼为原料。不仅如此，人们在烹调中已经普遍使用动物的油脂、盐、蜂蜜、葱、花椒和桂皮等作为调味品。当时，人们重视食品原料的初加工，讲究切配技术。从而，加速了中餐烹调方法的创新。例如，那时人们已经掌握的烹调技法包括煮、煎、炸、烤、炙、蒸、煨、焖和烧。

2.2.3 秦汉魏晋及南北朝

中餐发展至秦汉魏晋南北朝时期。从公元前221年至公元589年，共810年，这一时期是我国封建社会的早期，农业、手工业、商业有了很大的发展，外交事务日益频繁。张骞通西域后，引进新的蔬菜品种，包括茄子、大蒜、西瓜、扁豆和刀豆等。这一时期，豆制品，包括豆腐干、腐竹和豆腐乳等在中餐宴会得到广泛的应用。与此同时，各种水果和植物油也开始用于烹调，中餐菜点制作开始以专业技术进行分工。从江陵凤凰山167号墓出土物品中发现了装有菜籽油的瓦罐，显示汉代已使用植物油进行烹调。约公元534年，北魏贾思勰撰写的《齐民要术》记载了酱黄瓜、豉酱和咸蛋等腌渍食品并叙述了古菜谱、古代烹调方法和调味品。东汉后期，发酵法用于制饼，面团发酵技术也日趋成熟。《齐民要术》中的“作饼酵法”不仅介绍了酸浆的制作方法，还介绍了夏冬两季的不同比例。这一时期，铁鼎和铁釜广泛用于烹调，烹调灶已经与现在农村使用的土灶很相似。在宴会食器中，以竹子、木头或铜为原料的箸（筷子）、漆器和陶器已普遍地使用。秦汉以后，一些由木制的餐饮器具逐渐取代青铜制品，在餐饮器具中占据了一定的地位。根据《齐民要术》记载，在南北朝时期，由于农作物的发展，食品原料非常丰富，不同种类的小麦、水稻和其他谷类、蔬菜和鱼类明显增多、葱姜蒜酒醋和各种调味酱普遍作为调味品。中餐宴会的菜点的生产讲究火候与调味，出现了菜肴的风味：中原风味、荆楚风味、淮扬风味、巴蜀风味和吴地风味等。此外，有关餐饮文化和中餐烹饪的专著也不断出现。例如，《食经》和《齐民要术》等。

2.2.4 隋唐时期

中餐发展的第3阶段是隋唐五代宋金元时期。从公元589隋朝统一全国至1368年元朝灭亡，共779年。这一时期是中餐发展史上的黄金时期。隋唐时期，从西域和南洋引进了新蔬菜品种的种子。包括菠菜、莴苣、胡萝卜、丝瓜和菜豆等。这一时期，由于食品原料和烹调器具的发展，中餐烹调工艺有了很大的进步，并走向精细化。热菜的工艺逐渐快速发展。当时，中餐宴会冷菜的制作技术发展很快，出现了雕刻冷拼，冷菜工艺不断创新。此外，在原料的选择，设备的使用，原料的初加工等方面不断完善，开始强调菜肴的色、香、味、形。唐代，中餐宴会菜肴风味不断发展。不少餐馆推出了“胡食”“北食”“南食”“川味”“素食”等菜系。当时的北食是指我国河南、山东及黄河流域菜系，南食是指江苏和浙江等淮河流域菜系，川味是指巴蜀和云贵等地区菜系，素食是指寺院菜系。南宋时期，大量人才的南流，将北方的科学、文化和技术带到了我国南方，也推动了江南餐饮业和宴会的发展。根据记载，宋代的中餐市场相当繁荣，其中包括宴会节坊各类餐馆开始细分，有酒店、酒楼、茶馆、馒头铺、酪店、饼店、胡饼店、冷饮店等。宋代的酒楼为了招徕顾客，开始讲究店堂的设施和物品的陈设，门面结成彩棚或用彩画装饰并实施细致和周到的餐饮服务。根据记载，顾客到酒楼入座后，先服务一杯茶，安排服务员为顾客服务等（见图2-2）。公元713年至公元741年，唐代的《本草拾遗》中记载了湖南菜“东安子鸡”的烹调方法。1080年至1084年期间，由沈括编著的《梦溪笔谈》记载了当时将芝麻油用于中餐烹调。

图2-2 宋代的酒楼

2.2.5 明清时期

明清时期，从1368年明朝至1911年辛亥革命为止，共543年。这一时期，中餐的食品原料充裕，烹调方法继承周、秦、汉、唐和宋朝的优秀工艺特点，融入满人的餐饮特色。中餐烹饪理论硕果累累，出现了著名的烹饪评论家李渔和袁枚。明代宋诩著的《宋氏养生部》

对中餐 1 300 个菜品进行了论述。1531 年，玉米传到我国的广西地区，然后传入山东。此后，山东逐渐开始大量栽培。根据记载，明代出现了中餐的五大菜系：扬州菜系、苏州菜系、浙江菜系、福建菜系和广东菜系。根据《宋氏养生部》和《明宫史》记载，当时的中餐非常注重刀工技术和配菜技巧。1742 年随着农业和手工业的发展和城市商贸的繁荣，中餐不论在烹调工艺方面，还是在烹调理论方面都得到了长足的发展，菜肴的品种和质量不断提高。1792 年由清代著名学者袁枚编著的《随园食单》，共计 5 万字，对中餐烹调原理和各种菜点进行了评述。其中，收集了我国各地风味菜肴案例 326 个，书中还对菜肴的选料、加工、切配、烹调及菜肴的色、香、味、形、器及餐饮服务程序做了非常详细的论述。这一时期，由满菜和汉菜组成的满汉全席，是中国历史上最著名的筵席之一，也是清代最高级的国宴。菜单中，满菜多以面点为主，汉菜融合了我国南方与北方著名的特色菜肴，满汉全席包括菜肴 108 道，其中南菜 54 道，北菜 54 道，点心 44 道。

2.3 中餐菜系

2.3.1 菜系的含义

菜系是指在一定区域内，因独特的物产、气候、历史文化和饮食习俗等原因，自成体系的烹饪技术及特色菜肴的总和。目前，中餐宴会常选用的菜肴，除了包括我国著名的传统菜系，也包括我国近年发展的地方菜系。

2.3.2 著名的传统菜系

1. 广东菜系

广东菜系，简称粤菜，具有悠久的历史，形成于秦汉时期。广东菜系主要由潮州菜、广州菜和东江菜组成。其特点是选料精细，菜品繁多，善于变化，是中餐富于开拓和创新的菜系。广东菜系讲究鲜、嫩、爽、滑，擅长煎、炸、烩、炖、煸等制作方法，菜肴色彩鲜艳，滑而不腻，在各大菜系中脱颖而出，是中餐的八大菜系之一。广东菜系不仅是中餐宴会菜单常选用的品种，也常作为各种宴会菜单中选用的内容。

在广东菜系中，潮州菜是广东菜系的基础。潮州菜主要是指广东东南沿海，与福建相邻地区并以潮州和汕头地区为代表的地方风味菜。该地区包括潮州、汕头、潮阳、饶平、普宁、惠来、海丰、陆丰等。这些县市，自古属于“潮州府”。所以，统称为潮州菜。潮州菜种类多，擅长烹制海鲜、甜菜和汤羹菜，讲究菜肴的鲜嫩和爽滑，并保持菜肴的原汁原味。潮州菜的口味偏重。同时，潮州菜常用沙茶酱、豆酱、梅膏酱、金橘酱、甜酱油、鱼露、冬菜和咸菜等作为调味品。其制作工艺擅长焖、炖、烧、焗、炸、泡和卤等方法。此外，潮州小吃约有 230 多个品种。著名的潮州菜肴有红烧鱼翅、东江盐焗鸡（见图 2-3）和梅菜扣肉等。广州简称“穗”，也称作羊城，位于广东珠江三

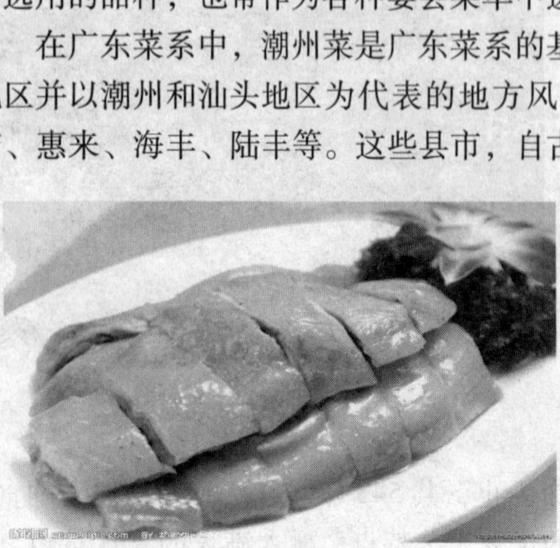

图 2-3 东江盐焗鸡

角洲北部，濒临南海，为西江、北江、东江汇合处，是中国南方最大的城市。广州由秦汉至明清两千余年之间，一直是中国对外贸易的重要港口，是中国“海上丝路”的起点。唐宋时期，广州已发展成为世界著名的东方大港。明清时期，广州更是开放的口岸，曾是中国唯一的对外贸易港。基于以上原因，促进了广州菜的发展。广州菜的特点是清而不淡，鲜而不俗，选料精细，菜肴种类多，讲究烹调火候和汁芡（调味汁）。著名的广州菜肴有脆皮乳鸽、明炉烤乳猪、冬瓜盅、蚝油牛肉等。

东江菜称为客家菜，是指广东东部的东江流域的地方风味菜。东江菜的原料多选用家禽、家畜和豆制品。其菜肴特点是酥烂香浓，突出主料，且具有乡土的风味。

2. 山东菜系

山东菜系简称鲁菜。根据研究，鲁菜发源于春秋战国时期，形成于秦汉，是中餐的八大名菜之一。山东菜有着“北方代表菜”的称号，主要由济南和胶东两地的特色菜点组成。济南菜包括济南、德州和泰安一带的菜点；胶东菜包括福山、青岛和烟台一带的菜点。山东菜系的特点是清淡，讲究菜肴的原汁原味。由于山东省位于黄河下游，其东部胶东半岛处于渤海与黄河之滨，气候适宜，四季分明。因此，沿海一带水产品丰富。同时，山东省还是我国著名的粮食和蔬菜的生产区，小麦产量占全国首位，玉米、谷子和大豆等种植普遍。此外，该地区畜牧业发达。因此，山东省的丰富食品原料，为山东菜系提供了充足的物质条件。

济南菜以清、鲜、脆、嫩而著称，烹调方法擅长爆、烧、炒和炸等方法，当地的传统菜以汤的特色和汤的质量而驰名。其中，清汤色清而鲜，白汤色白而醇。济南菜的代表作品有葱烧海参（见图 2-4）、盐爆肚丝、酱爆肉丁、锅烧肘子、油爆双脆及拔丝山药等。胶东菜以烹制海鲜为特常，其特点是口味鲜美，选料严谨，刀法细腻，花色多样。其代表菜肴有清汤燕窝、扒原汁鲍鱼、红烧海螺、白扒鱿鱼等。此外，在山东菜系中，曲阜菜也有一定的盛名。其特点是选料讲究，工艺严谨，菜肴以原汁原味而著称。

图 2-4　葱烧海参

3. 四川菜系

四川菜系，简称川菜，历史悠久，发源于古代的巴国和蜀国，在汉晋时期已显现其特点，至隋唐五代，川菜有较大的发展。目前，成为中餐的八大名菜之一。四川菜以成都菜和重庆菜发展而成。成都至今已有 2 300 多年的历史。秦汉时期，成都经济与文化发达，物产丰富。成都菜的特点是讲究菜肴的调味，以麻辣味而著称，用料广泛，选料认真，切配精细。其菜肴味道注重鱼香、怪味、椒麻、红油、姜汁、糖醋、荔枝和蒜泥等。在制作方法上擅长炒、滑、熘、爆、煸、炸、煮和煨等。其代表菜肴有樟茶鸭子、水煮牛肉、宫保鸡丁、夫妻肺片、回锅肉、麻婆豆腐和干烧鱼翅等。成都菜除了代表四川菜系外，其小吃也常被中餐宴会选用。著名的小吃有夫妻肺片、担担面、钟水饺和赖汤圆等。重庆是我国四大直辖市之一，是中国著名的历史文化名城。重庆古称江州，以后又称巴郡、楚州、渝州和恭州等。重庆菜又称渝菜，具有麻辣酸香等特点，尤以麻辣为重。其代表菜肴有，樟茶鸭子（见图 2-5）、鱼香肉丝、回锅肉、酸菜鱼等。

4. 江苏菜系

江苏菜系，简称苏菜，是中餐的八大菜系之一。该菜系由南京、苏州、扬州、淮阴和无锡等地方菜组成，有着悠久的历史和独特的制作工艺。江苏菜系的特点是制作精细，口味适中，菜肴色泽和谐，装饰典雅。

在江苏菜系中，南京菜是指以南京为中心的地方风味菜。由于南京是历史古都，其菜点生产工艺有着悠久的历史。南京菜在制作工艺及产品特色方面都很考究。其特点是，口味适中，菜式细巧并以制作禽类和蔬菜菜肴而闻名。现代的南京菜肴更符合国际会展和商务宴会需求，也符合旅游与休闲市场的需求。

苏州历史悠久，苏州菜始于南北朝，隋唐时期得到发展。其风味包括苏州、太湖和阳澄湖等地区。苏州菜特点是口味趋甜，讲究菜肴的颜色，以制作河鲜、湖蟹和蔬菜而著称。著名的菜肴有酱鸭、碧螺虾仁等。

扬州菜是指以淮安、淮阴和扬州为中心的菜肴。该地区食品原料丰富，有悠久的历史，可上溯至先秦和南北朝。隋唐时期颇负盛名。

至明清时期，扬州菜已自成菜系。其特点是清淡适口，主料突出，刀工精细、菜肴味道醇厚。著名的扬州菜有煮干丝（见图 2-6）、清蒸鲥鱼、蟹粉狮子头等。

图 2-5 樟茶鸭子

图 2-6 煮干丝

无锡距离苏州仅有 60 千米。由于其地理位置接近太湖，物产丰富，尤其是河鲜与蔬菜。无锡菜的制作特点是刀工精巧、色泽鲜艳、味道酸甜。著名的菜肴有炝青虾、无锡排骨和松鼠鲑鱼等。

5. 浙江菜系

浙江菜简称浙菜，是中餐的八大名菜之一。该菜系由杭州、宁波、绍兴和温州菜组成。其发展有着悠久的历史。浙江省东濒大海，有千里长的海岸线。该地区盛产海产品。例如，黄鱼、带鱼、石斑鱼、龙虾、蛤、虾和蟹等。

杭州菜常称为杭帮菜，常以煮、炖、焖和煨等为主要烹饪方法制作海鲜、河鲜、竹笋、雪菜和火腿菜肴。杭州菜的特点是突出菜肴的原汁原味，制作精细，富有乡土气息。著名的菜肴有东坡肉，这一菜肴为苏东坡所创，色泽红亮，味醇汁浓，酥而不碎，油而不腻。著名的叫花鸡源于清代，原名为荷叶包鸡，这一菜肴配以香菇、竹笋和火腿，裹以鲜荷叶和湿黄泥，经低温烤制，肉质鲜嫩，味道鲜美。著名的龙井虾仁以鲜龙井茶叶为配料，使菜肴佐以龙井茶的清香味道。著名的菜肴——宋嫂鱼羹始于宋朝，由于菜肴中配以竹笋、火腿、胡椒和香醋，使菜肴清香甘芳，别有风味。

宁波有着漫长的海岸线，濒临舟山渔场，海产资源十分丰富，是鱼米之乡。根据记载，宁波菜有着悠久的历史。从河姆渡文化遗址出土的籼稻、菱角、酸枣与釜和陶器中，表明当时人们已经进行了简单的烹调。早在《史记》中就有“楚越之地，饭稻羹鱼”的记载。南朝时期，以虞棕为代表的学者研究了浙东的饮食文化。宁波菜的特点是原料以海鲜居多，菜肴以嫩、软和滑为特色并注重菜肴的原汁原味，菜点具有鲜咸合一的特点。著名的宁波菜有雪菜大汤黄鱼、苔菜拖黄鱼（见图 2-7）、木鱼大烤、锅烧鳗鱼、溜黄青蟹和宁波烧鹅等。

绍兴有 2 500 多年建城史，是首批国家历史文化名城，也是著名的水乡和鱼米之乡。绍兴菜以鱼虾河鲜、鸡鸭家禽和新鲜蔬菜为主要原料，讲究菜肴的原汤原汁。其菜点制作特点是轻油忌辣，汁味浓重。在烹调中常使用一些新鲜的食品原料配以腌制的腊肉等一同烹制。同时，使用绍兴料酒作为调味品，使菜肴别具风味。

6. 安徽菜系

徽菜系简称徽菜，是中餐的八大名菜之一，历史悠久，起于汉唐、盛于明清，以烹制山珍河鲜而著名，烹调方法多用烧、焖和炖等方法。这一菜系的特点是味道醇厚，制作精细。安徽菜系主要由皖南、沿江和沿淮等菜组成。安徽简称“皖”，其境内，淮河以北地区属温带半湿润季风气候，淮河以南属亚热带湿润季风气候，四季分明，气候温和，雨量适中。同时，该地区土地肥沃，物产丰富，盛产山珍、河鲜和家禽。

皖南菜源于古徽州，在安徽省南部的黄山一带，是传统安徽菜的发源地。该地区菜点制作以烧炖为主，讲究菜肴的火候，菜肴味浓鲜香，保持原料的原汁原味，有着淳朴的地方风味。皖南菜芡大、重油、重色、重火候，善于发挥食品原料本身的自然特色，常用火腿作为菜肴的配料，用冰糖增加菜点的味道。著名的菜肴有腌咸鳜鱼、清蒸石鸡、松子玉米、徽式酱排、香炸芋脯、八公山豆腐（见图 2-8）等。

图 2-7　苔菜拖黄鱼

图 2-8　八公山豆腐

沿江菜是指长江沿岸的合肥、芜湖和安庆等地方菜，以制作河鲜、家禽和蔬菜菜肴见长，制作工艺以清蒸、红烧和烟熏为特色，菜肴味道醇厚。

沿淮菜由蚌埠、宿县和阜阳等地方菜组成。该地区菜肴以烧、炸和熘等方法为特色。菜肴常以芫荽和辣椒等调味，口味咸鲜，汤汁色艳而味重。

7. 湖南菜系

湖南菜系简称湘菜，是中餐的八大名菜之一，历史悠久，讲究菜点的口味。据考证，早在二千多年前的西汉时期，长沙地区开始用兽、禽、鱼等多种原料制成菜肴。1974 年在长沙马王堆出土的西汉古墓里，发现了迄今最早的一批竹简菜单，其中记录了103个名贵菜品和九大类烹调方法。由于湖南省位于我国中南地区，长江中游南岸，气候温暖，雨量充沛，阳光充足，四季分明。因此，该地区物产丰富。其中，湘北地区是著名的洞庭湖平原，是鱼米之乡。湘东南地区为丘陵和盆地，该地区农牧副渔等都很发达。湘西多山，盛产笋和蘑菇等。因此，丰富的物产为湖南菜系提供了丰富的食品原料。

湖南菜系是以湘江流域、洞庭湖区和湘西地区风味菜肴为代表。湘江流域菜以长沙、衡阳和湘潭为中心，是湖南菜系的主要代表。其中，长沙是历史悠久的古城。因此，湘菜的烹调技术在长沙得到了发展。该地区菜肴油重色浓，具有酸辣、香鲜和软嫩等特点。著名的菜肴有腊味合蒸、东安子鸡等。

洞庭湖地区菜以岳阳地区菜为代表，岳阳是具有2 000余年历史的古城，其菜点的特色与长沙很接近，当地代表菜有泡椒鲜鱼、冰糖湘莲、火焙鱼、香辣鱼仔、虾饼、腊野鸭条和洞庭银鱼等。这些特色菜点的形成源于其悠久的历史和洞庭湖的丰富食品原料。

湘西山区菜和湘菜整体具有一定的区别，其带有传统的地区口味和制作方法。湘西山区以吉首和怀化等地区风味菜为主。该地区的特产主要包括山区散养的鸡鸭鹅、寒菌和冬笋等。其菜肴口味浓厚鲜香并趋向酸和咸。其中，腊味和辣味综合的菜肴很有特色。

8. 福建菜系

福建菜简称闽菜，是中餐的八大名菜之一。该菜系由福州菜、泉州菜和厦门菜发展而成。这一菜系的特点是制作精细，色调美观，味道清鲜并常以海鲜为主要原料。根据统计，福建菜系的调味品较多，除了葱、姜、蒜、酱油、麻油、胡椒外，还常用沙茶酱、芥末酱、虾油、虾酱、橘汁和荔枝等为菜肴调味。香糟是福建菜系具有代表性的调味品。其种类有红糟、白糟、醉糟之别。根据考查，福建简称闽，闽字最早出现于周朝，由于境内有一条闽江，因而福建简称为“闽”。福建在历史上曾是“海上丝绸之路”，也是“郑和下西洋”等商贸集散地。由于福州和厦门沿海，因此，盛产龙虾、明虾、黄鱼、红鲟、鱿鱼和八爪鱼等。从而，为福建菜系提供了理想的食品原料。

福州菜包括福州市及福州附近10个县的菜，并在闽东、闽北和闽中一带广泛流传。烹调方法以干炸、爆炒、煨和蒸等方法为主。其中，最讲究的是汤菜，菜肴中常用虾油和红糟调味。福州菜味道清淡，略显酸甜，汤鲜味美。例如，著名的福州菜佛跳墙（见图2-9）。

图2-9 佛跳墙

泉州历史悠久，该城市拥有丰富的历史文化。泉州菜，即闽南菜，菜肴呈现清、鲜、爽、淡等特点，讲究菜肴的调味。其中，辣酱、沙菜酱和芥末酱是闽南菜常用的调味品。泉州菜擅长蒸、炒、炸、烩、烤、卤、煨、炖、煎和烧等方法，擅长制作香辣味的菜肴。例如，炒沙茶牛肉、葱烧蹄筋、永春白鸭汤等。该地区对汤的制作非常严谨，要求汤味新鲜、味纯，常采用炖、煲、煨等方法并低温调制，确保汤汁鲜醇。泉州菜除了注重菜的色香味以外，还讲究菜肴的造型，强调菜肴的自然美与艺术美的巧妙结合。

厦门菜以烹制海鲜见长，具有鲜、淡、香、烂等特点且略带酸、甜、辣的独特风味。其烹调方法以炸、熘、焖、炒、炖和蒸为主。此外，厦门小吃也很著名。厦门的特色菜包括酸辣汤、姜丝牛肉、糖醋排骨、鱿鱼豆腐、酒糟黄花鱼、炒麦螺、冬粉鸭等。

2.3.3 独特的地方菜系

近年来，由于我国经济和文化的发展，食品原料不断地丰富，菜点生产工艺不断地创新，推动我国菜系向多元化方向发展。目前，北京菜、上海菜、湖北菜、云南菜和贵州菜系等的知名度也不断扩大，并愈加受到各种宴会的青睐。

1. 北京菜系

北京是历史悠久的古都，历史上，有众多朝代在该地区建都。其历史发展可追溯到3 000年前。秦汉以来，北京地区一直是中国北方的军事和商业重镇。北京菜简称京菜，融汉、满、蒙、回等多种民族菜肴为一体。其发展由山东菜、宫廷菜和官府菜等综合而成。北京菜系的特点是取料广泛，品种繁多，口味香鲜，以油爆、盐爆、酱爆、汤爆、水爆、糟熘、白扒、烤和涮等烹调方法为特色。口味以咸、甜、酸、辣、香为特点。著名的北京菜有北京烤鸭、烤肉、涮羊肉、醋椒鲑鱼、葱爆羊肉、油爆双脆（见图2-10）、酱爆鸡丁、油爆肚仁和黄焖鱼翅等。

2. 上海菜系

上海位于长江三角洲，是滨海城市，气候温暖，也是世界上最大的国际贸易港口之一。根据记载，上海市原是吴淞江下游的一个渔村，至唐宋逐渐成为繁荣的港口。近百年来，上海市由于工业发达，商业繁荣，一直以“世界名都”著称于世界。上海邻近的江湖密布，全年盛产鱼虾，市郊菜田连片，四季蔬菜常青，物产丰富，为上海菜系的发展提供了良好的食品原料。上海菜系，称作本邦菜，经百余年的发展已成为中国著名的地方菜系。其特点以地方菜为基础，兼有京、鲁、苏、锡、川、广、闽、杭及西餐的特色。传统的上海菜口味适中，保持菜肴的原汁原味。著名的上海菜有砂锅鱼头、椒盐蹄膀（见图2-11）、红烧烤麸、菊花黄鱼羹和干贝莴笋等。

图2-10 油爆双脆

图2-11 椒盐蹄膀

3. 湖北菜系

湖北省位于洞庭湖以北，故称湖北，简称鄂。其气候温和，物产富饶，是著名的鱼米之乡。湖北省具有悠久的历史。根据京山县屈家岭文化遗址的发掘，证明距今四千年前已有陶器和水稻。春秋战国时期，大冶已有采铜冶炼。秦汉时期，江陵和襄阳发展成为经济和军事重镇。唐宋时期，武汉即以商业著称。明朝中后期，汉江下游地区引种棉花。清朝中期棉花种植面积和产量已跃至经济作物首位。湖北菜以江汉平原为中心，由武汉、荆南、鄂东南等地方菜发展而成。其中，武汉菜和荆南菜以烹制淡水鱼与畜肉而独具特色，菜点富有浓厚的乡土气息，汁浓、口重、味纯。菜肴制作以蒸、煨和烧等而驰名。其中，武汉菜刀工精细，讲究烹饪火候，精于颜色搭配、讲究菜点造型和煮汤技术。湖北菜系代表菜有清蒸武昌鱼、清炖鲜鱼、黄州豆腐和荷包丸子等。

4. 云南菜系

云南省简称滇，与四川、贵州、广西、西藏相邻，地形复杂。其西北部是高山深谷的横断山区，东部和南部是云贵高原。全省大部分地域属于低纬高原气候，四季如春，有动物王国和植物王国的美誉。云南菜，简称滇菜。云南的天气条件为云南菜提供了丰富的食品原料。云南菜选料广泛，口味以鲜嫩清香、酸辣适中为特色，讲究菜肴的原汁原味。在云南菜的烹调技法中，可分为汉族的蒸、炸、熘、卤和炖及少数民族的烤、腌和焗等方法，具有浓郁的地方风味。著名的菜肴有汽锅鸡、大理砂锅鱼、五香乳鸽、鸡翅羊肚菌、烤羊腿和竹筒鸡等。

5. 贵州菜系

贵州菜简称黔菜。贵州地处西南云贵高原东部，中亚热带湿润的季风气候，境内山川纵横，四季常青，盛产大米、玉米、麦类、洋芋、果蔬等。该地区特产有魔芋、竹荪、猴头菌等著名植物原料。传统的动物原料包括威宁火腿、小香猪、三穗鸭、乌骨鸡、黑山羊、贵农鸡等。同时，贵州还是中国的名酒和名茶之乡。贵州是多民族地区，在长期生活中，各民族人民创造了独具特色的贵州风味菜点。贵州菜由贵阳菜、黔北菜和少数民族菜等数种风味组成。大约在明朝初期，贵州菜已经趋于成熟，许多菜品已有600余年的历史了。贵州菜富有浓厚的民族风味和地域特色，包含了珍贵的餐饮文化和生产艺术。贵州菜肴常带有辣味和酸味。著名的贵州菜有酸汤鱼、三七汽锅鸡等。

6. 小菜系

所谓小菜系是指近百年来发展且独具特色的菜点集合。目前，一些宴会根据宴会的主题和其他因素需要，也选用一些小菜系。其中，包括宫廷菜、官府菜、家庭菜、清真菜和素菜等。谭家菜是著名的家庭菜。谭家菜的特点是，讲究火候，制作精细，口味适中，保持菜肴的原汁原味，菜肴软烂，易于消化。其采用的烹饪方法包括烧、烩、焖、蒸、扒、煎和烤等。谭家菜有近二百种佳肴，以烹制海鲜和名贵的干货原料菜而驰名中外。著名的菜肴有黄焖鱼翅、白扒鱼肚、糖醋鲑鱼、冰糖肘子（见图2-12）、鲜蘑冬笋等。

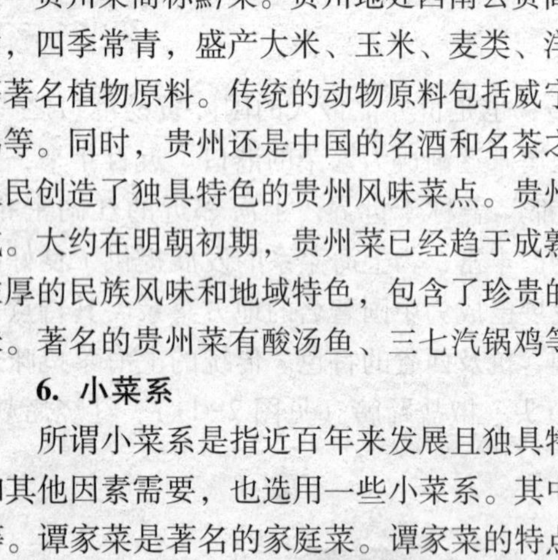

图2-12　冰糖肘子

素菜是以蔬菜、豆制品和菌类为原料制成的菜肴。中国素菜烹制历史源远流长。其形成于汉代，发展于魏晋时期和唐代。汉代张骞通西域，带回大量外地的瓜果蔬菜。魏晋南北朝时期佛教的盛行和寺院经济的发展，使素菜进一步发展。素菜味道鲜美，富有营养，容易消化。由于地域不同，我国素菜风味各异。

2.4 中餐菜点种类与生产工艺

2.4.1 中餐开胃菜

1. 中餐开胃菜含义

中餐开胃菜是指宴会开始时，服务员为顾客服务的具有开胃作用的冷菜或热菜。其特点是菜量少，具有开胃作用。

2. 中餐开胃菜种类

中餐开胃菜有多种分类方法。其分类方法通常基于开胃菜的温度、食品原料及生产工艺等。当然，还可以根据中餐开胃菜的味道或颜色进行分类。

1）根据开胃菜温度分类

（1）冷开胃菜。中餐冷开胃菜俗称冷盘或冷荤，常作为宴会的第一道菜。通常，它由新鲜的蔬菜和熟制的畜肉和海鲜等拼摆而成。

（2）热开胃菜。中餐热开胃菜是指经过熟制的并具有开胃作用的菜肴。这类菜肴，熟制后应立即上桌。因此，热开胃菜送至顾客面前，它的温度是热的，常在75 ℃度及以上。中餐热开胃菜常用的原料有畜肉、禽肉、水产品、鸡蛋和蔬菜等。中餐热开胃菜的宴会服务顺序应当位于冷菜上桌后。热开胃菜是中餐宴会菜单中不可缺少的组成部分。

2）根据食品原料分类

（1）畜肉类，是指以畜肉为原料，通过各种工艺生产的开胃菜，包括冷开胃菜和热开胃菜。例如，酱牛肉、火腿肉、鸡蛋卷、宫保鸡丁（见图2-13）、糖醋里脊等。

（2）海鲜类，是指以海鲜为原料，通过各种工艺生产的开胃菜，包括冷开胃菜和热开胃菜。例如，熏黄鱼、油爆鱿鱼卷、番茄虾仁、糖醋鱼片等。

图2-13　宫保鸡丁

（3）家禽类，是指以家禽为原料，通过各种工艺生产的开胃菜，包括冷开胃菜和热开胃菜。例如，白斩鸡、鱼香鸡丝、酱鸭腿等。

（4）禽蛋类，是指以禽蛋为原料，通过各种工艺生产的开胃菜，包括冷开胃菜和热开胃菜。例如，熏鸡蛋、松花蛋等。

（5）蔬菜类，是指以蔬菜为原料，通过各种工艺生产的开胃菜，包括冷开胃菜和热开胃菜。例如，虾干炝芹菜、糖醋黄瓜条、干煸扁豆等。

3）根据开胃菜生产工艺分类

（1）中餐冷开胃菜生产工艺约有10余种，主要包括拌、卤、炝、酥、酱、冻、卷、腊、熏、煮和腌等。（见生产原理）

（2）中餐热开胃菜的生产工艺主要有煎、炸、炒和爆等。（见生产原理）

3. 中餐开胃菜生产工艺

1）中餐冷开胃菜生产工艺

中餐冷开胃菜制作由两部分组成，一部分是生产技术，另一部分是拼摆技巧。中餐冷开胃菜的制作方法约有 10 余种，它们是拌、卤、炝、酥、酱、冻、卷、腊、熏、煮、腌和烤等，而冷开胃菜的拼摆是将经过熟制的或可生食的原料，整齐美观地装入盘内的过程。中餐冷开胃菜制作方法如下。

(1) 腌、拌、炝。腌是将原料浸入调味的卤汁中，排出原料内部的水分，使原料入味的方法。拌是将生、熟的食品原料切成丝、条、片、块等形状，浇上调味品，经搅拌而成。这种方法选用的原料可以是生食的瓜果蔬菜，也可以是经过煮烫或其他方法熟制的动物原料。例如，拌黄瓜选用生鲜黄瓜为原料，而拌海蜇，要将原料洗净，用热水烫的方法处理。炝是将加工成丝、条或片的植物原料放入沸水中快速地烫一下。然后，用盐、花椒油等调料搅拌而成。

(2) 煮、卤与酱。煮的方法是将食品原料放在汤锅中煮熟即可。例如，白斩鸡。卤是将动物性原料经过加工整理，煮至七成熟后，投入特制的卤水中，用低温将其煮熟和入味的过程。例如，卤鸡、卤鸭等菜肴。卤菜的质量与卤汁有紧密的相关性，卤汁的配制是卤菜的关键。酱的方法与卤基本相似。然而，一些企业的酱制方法比卤多了一个程序，将需要酱制的原料用少量盐或酱油进行短时间的腌制，几小时即可。然后，再熟制成菜肴。例如，五香酱牛肉。

(3) 酥与卷。酥是将鸡蛋、绿叶蔬菜和粉丝及鱼类等原料，经过整理，反复炸成酥脆的状态或不经油炸，直接加汤，慢火长时间烹调，使主料酥烂的过程。用酥制作的开胃菜，其特点是骨酥肉烂，香酥适口。卷是将鸡蛋液中放入适量水淀粉，加热，制成鸡蛋皮，在鸡蛋皮上摊入动物或植物原料制成的馅心，卷成一定的形状，通过蒸或炸的方法将鸡蛋卷成熟。

(4) 冻、腊与薰。冻的方法是在菜肴中加入琼脂或肉皮冻，使菜肴和汤汁冻结在一起的方法。例如，水晶鸡。腊是将动物性原料腌制后，进行干燥及蒸熟的过程。例如，腊肠。薰是指将动物性原料经过处理加工、腌制，然后通过蒸、煮或炸的任一过程使其成熟。最后，放入熏锅中熏入味的制作方法。以熏制成的开胃菜，应首先选用质嫩的原料，以保证菜肴的嫩度。另一关键是选用的熏料要合理恰当，熏锅要严密并严格掌握火候。例如，薰黄鱼。

(5) 烤（见主菜生产原理）。烧是将经过加工及腌渍入味的食品原料放入电烧箱或使用明火产生的热辐射对食品原料进行熟制而成为菜肴的烹调方法。其特点是原料经烘烧后，表层水分散发，菜肴表面呈现松脆和菜肴味道焦香。

4. 热开胃菜生产工艺

1) 炒、爆与熘

炒、爆、熘三种烹调方法可作为生产热开胃菜的一大类。其共同特点是，使用高温，操作速度快，烹调时间短。其中，炒又可分为煸炒和滑炒等方法。煸炒又可分为生炒与熟炒等方法。生炒的特点是使用生原料，原料本身不上浆、不挂糊，而是直接煸炒成熟。熟炒的特点是将煮过的食品原料，切成片、丝、丁或条等形状，再煸炒成熟和入味。例如，豉汁炒牛肉、炒回锅肉等菜肴。滑炒的特点是用少量的细盐、鸡蛋和淀粉与主料搅拌。然后，将主料放入温油中过油，沥去油，放调味品煸炒成熟。例如，生煸牛肉、滑炒鸡丝、古老肉等。

爆是将质地脆嫩的原料上浆后过油或用沸水浸烫后过油。然后，将调好的芡汁与过油的主料一起煸炒成熟。爆又可分为油爆、芫爆、酱爆和宫爆等方法。油爆的特点是芡汁不放酱油，菜肴为白色；芫爆是在油爆的基础上放一些香菜；酱爆的特点是用炒熟的面酱与过了油的主料在一起煸炒入味，菜肴为棕色；宫爆特点是咸辣鲜味。葱爆的制作方法与以上四种不同，它与煸炒方法很相似，用酱油、料酒、白糖将主料调味后，与大葱一起煸炒成熟。著名的爆菜有油爆双脆、芫爆鸡丝、酱爆鸡丁、宫保肉丁等。熘的方法与爆基本相同，只不过其汁芡较多，使用的原料体积略大。熘的方法也可分为若干种类。包括焦熘、滑熘和软熘等。例如，焦熘里脊、软熘鱼扇、古老肉等。

2）炸与烹

炸是将食品原料放入热油中加热成熟。其特点是菜肴无汁。炸的方法可分为干炸、软炸、纸包炸等。干炸是将原料经调料拌腌，再粘上适量的干淀粉，放油锅里炸熟，使菜肴干香酥脆。软炸是将食品原料经过拌腌，包上鸡蛋面粉糊，放在温油中炸至金黄色。然后，在菜肴上撒椒盐。纸包炸是将主料切成片，经调料拌腌，用江米纸包好，放入温油中炸熟的过程。

烹是将主料与面粉、鸡蛋、淀粉一起搅拌。然后，通过热油炸，用多种调味品制成芡，将炒熟的芡汁浇在炸熟的主料上。软炸蔬菜是通过炸的方法制成的，炸烹刀鱼是通过烹的方法制成的。

3）煎、贴与瓤

煎、贴、瓤三种烹调方法基本相同，都是使用温油将菜肴煎制成熟的过程。煎是用热油，将菜肴制熟的过程，使菜肴成为金黄色。贴是将一种主料加工成片状或茸状，调好味，贴在另一种主料上。然后，用热油煎熟。瓤是将一种或几种食品原料加工成丝、丁或茸状，调好味，装入另一种主料中，用温油煎，再通过焖的方法熟制的过程。例如，碧绿带子主要是通过煎的方法制成，瓤馅苦瓜是通过瓤的方法制熟。

2.4.2 中餐主菜

1. 中餐主菜含义

中餐主菜也称作中餐大菜，是体现中餐宴会的主题、规格、质量与特色的菜肴。一般而言，每个中餐宴会常根据其主题和各种因素选用6至8个主菜。中餐宴会主菜都是经过熟制的，其温度常在75 ℃及以上。中餐宴会主菜的食品原料常选用畜肉、禽肉、水产品、干货和蔬菜等。当今，一些西餐宴会或其他主题宴会也常选择中餐主菜作为宴会的主菜。

2. 中餐主菜种类

中餐主菜有多种分类方法。然而，其主要的分类方法是基于主菜的食品原料或生产工艺。当然，还可以根据中餐主菜的菜系、口味等进行分类。

1）根据食品原料分类

(1) 畜肉类，以畜肉为原料，通过各种工艺生产的主菜。例如，四喜丸子、扒牛肉条等。

(2) 海鲜类，以海鲜为原料，通过各种工艺生产的主菜。例如，干烧黄鱼、清蒸目鱼等。

(3) 家禽类，以家禽为原料，通过各种工艺生产的主菜。例如，黄焖鸡块、北京烤鸭等。

(4) 干货类，以水发或油发好的海产品或牲畜蹄筋等为原料，通过各种生产工艺制成的主菜。例如，鸡茸鱼肚、葱烧海参等。

2）根据生产工艺分类

根据生产工艺分类，中餐主菜主要有烤、烧、焖、扒、烩、炖、煮、蒸和综合生产方法等类别。例如，蟹黄狮子头就是通过综合烹调方法制成。其中，包括炸和蒸等方法。

3. 中餐主菜生产工艺

1）烤

通过烤制成的菜肴常用于中餐宴会的开胃菜和中餐宴会的主菜。例如，北京烤鸭。烤是利用辐射方法制成的菜肴。烤分为暗炉烤和明炉烤。其中，暗炉烤是将原料挂在钩上，放进炉体内。例如，烤鸡或烤鸭等；明炉烤是在明火上翻烤的过程。例如，烤乳猪。

2）烧、焖、扒与烩

烧是将煎、炸、煮或蒸等处理过的食品原料，放入锅内，经调味，放适量的汤汁后，加热，使菜肴的汤汁逐渐浓稠而成熟的过程。烧的方法可细分为红烧、干烧、白烧和葱烧等方法。红烧是将主料经过炸或煸炒后，放入调料和汤汁，烧熟，菜肴为老红色。干烧与红烧方法基本相同，将汤汁全部渗入主料中，带有辣味。白烧是将主料经过蒸或煮等方法处理，放入调料和汤汁（不包括酱油），烧熟，菜肴为白色。葱烧与红烧方法基本相同，配以葱段做辅料。

焖与红烧方法相似，主料经过炸或煸炒，放入调料和水，盖严锅盖，将主料焖透。扒是将成熟的原料切成一定的形状，整齐地摆在锅内，放调料和汤汁加热成熟，勾芡后，将主料翻面。根据颜色和味道，扒可分为红扒、白扒和奶油扒。烩是将汤和菜混合在一起的一种烹调方法。烩常使用成熟的原料，将它们切成丝、丁或片，放调料和汤汁。烩菜的最大特点是汤汁多。

3）炖、煮、蒸

炖、煮、蒸，都是以水为媒介进行传热，它们的烹调时间较长。炖与烧相似，要求菜肴原汁原味。首先，用葱和姜或其他调料炝锅，放汤或水，烧开后放主料，用小火慢慢加热成熟。煮是将原料放在较宽裕的水中烧开。然后，用低温加热煮熟。蒸是将原料放入蒸锅内，用水蒸气将原料蒸熟的过程。

2.4.3 中餐面点

1. 中餐面点含义

中餐面点是指将米、面和豆类原料制成各种味道的面食和点心。中餐面点经历了数千年的发展，各民族和各地区运用各种食品原料，使用不同的制作工艺，形成了世界上著名的中餐面点。中餐面点是宴会菜单的重要组成部分。中餐宴会菜单中常包括两个及以上品种的面点以使宴会菜点更有特色，使宴会功能更加完美。

2. 中餐面点种类

中餐面点的种类较多，有多种分类方法。其主要的分类方法是基于面点的食品原料、生产工艺、面点形态、面点馅心、面点味道和地区风味等。随着我国丰富的食品原料和中餐面点的生产技术不断地创新与发展，中餐面点的品种与质量也不断地变化。因此，面点的分类方法也趋于复杂化。

（1）根据中餐面点原料分类，可分为以麦类、米类及杂粮类等制成的面点。例如，麦类面点包括三鲜炒面；米类面点包括腊八粥；杂粮类面点包括玉米饼等。

（2）根据中餐面点生产方法分类，可分为蒸、煮、煎、烙、炸、烤和冻等方法制成的面点。猪肉包子、三鲜饺子、牛肉锅贴（见图 2-14）、麻酱烧饼、红豆炸糕等。

（3）根据中餐面点形态分类，可分为饭、粥、糕、饼、团、条、块、卷、包、饺和冻等形态的面点。

图 2-14　牛肉锅贴

（4）根据中餐面点味道分类，可分为甜味面点、咸味面点、甜咸味和淡味面点。例如，豆沙包属于甜味面点；鸡丝汤面、三鲜锅贴属于咸味面点；紫薯烧饼、四川汤圆属于甜咸味面点。

（5）根据中餐面点馅心分类，可分为豆蓉类、畜肉类、海鲜类、素菜类等面点。例如，豆沙月饼属于豆蓉类面点。

（6）根据中餐面点的地区风味分类，可将其分为京式面点、广式面点和苏式面点。京式面点是指黄河以北地区，包括山东、东北、华北等地制作的点心并以北京为代表。京式面点以面粉为主要原料，工艺精湛，特别是清宫仿膳面点，更是广集天下技艺，使品种、内容和质量更加丰富精细。广式面点是指珠江三角洲以及我国南部沿海地区所制作的点心，富有南国风味。广东气候炎热，长期形成"饮茶食点"的习惯。广式面点历史悠久，皮质松软和酥松，善于利用瓜果、蔬菜、豆类、杂粮和鱼虾等为原料，馅心选料讲究，保持原料的自然味道，口味分为清淡和浓郁、咸中带甜、甜中带咸等。例如，口味鲜嫩的水晶鲜虾饺。苏式面点是指长江中下游地区的江、浙、沪一带制作的点心，故称苏式面点。其特点讲究色、香、味、形，口味鲜美，讲究用料，口味浓醇，注重工艺，风味独特。苏式面点的坯料以大米和面粉为主，质感软嫩，造型美观，具有皮薄馅大等特点。因此，苏式面点生产工艺严谨。

3. 中餐宴会面点生产工艺

中餐宴会面点生产是运用搓、包、卷、捏、抻、切、削、叠、擀、滚粘和镶嵌等方法，制成的各种面点。其中，搓是将面点搓圆、搓匀的过程；包是将馅心包入坯皮中；卷是将面片卷成筒状，然后制成剂子，再制成面点。捏是将面团捏成各种形状；抻是将面团抻成条形；切是将面团切成条或其他形状；削是将面团加工成片；叠是将面团折叠成各种形状；擀是将面团加工成片的方法；滚粘是通过滚动的方法使馅心粘上外部米粉的方法；镶嵌是在面点中嵌入各种蜜饯，拼摆成图案的过程。中餐面点可通过蒸、煮、烤、烙、炸和煎等方法熟制，有些面点使用单一烹调方法成熟，有些面点是使用多种方法成熟。

1）蒸与煮

蒸与煮两种生产方法都是通过将水加热的方法熟制面点。其中，将成形的面点生坯放在蒸箱内蒸熟的过程称为蒸。蒸的方法适用于各种大米、膨松面团、水调面团、米粉面团制成的面点。例如，米饭、花卷、烧卖（见图 2-15）、包子、蒸饺和蛋糕等。通过蒸制成的面点，形态完整，质地蓬松和柔软、馅心鲜嫩。通过水煮方法将面点熟制过程称为煮。例如，面条、汤圆、饺子和米粥等都是通过水煮的方法成熟的。水煮方法的关键点是水与被煮的面点数量之间的比例。通常，水的数量一定要在被煮物的5倍以上。此外，保持高温和沸水。

图2-15　三鲜烧卖

2）烤与烙

通过烤炉的热辐射将面点制熟的方法称为烤。例如，各种月饼和油酥点心等都是通过烤的方法将面点成熟。烙是将面点放在金属盘上，通过金属传热的方法使面点熟制。例如，春饼、家常饼、荷叶饼和萝卜丝饼等都是通过烙的方法制成。一些中餐面点同时使用烤和烙或先烙，再烤的方法成熟。

3）煎和炸

煎和炸都是通过食油传热的方法使面点成熟。例如，各种锅贴使用油煎的方法。一些油酥点心是通过油炸成熟的。例如，酥盒子和莲蓉香芋球等。

4）其他方法

除了以上的主要方法熟制中餐面点，还有冷冻等方法。冷冻就是通过将煮熟的食品原料放入冰箱，使其冷冻成形的方法制成的面点。例如，西瓜冻、杏仁豆腐和豌豆冻等。

本章小结

中餐是国际宴会产品、旅游产品、休闲产品和会展产品的重要组成部分。中餐的发展，可以显示国家、地区在一定时期的经济、政治、文化的发展及中餐食品原料、烹饪工艺、服务环境与布局等的发展。中餐有着悠久的历史，经过长期的发展，融会了我国各民族和各地区的食品原料、饮食文化和制作工艺，形成了中餐及中餐宴会的总体特色。这些特色表现在食品原料、制作工艺、菜点原料、工艺生产、外观造型及服务技术等方面。

菜系是指在一定区域内，因独特的物产、气候、历史文化和饮食习俗等原因，自成体系的烹饪技术及特色菜肴的总和。目前，中餐宴会常选用的菜肴，除了包括我国著名的广东菜系、四川菜系、山东菜系、江苏菜系、浙江菜系、湖南菜系、福建菜系和安徽菜系等，也包括我国近年发展的北京菜系、上海菜系等。中餐面点是指将米、面和豆类原料制成各种味道的面食和点心。中餐面点经历了数千年的发展，各民族和各地区运用各种食品原料，使用不同的制作工艺，形成了世界上著名的中餐面点。

练习题

1. 名词解释

中餐、菜系、京式面点、广式面点

2. 判断对错题

（1）中餐冷开胃菜俗称冷盘或冷荤，常作为宴会的第一道菜。通常，它由新鲜的蔬菜和

熟制的畜肉和海鲜等拼摆而成。（ ）

(2) 根据食品原料分类，中餐主菜主要有烤、烧、焖、扒、烩、炖、煮、蒸和综合生产方法等类别。（ ）

(3) 安徽菜系简称徽菜，是中餐的八大名菜之一，历史悠久，起于汉唐、盛于明清，以烹制山珍河鲜而著名，烹调方法多用烧、焖和炖等方法。（ ）

(4) 中餐是中国菜和中国面点的总称，是世界华人习惯食用的菜肴和点心。中餐菜肴和面点不仅是中餐宴会的重要组成部分，也是各种宴会常选用的菜点。（ ）

(5) 中餐面点是宴会菜单的重要组成部分。中餐宴会菜单中常包括两个及以上品种的面点以使宴会菜点更有特色，使宴会功能更加完美。（ ）

(6) 根据中餐面点的地区风味分类，可将其分为京式面点、广式面点和苏式面点。（ ）

(7) 中餐面点的种类较多，有多种分类方法。其主要的分类方法是根据面点的食品原料、生产工艺、面点形态、面点馅心、面点味道和地区风味等。（ ）

(8) 一些中餐菜点名称常以其造型、工艺或以良好的祝福词语及历史传说等寓意命名。（ ）

3. 简答题

(1) 简述隋唐时期的中餐发展。

(2) 试述中餐面点的种类及其特点。

4. 论述题

(1) 论述中餐的特点。

(2) 论述著名的中餐传统菜系及其特点。

阅读材料

经典的中餐宴会菜肴

例1 蚝油鲍片（广东名菜）

原料：鲍鱼罐头2个，老母鸡1 500克，蚝油50克，盐、白糖、料酒、鸡油、水淀粉、葱、姜各适量（见图2-16）。

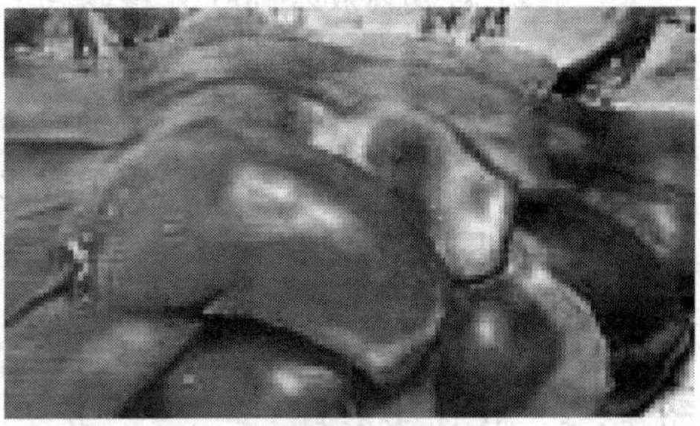

图2-16 蚝油鲍片

制法：1. 老母鸡先用开水烫透，捞出，洗净血沫，放锅内，加2 500克清水，煮成3 000克鸡汤（头道汤），放一边。再加三至四斤清水继续煮，制成约1 000克鸡汤，过滤。

2. 鲍鱼撕去毛边，坡刀片成片，一个鲍鱼片成三片或四片。

3. 锅内放进鸡汤，汤开后，放鲍鱼，煮2分钟捞出，（保留汤）将锅洗净，放火上，放鸡油，放葱和姜，煸炒，放鸡汤。烧开后，去掉葱和姜，放鲍鱼和调味品（不包括耗油），煮2分钟，放耗油，勾芡。

特点：鲜汤，味美。

例2 豉汁炒牛肉（广东名菜）

原料：瘦牛肉（无筋无皮）350克，青椒150克，鸡蛋2个，豆豉、盐、白糖、酱油、胡椒面、料酒、水淀粉、花生油、香油、鸡汤、小苏打、姜、蒜各适量。

制法：1. 牛肉横丝切成1毫米厚的片，青椒去籽去筋洗净，斜刀片成片。姜、蒜切成末，豆豉洗净剁成末。

2. 牛肉片用盐、料酒、鸡蛋、胡椒面、水淀粉、小苏打上浆，再加点熟花生油拌匀。

3. 用酱油、盐、胡椒面、料酒、水淀粉、香油少许、白糖、鸡汤兑成汁。

4. 花生油烧热（五成热），放牛肉，待牛肉炸透时，放青椒，一块儿倒入漏勺，控油。

5. 锅内留100克热油，放蒜、姜和豆豉，煸炒出香味，放牛肉片和青椒，将兑好的汁搅匀倒入锅内，翻炒，即可。

特点：色红，味咸鲜，稍有甜味。

例3 葱烧海参（山东名菜）

原料：水发海参500克、大葱100克、精盐少许、湿淀粉5克、鸡汤100克、白糖15克、酱油10克、料酒10克、植物油150克。（参见图2-4）

制法：1. 水发海参洗净，放入热水锅中，用旺火烧开，约煮5分钟，捞出，控干水分。大葱切成1.5寸长的段。

2. 炒勺内倒入油，在旺火上烧到八成热时，下入葱段，炸成金黄色，放海参，加入鸡汤、料酒、食盐、酱油、白糖，烧3至5分钟，勾芡即成。

例4 酱爆鸡丁（山东名菜）

原料：鸡胸脯肉150克，面酱25克，鸡蛋清10克，白糖20克、水淀粉20克、料酒8克、芒麻油15克、植物油500克（约耗40克）。

制法：1. 鸡胸脯肉用凉水泡1小时后，去掉脂皮和白筋，切成二分半见方的丁，加入鸡蛋清和湿淀粉拌匀浆好。

2. 炒锅内放入500克植物油，在微火上烧到四成热时，放入浆好的鸡丁，迅速用筷子拨散，加热至六成熟，倒在漏勺里。

3. 炒锅放在旺火上，放热油和芝麻油各15克，随后放入面酱，炒干酱里的水分，再加入白糖。待糖溶化后，加入料酒，炒成糊状，倒入鸡丁，约炒5秒即成。

例5 锅巴鱿鱼（四川名菜）

原料：水发鱿鱼1斤250克，锅巴200克，鲜口蘑50克，豆苗尖或小白菜心50克，玉兰片50克，清汤750克，葱、姜、蒜、泡辣椒、盐、酱油、白糖、胡椒粉、醋、水淀粉、花生油各适量。（见图2-17）

制法：1. 鱿鱼改成四厘米宽、七厘米长的块，锅巴掰成不规则的块，口蘑切成薄片；玉兰片切去老根，横着切成坡刀片，用开水过一次，捞在凉水内；葱切成茸，姜切成菱形片，蒜切成片，泡辣椒去籽切成斜角块。

图2-17　锅巴鱿鱼

2. 鱿鱼用开水烫一下；用葱、姜、蒜、泡辣椒、盐、酱油、醋、糖、胡椒粉、水淀粉、豆苗、玉兰片、口蘑兑成调味汁。

3. 锅烧热，放入750克油，油八成热时，放鱿鱼，放调味汁，用手勺推动，待煮沸时，勾芡，盛入碗内。烧热另一锅，放花生油（使用100克），放锅巴，待浮起且颜色稍黄时，捞在深盘内，浇上50克沸油，锅巴和鱿鱼同时迅速上桌，将鱿鱼和调味汁一起倒在锅巴上，即可。

特点：锅巴酥脆，鱿鱼滑嫩，口味甜酸。

例6　古渝笋鸡（四川名菜）

原料：肉鸡2只，清汤400克，花生油、香油、花椒、料酒、酱油、胡椒面、江米酒、盐、白糖、葱、姜各适量。

制法：1. 把鸡胸脯和鸡腿部分用刀剖开，腿、翅骨轻轻敲断；将葱剖开切成长段，姜拍成碎块。

2. 用盐、酱油、江米酒、料酒、花椒、葱和姜，将鸡腌渍1小时。

3. 烧沸花生油，把鸡投入油锅炸熟捞出；将锅内的油倒出，倾入腌鸡的汁和调料，放入鸡，加清汤、胡椒面、白糖、香油、用中等火炖，留下一半汁，取出鸡，将鸡切成一字条形（长4厘米，宽1.5厘米），整齐地放在盘内（鸡脯朝上）。捞出葱、姜、花椒，剁碎，放入汁内，加热将汁煮浓，浇在鸡肉上即成。

特点：鲜嫩可口，甜咸香麻，为宴会大菜。

例7　盐水蹄膀（江苏名菜）

原料：猪肘子1 200克，葱、姜、盐、花椒、小茴香、硝水、料酒各适量。

制法：1. 肘子剔去骨头，刮净，用水洗，用盐、硝水擦搓均匀，腌两小时，用凉水洗，用开水略煮，捞出后，洗净。

2. 大砂锅内，垫上竹箅子，把肘子放入，加料酒、葱、姜、盐、花椒、茴香、清水，先用大火烧开，再移到小火上炖焖，约两个小时。

3. 待肘子炖熟后取出，稍凉后，改成4厘米长、9毫米厚的条形，放入扣碗内（保持肘子的原形）。把砂锅内的原汤过滤，撇尽浮油，倒入扣碗内，去掉葱、姜、茴香，上笼蒸热。上桌时，把肘子翻扣在盘内，将过滤的汤汁，调好味，浇在肘子上。

特点：皮白肉红，油而不腻。

例8　蟹黄狮子头（江苏名菜）

原料：猪肉（肥肉30%，70%瘦肉）750克、淡水蟹肉和蟹黄共300克，大白菜或油菜100克，葱、姜、盐、料酒、胡椒面、鸡汤、水淀粉各适量。

制法：1. 把猪肥瘦肉分别切成细丁（瘦肉稍细，肥肉略粗），再合在一起，用刀切成小丁，放入盆内；油菜取心洗净切成7厘米长的条；葱、姜切成末。

2. 把切好的肉丁放上葱、姜、料酒、胡椒面、盐、蟹肉（蟹黄留下）、水淀粉调匀，分成五份，把蟹黄分别放在五份肉上，用手蘸着水淀粉把每份肉制成五个丸子形状。（见图2-18）

图2-18 蟹黄狮子头

3. 锅烧热，加入植物油，油热时下白菜心和少许盐，煸炒，放砂锅内，放鸡汤，上火烧开。把五个丸子，顺序放在白菜心上，另取干净的白菜叶盖在丸子上。用大火，烧开后，移到小火上炖焖，约一个半小时即成，揭去菜叶，撇去浮油，调好味道，原砂锅上桌即可。

特点：原汤原味，蟹鲜肉嫩。

参考文献

[1] 赵荣光. 中国饮食史论 [M]. 哈尔滨：黑龙江科技出版社，1991.
[2] 王仁湘. 饮食与中国文化 [M]. 北京：人民出版社，1993.
[3] 王子辉. 中国饮食文化研究 [M]. 西安：陕西人民出版社，1997.
[4] 黎虎. 汉唐饮食文化史 [M]. 北京：北京师范大学出版社，1997.
[5] 姜习. 中国烹饪百科全书 [M]. 北京：中国大百科全书出版社，1992.
[6] 胡自山. 中国饮食文化 [M]. 北京：时事出版社，2006.
[7] 王天佑. 现代厨房管理 [M]. 北京：中国旅游出版社，1995.
[8] 李曦. 中国烹饪概论. 北京：旅游教育出版社，2000.
[9] 邱庞同. 中国菜肴史 [M]. 青岛：青岛出版社，2001.
[10] 胡朴安. 中华全国风俗志 [M]. 石家庄：河北人民出版社，1986.
[11] 赵荣光. 中国饮食文化史论 [M]. 哈尔滨：黑龙江科技出版社，1991.
[12] 王天佑. 餐饮管理学 [M]. 沈阳：辽宁科学技术出版社，2000.
[13] 陈光新. 烹饪概论 [M]. 北京：高等教育出版社，2001.
[14] 徐海荣. 中国饮食史 [M]. 北京：华夏出版社，1999.
[15] 穆东译. 采购和供应管理 [M]. 大连：东北财经大学出版社，2009.
[16] 邱礼平. 食品原料质量控制与管理 [M]. 北京：化学工业出版社，2009.
[17] 刘雄. 食品质量与安全 [M]. 北京：化学工业出版社，2009.
[18] 侯汉初. 川菜的烹调技术 [M]. 成都：四川科学技术出版社，1989.
[19] 史昌友. 灿烂的殷商文化 [M]. 北京：中国社会科学出版社，2006.
[20] 陶文台. 中国烹饪概论 [M]. 北京：中国商业出版社，1988.
[21] 徐文苑. 中国饮食文化概论 [M]. 北京：清华大学出版社，2005.
[22] 王天佑. 饭店餐饮管理 [M]. 3版. 北京：北京交通大学出版社，2015.
[23] 王天佑. 餐饮概论 [M]. 2版. 北京：北京交通大学出版社，2016.
[24] HAYES D K. Bar and beverage management and operation [M]. New York: Chain Store

Publishing Corporation, 1987.
[25] DAVIS B, LOCKWOOD A. Food and beverage management [M]. 5th ed. New York: Routledge Taylor & Francis Groups, 2013.
[26] WALKER J R. Introduction of hospitality management [M]. 4th ed. New Jersey: Pearson Education Inc., 2013.

第3章

宴会与西餐

本章导读

西餐主要是指我国人民对欧洲和北美及大洋洲各国菜点的总称。现代西餐是根据法国、意大利、英国和俄国等菜系的传统工艺，结合世界各地食品原料、现代烹饪技术等的发展及饮食文化和人们对健康饮食的需要，制成富有营养和特色，口味清淡的新派西餐菜点。当今，西餐不仅作为西餐宴会的基础，而且已成为世界各国主题宴会菜单的首选内容。通过本章学习可了解西餐的含义和特点、西餐在宴会中的重大意义，掌握西餐历史与发展和西餐菜系与菜点等。

3.1 西餐概述

3.1.1 西餐含义及在宴会中的意义

西餐常是一个笼统的概念，主要是指我国人民对欧洲和北美及大洋洲各国菜点的总称。世界著名的西餐包括法国菜、意大利菜、美国菜、英国菜、俄国菜等。此外，希腊、西班牙、葡萄牙、荷兰、德国、奥地利、澳大利亚和新西兰等各国菜点也都有自己的特色。现代西餐是根据法国、意大利、英国和俄国等菜系的传统工艺结合世界各地食品原料、现代烹饪技术等的发展及饮食文化和人们对健康饮食的需要，制成富有营养和特色，口味清淡的新派西餐菜点。当今，西餐菜点不仅作为西餐宴会的基础，而且已成为世界各国主题宴会的首选内容。

3.1.2 西餐特点

1. 食品原料

西餐宴会原料中的奶制品多，失去奶制品将使西餐失去特色。西餐中的畜肉以牛肉为主，然后是羊肉和猪肉。西餐常以大块食品为原料。例如，牛排、鱼排和鸡排等。所以，欧美人用餐时，使用刀叉以便将大块菜肴切成小块后食用。由于欧美人常将蔬菜和部分海鲜生吃。例如，生蚝和三文鱼、沙拉和沙拉酱等。因此，西餐原料必须是非常新鲜的，没有受过污染的。

2. 分食制

现代西餐宴会采用分食制。菜点以一个人的食用量为单位，每份菜点装在个人的餐盘中。同时，西餐讲究服务程序、服务方式，菜点与面包的温度、菜点与餐具的搭配等。西餐宴会对菜点的种类和个数、上菜的速度与程序有着不同的习俗或规范。这些习俗来自不同的用餐目的、不同的地区、不同的餐饮文化和不同的用餐时间等。

3. 菜肴道数

传统欧美西餐宴会讲究每餐菜点的道数（course）。人们在正餐或在正式宴会中常食用三至四道菜。在隆重的宴会，可能食用四道菜或五道菜。早餐和午餐，人们对菜肴道数不讲究，比较随意。在三道菜肴组成的一餐中，第一道菜是开胃菜、第二道菜是主菜、第三道菜是甜点。四道菜的组合常包括一道冷开胃菜、一道热开胃菜（汤），一道主菜和一道甜点。现代欧美人，早餐常吃面包（带黄油和果酱），热饮或冷饮，有时加上一些鸡蛋和肉类菜肴。欧美人午餐讲究实惠、实用，并节省时间。他们根据自己的需求用餐。一些男士可能食用三道菜，包括一个开胃冷菜，一个含有蛋白质和淀粉组成的主菜，一个甜点或水果。而另一些人仅食用一个三明治和冷饮。女士午餐可能只是一个沙拉和一碗热汤。自助餐是当代欧美人喜爱的用餐方式。它灵活、方便，可以根据顾客的实际需求，自己随意取菜，是会议期间最适合的用餐形式。

3.2 西餐历史与发展

3.2.1 西餐起源

根据研究，西餐起源于古埃及。公元前5000年尼罗河流域土地肥沃，盛产粮食，在尼罗河的沼泽地和支流蕴藏丰富的鳗鱼、鲻鱼、鲤鱼和鲈鱼等。那时，古埃及人已将洋葱、大蒜、萝卜和石榴等作为食物的原料。公元前3000年埃及建立了统一的王朝并由法老统治，法老自以为是地球的上帝，其食物要经过精心的制作，而贵族和牧师们的食物也很讲究。那时，古埃及的高度文明主要表现在石雕、木雕、泥塑、绘画和餐饮等各方面。公元前2000年埃及人开始饲养野山羊和羚羊，收集野芹菜和莲藕并开始扑鸟和钓鱼而逐渐放弃原始游牧生活。

古埃及，人们社会地位是根据职业规定的。其社会阶层好像金字塔一样。同时，其食物的分配也要根据人们的职位而定。贵族和高级牧师的餐桌上约有40种面点和面包供其食用。同时，还有大麦粥、鹌鹑、鸽子、鱼类、牛肉、奶酪、无花果和啤酒等。那时，埃及人已经懂得盐的用途，蔬菜已经被普遍食用，包括黄瓜、生菜和青葱等。在炎热的夏季，他们用蔬菜制成沙拉并将醋和植物油混合在一起制成调味汁。普通的劳动大众可以使用家禽和鱼为原料制作菜肴。许多出土的西餐烹调用具都证明了西餐在这一时期有过巨大的发展。在出土的文物中，发现古埃及的菜单上有烤羊肉、烤牛肉和水果等菜肴。通过对公元前1627年桑托利尼火山爆发后的发掘物，发现奶酪和蜂巢在当时已普遍使用。

公元前约500年，希腊已进入青铜时代，奶酪、葡萄酒、蜂蜜和橄榄油成为希腊餐饮文化的四大要素。公元前350年，古希腊的烹调技术达到了相当高的水平。公元前330年世界上第一本有关烹调的书籍由希腊著名美食家阿奇思莱特斯（Archestratos）编辑。公元后不久，希腊成为欧洲文明的中心。雄厚的经济实力给她带来了丰富的农产品、纺织品、陶器、酒和食用油。虽然，那时奴隶制度仍然普遍存在。但是，他们在食物制作中都有各自的具体工作。例如，购买粮食、烧饭和服务等。这已接近了今天的厨房与餐厅分工。当时，希腊的贵族很讲究食物，在人们日常的菜单中已经有了山羊肉、绵羊肉、牛肉、鱼肉、奶酪、大麦面包、蜂蜜面包和芝麻面包等。希腊人认为，他们是世界上首先开发酸甜味菜肴的国家。同时，他们在烹调中已经使用了橄榄油、洋葱、薄荷和百里香以增加菜肴的味道，并且学会使用筛过的面粉制作面点及在面点表面涂抹葡萄液增加甜味。

3.2.2 古罗马时期

公元前31年至公元后14年是古罗马拉丁文学的黄金时代（Augustan Age），人们的食物根据其职务级别而定。根据马克斯（Marks）的记录，普通市民的食物很简单，通常一日三餐，早餐和午餐比较清淡。根据杜本特（Dupont）的记载，古罗马士兵一日三餐，食物有面包、粥、奶酪和普通葡萄酒，晚餐有少量的肉类菜肴，有身份的人可得到丰盛的食物。根据希蒙歌德纳夫（Simon Goodenough）的记载，古罗马人的早餐常是面包滴上葡萄酒珠和蜂蜜，有时抹上少许枣酱和橄榄油。午餐通常是面包（见图3-1）、水果和奶酪及前一天晚餐的剩菜。正餐是一天中最主要的一餐，在傍晚进行。普通人的菜肴常以橄榄油和蔬菜为主要原料。中等阶层的家庭正餐通常包括三个菜肴：第一道菜称为开胃菜并使用调味酱（Mulsum）调味，第二道菜由畜肉、家禽、野禽或水产品制成并以蔬菜为配菜。第三道菜是水果、干果、蜂蜜点心和葡萄酒。通常吃第三道菜之前，将餐桌收拾干净，将前两道菜的餐具撤掉。当时，农民受到人们的尊敬和爱戴。由于农民们种植粮食、蔬菜和水果，饲养家畜和家禽。所以，农民的食物比较丰盛。元老院议员和地主享有丰富的餐饮。他们的早餐和午餐有面包、水果和奶酪，晚餐有开胃菜、畜肉菜肴和甜点。

图3-1 古罗马时代面包

公元后200年，古罗马的社会文化高度发达，在诗歌、戏剧、雕刻、绘画和西餐文化和艺术等方面都创造了新的风格。当时罗马的烹调方式借鉴了希腊烹调的特点，而美味佳肴成了罗马人的财富象征。在哈德连皇帝时期，罗马帝国在帕兰丁山建立了厨师学校以发展西餐烹调艺术。根据富劳伦斯·杜邦德（Florence Dupont）的记载，古罗马人的城市花园，一年四季种植着大量日常食用的蔬菜。他们依靠辛勤的劳动，为蔬菜施肥。并且采用了一系列方法防止冬天的严寒和夏季的炎热影响蔬菜的生长。当时，这些花园里的蔬菜品种有各种青菜、葫芦、黄瓜、生菜和韭葱并在不同的区域种植不同的蔬菜。一些地方还种植调味品。包括大蒜、洋葱、水芹（cress）和菊苣（chicory）。一些地方种植小麦。小麦对古罗马人非常重要。因为，他们使用小麦可以制成面包和汤粥类食品。当时，葡萄被广泛种植，葡萄不仅作为其日常的水果，还是制作葡萄酒的原料。此外，葡萄籽还可以制成防腐剂。根据记载，古罗马人的畜肉消费量很少。因为其价格昂贵。随着时代的发展，畜肉逐渐用于粥类的配料以增加味道。

3.2.3 中世纪西餐

5世纪，希腊和罗马的调味品和烹调技术不断提升，其烹调技术和烹调的风格也不断地融合。当时，在希腊和罗马等地出现了新品种的蔬菜、粮食、香料和调味品及奶酪和黄油等。从而，促进了其菜肴的开发与创新。例如，当时罗马的创新菜——熏牛肉（pastrami）（见图3-2）曾受到人们的青睐。8世纪，意大利人在烹调时，普遍使用调味品。其中使用最多的调味品是胡椒和藏红花，其次是香菜、牛至（marjoram）、茴香（fennel）、牛膝草（hyssop）、薄荷、罗勒（basil）、大蒜和洋葱等。同时，意大利人使用未成熟的葡萄加入在畜肉和海鲜菜肴中以去掉菜肴的腥味。那时，由于意大利人的食品原料非常丰富，他们可以用不同的烹调方法制作风格各异的菜肴。

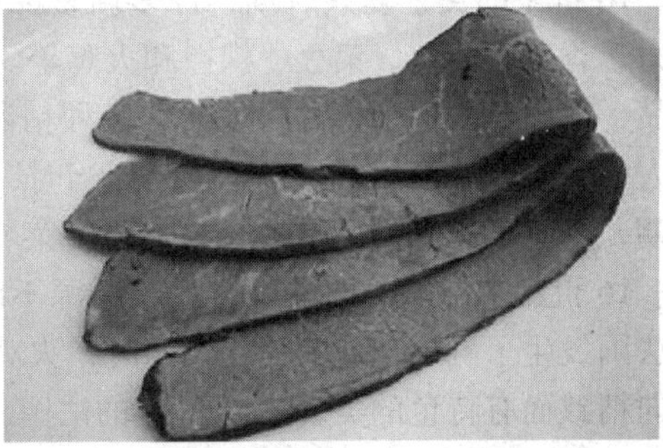

图3-2 熏牛肉

1066年，诺曼底人进入了英帝国。人们在生活习惯、语言和烹调方法等方面都受到了法国人的长期影响。例如，英语的小牛肉、牛肉和猪肉等词都是从法语演变过来的。同时，用法语编写的烹调书详细地记录了各种食谱，使英国人打破了传统的和单一的烹调方法。1183年，伦敦出现第一家小餐馆，出售以鱼、牛肉、鹿肉、家禽为原料的西餐菜肴。此外，开始在面点的制作中使用葡萄干、莓脯和干果以增加味道和甜度。12世纪马铃薯、西红柿、菠菜、香蕉、咖啡和茶在希腊人的日常生活中被广泛使用。希腊人还开发了鱼子酱（caviar）、鲱鱼（herring）和茄子菜肴。当时在爱琴海（Aegean）和爱比勒斯（Epirus）地区，人们不断地试制新的奶酪品种。在东罗马帝国时代，罗马人创造了布丁、蜂蜜大米布丁和橘子酱等。当时人们还以葡萄酒为基本原料，加入茴香、奶油等调味品制成利口酒。在各岛屿，特别是在奇奥岛（Chios）、莱兹波斯岛（Lésbos）、莉讷兹岛（Limnos）和塞摩斯岛（Samos），人们开始种植著名的马斯凯特葡萄。12世纪东欧国家在菜肴烹调中使用较多的香料和调味品（见图3-3），使得菜肴味道很浓。当时，他们制作的菜肴原料以畜肉、谷类、蘑菇、水果、干果和蜂蜜为主。

图3-3 西餐植物香料与调味品

从11世纪中期至15世纪，欧洲人的正餐常为三道菜：第一道菜是带有开胃作用的汤、水果和蔬菜，第二道菜是以牛肉、猪肉、鱼及干果为原料制作的主菜，第三道菜是甜点。当时，在用餐过程中，人们不断饮用葡萄酒和食用奶酪。在节日和盛大的宴请中，菜肴的道数还会增加。根据杰弗里·乔叟（Geoffrey Chaucer）编著的《坎特伯雷故事集》(*The Canterbury Tales*）的叙述，14 世纪晚期英国饭店出现了首次餐饮推销活动。15 世纪，由于意大利和法国厨师不断进入东欧各国，以蔬菜为原料的菜肴不断增加。这些蔬菜包括生菜、韭葱（leek）、西芹和卷心菜等。1493 年探险家哥伦布在西印度群岛发现菠萝，当地人们将菠萝称为娜娜（Nana），其含义是芳香果。

3.2.4 近代西餐

16 世纪的文艺复兴时期，许多新食品原料引入欧洲。例如，玉米、马铃薯、花生、巧克力、香草、菠萝、菜豆、辣椒和火鸡等。那时，普通欧洲人仍然以黑麦面包、奶酪为主要食品，而中等阶层和富人的餐桌有各种精制的面包、牛肉、水产品、禽类菜肴及各种甜点。富人的餐桌开始使用咸盐作调味品。当时，糖和盐都是奢侈品，普通人家庭很少使用。这一时期，受意大利烹调风格的影响，西餐菜肴的味道普遍偏甜，这种风格一直保持至 20 世纪初。16 世纪末，从美洲进口的蔬菜源源不断地进入法国和欧洲其他国家，特别是食品原料在法国发生了翻天覆地的变化。当时，火鸡代替了孔雀。那时，人们从大吃大喝的餐饮习惯转向精致而有特色的美食。17 世纪的法国，不论任何菜肴都习惯地将小洋葱（shallot）或青葱（spring onion）作为调味品并使用凤尾鱼和鳟鱼作为调味品增加菜肴的鲜味。当时，法国菜肴最大的特点是使用黄油作为首选烹调油。1615 年，在奥地利的安妮（Ann）与路易 8 世的婚礼上，法国人初次认识了巧克力。从此，法国开始从西印度群岛等地区进口可可，经过厨师等的努力，开发了不同口味、不同种类和不同形状的巧克力甜点。当意大利的烹调方法传到法国后，促进了法国烹调技术的发展，厨师们都在尝试着制作新的菜肴。这样，烹调技术在法国各地开始传播。一旦试制出新的菜肴，厨师便会得到人们的夸奖和爱戴。这一时期，餐厅的功能和布局、餐桌的装饰物、餐具和酒具也在不断地创新和发展。当时，餐具结合了不同种类的菜点而进行了细分，开始有了开胃菜盘、主菜盘和甜点盘等。酒具结合酒的种类与特点分为葡萄酒杯、威士忌酒杯、白兰地酒杯和利口酒杯等。菜点服务用具出现了热主菜盖子和船形的沙司容器等。

18 世纪中期，欧洲流行以烤的方法制作菜点，烤箱成为厨房常使用的炊具。厨师们根据自己的技术和经验决定菜点的火候和成熟度。1765 年，伯郎格（Boulanger）在法国巴黎开设了第一家法国餐厅。这家餐厅在各方面已经和我们现在的西餐厅相似。这一年，著名的厨师波威利尔斯（Beauvilliers）在巴黎经营一家西餐厅并开发了著名的牛肉浓汤（bouillon）。不仅如此，他在餐厅内设计了小型的餐桌，餐桌铺上了整洁的台布而受食客们的青睐。当时，他还实施了通过菜单点菜的服务方法。

图 3-4　安托尼·卡露米

18 世纪以后，法国涌现出了许多著名的西餐烹调大师。例如，安托尼·卡露米（Marie Atonin Careme）（见图 3-4）和奥古斯特·埃斯考菲尔（George Auguste Escoffier）等。这些著名的烹调大师设计并制作了许多著名的菜肴，有些品种至今都在扒房（grill room）的菜单上受顾客青睐。18世纪末至19世纪初，为贵族服务的厨师纷纷走出贵族家庭，自己在外经营餐厅。19世纪初，英国的中等阶层家庭乐于自己聘请厨师为自家制作菜点。1920年随着工业的发展，美国快餐业不断地壮大和发展，出现了汽车窗口餐饮服务。在美国东南部城市费城出现了第一家自助式餐厅。19世纪20年代，一些希腊食品原料由非洲进口，使希腊食品原料变得更加丰富。当时，在希腊菜点中主要使用的香料包括罗勒、牛至、薄荷、百里香、柠檬汁、柠檬皮和奶酪，再加上本国传统的原料橄榄油，使希腊菜点形成了自己的特色和口味。19世纪中期，英国中等阶层的正餐发展成为9道及以上的菜肴。同时，他们的早餐食品不断地丰富，包括各式水果、鸡蛋、香肠、面点和冷热饮。19世纪70年代，两位法国菜肴的评论家克力斯坦·米勒（Christian Millau）和亨利·高特（Henri Gault）提出法国菜应不断地创新。他们号召，菜肴要在保持法国传统的基础上，创作和使用一些清淡的沙司（sauce）为菜肴调味，借鉴和融合一些国外的烹调方法提高法国大菜的制作水平。

3.2.5 现代西餐

20世纪初期，意大利南部的烹调方法首次引入美国。第二次世界大战以后，意大利菜肴，尤其是意大利炖牛肉（osso bucco）、意大利面条和比萨饼成为美国人青睐的食品。随之而来的是意大利食品原料和调味品进入美国。例如，朝鲜蓟（artichokes）、茄子、罐头意大利蔬菜面条汤（minestrone）等。由于美国大量引入移民的原因，美国菜点的种类和味道不断丰富和扩展。那时，由于美国人常去邻国墨西哥享受独特的风味佳肴，从而促进了美国墨西哥菜系的发展。由于中国移民不断的进入美国，美国各地中国城的中国菜不断地影响美国的烹饪风格。其中，最有影响力的是广东菜、四川菜和湖南菜。20世纪70年代至80年代泰国菜和越南菜在美国餐饮市场上有很大的发展。其原因是，对于部分美国人饱尝甜、酸、咸、辣的菜肴后，带有椰子味道的菜点很受美国人的欢迎。目前，南亚风味的菜点正流传于美国。

西餐传入我国可追溯到13世纪。经考察，意大利旅行家马可·波罗到中国旅行，曾将某些西餐菜点传入中国。1840年鸦片战争以后，一些西方人进入中国，将许多西餐菜点制作方法带到中国。清朝后期，欧美人在天津、北京和上海开设了一些饭店并经营西餐，厨师长由外国人担任。1885年，广州开设了中国第一家西餐厅——太平馆，标志着西餐正式登陆中国。天津起士林餐厅是国内较早的西餐厅之一，对天津老一代人有着不可磨灭的印象。该餐厅由德国人威廉·起士林于1901年创建，曾留下许多历史名人的足迹。至20世纪20年代，西餐仅在我国一些沿海城市和著名的城市发展，全国各地西餐的发展很不平衡。例如，上海的礼查饭店、慧中饭店、红房子法国餐厅、天津的利顺德饭店（见图3-5）、起士林饭店等。目前，天津利顺德饭店已成为国家级文物保护单位。该饭店建于1863年，至今已拥有150余年的历史。其中，珍藏了饭店历史上珍贵的文物史料。20世纪70年代，我国对外交往扩大，中外合资饭店相继在各大城市建立，外国著名的饭店管理集团进入中国后，带来了新的西餐技术、现代化的西餐管理理论，使中

图3-5 天津利顺德饭店

国西餐业迅速与国际接轨并且培养了一批技术和管理人员。近年来，在北京、上海、广州、深圳和天津等城市相继出现一些西餐厅，经营着带有世界各种文化和口味的西餐，使我国西餐呈现多样化和国际化。随着我国经济的发展，我国西餐的经营规模不断地扩大。在天津、北京、上海、广州和深圳等地区的咖啡厅和西餐厅的总数已达近千家，西餐菜肴的种类和质量也不断提高。当今，我国的西餐经营已形成了一定的模式。例如，以北京为代表的多种西餐菜系，以天津为代表的英国菜，以上海为代表的法国菜，以哈尔滨为代表的俄国菜等。

3.3 西餐菜系

3.3.1 法国菜系

法国位于西欧，具有丰富的历史与文化。其中，包括餐饮文化和烹饪史。中世纪法国已出现了烹调教科书和烹调学校。根据研究，法国的僧侣们在法国烹调技术和餐饮文化方面做出了巨大的贡献。他们种植葡萄、苹果，酿造葡萄酒、香槟酒、利口酒，试制各种有特色的奶酪并开创了具有特色的菜肴、沙司（sauce）和烹调方法。这些成果对当今的法国菜系的风格奠定了坚实的基础。在法国，各地区都有各自特色的菜系，这些菜系是由各地区富有传统的文化和富有创新精神的厨师通过不断的努力而形成。历史学家和美食家，让-罗伯特·皮特（Jean-Robert Pitte）在他的著作《法国烹饪法》（见图3-6）中指出，法国菜系之所以享誉全世界可以追溯到法国的祖先高卢人。希腊地理学家斯泰伯（Strabo）和拉丁美洲的旅游学家瓦罗（Varro）在总结法国美食时说："古代高卢人的菜点非常优秀，尤其是他们的烤肉。"近年来，法国菜系不断地创新和精益求精并将古典菜的制作方法与新菜烹调法相结合而使法国菜系更加自然、个性及呈现装饰和颜色的协调。法国菜之所以在味道方面世界驰名主要归功于沙司的作用。由于法国人很早就在沙司中使用了葡萄酒，因此，法国的各种沙司具有开胃与增加菜肴味道的作用。17世纪，法国酿酒技术不断地发展，从而推动了法国烹饪技术和菜系的发展。法国著名的菜系包括：皇宫菜、贵族菜、地方菜和新派菜。著名的法国皇宫烹调法称为豪华烹调法。这一方法起源于法国国王宴会，由著名的厨师，安托尼·卡露米和艾斯考菲尔开创和影响而成。其特点是制作精细，味道丰富，造型美观，菜肴道数多。法国菜制作的主要特点是，采用复合烹调法，非单一的方法并将所有的菜点原料、菜肴类别和制作程序都规定了质量标准和工艺程序标准并以法国烹调法（French cuisine）命名（见图3-7）。

3.3.2 意大利菜系

历史上，意大利菜系受到多民族文化的影响，主要表现在菜肴的调味品和配菜等的特色。例如，海盐、植物与动物香料和调味品及鲜花等，包括辣椒、肉桂、孜然、山奎（horseradish）、朝鲜蓟（artichokes）、凤尾鱼、鲜芦笋及各种优质的奶酪等。传统上，意大利菜系常以蔬菜、谷类、水果、鱼类、家禽和少量畜肉等为主要原料，使用橄榄油和天然香料作调味品。对于现代意大利人而言，畜肉不是他们常使用的菜点原料，取而代之的是蔬菜、谷物和大豆。橄榄油是意大利人首选的烹调油。许多学者认为，意大利菜点的精华在于烹调中善于使用蔬菜和水果、绿色食品和调味品等。意大利菜系保持菜点的原汁原味，烹调

图 3-6　法国烹饪法

图 3-7　法国烹调法制成的菜肴

方法以炒、煎、炸、红烩、红焖为主。意大利面条和比萨饼闻名于世界，意大利人在制作面条、云吞和馅饼方面非常考究。他们的面条有各种形状，各种颜色和各种味道。面条的颜色来源于鸡蛋、菠菜、番茄、胡萝卜等原料。这样不但增加了面条的美观，还增加了其营养价值。意大利云吞外观精巧，造型美观。意大利菜系在烹调时，对菜肴的火候要求严格。著名的意大利菜系包括北部菜、东部菜、中部菜和南部菜。

3.3.3　英国菜系

英国有着悠久的历史，许多历史学家将英国总结成为一个珍品宝库。其中，包括古堡式饭店和餐厅、世界著名的城堡和教堂。尽管，英国菜肴和烹饪稍逊于法国。然而，近年来英国餐饮文化和烹饪文化不断地发展和提高，这种趋势正在对欧洲产生重要影响。许多学者认为，英国菜系由多个地区菜系组成，在历史上受多种餐饮文化影响，尤其是受法国诺曼底人（Frankish Normans）的影响。英国菜系使用了较多的调味品和植物香料。其中，包括肉桂、藏红花、肉豆蔻、胡椒、姜和糖等。根据研究，自 19 世纪，英国传统的油腻菜肴配以进口的调味品，组成了英国的传统风味菜系，流传多年。20 世纪 80 年代后，现代的英国菜以新鲜水产品和蔬菜为主要原料制成菜肴。其特点是清淡，选料广泛，使用较少的香料和调味酒，注重营养和卫生，烹调方法以煮、蒸、烤、烩、煎、炸为主。现代英国人把各种调味品放在餐桌上，根据自己的口味在餐桌上调味。例如，盐、胡椒粉、沙拉酱、芥末酱、辣酱油、番茄沙司等。此外，以英格兰早餐为代表的英式早餐以菜点丰富受到各国顾客的好评。英国著名的菜系主要包括：英格兰菜、苏格兰菜、威尔士菜和爱尔兰菜。

3.3.4　俄国菜系

俄国有着不同的民族文化，是世界著名的西餐大国之一。现代的俄国菜系不仅指俄罗斯民族菜点，还包括俄罗斯各民族菜和附近各国和各地区的菜点。根据资料记载，16 世纪意大利人将香肠、通心粉和各式面点带入俄国。17 世纪德国人将德式香肠和水果汤带入俄国。18 世纪初期，法国人将沙司、奶油汤和法国面点带入俄国。18 世纪后期，马铃薯受到俄罗斯人的青睐。因此，俄国在与西方国家多年的文化交流中，不断地融合其他国家和民族的烹饪特点。其中，许多菜点是由法国、意大利、奥地利和匈牙利等国传入，经与本国食品原料和烹调方法的融合形成了独特的俄国菜系。俄国菜常使用禽肉、海鲜、家禽和鸡蛋、奶酪、酸奶酪、蔬菜和水果等为原料。其菜点有多种口味，包括酸味、甜味、咸味和微辣味等。俄国菜系的基本特点是注重以酸奶油为菜点调味。面包是俄国宴会菜单的重要组成部分。面包的制作工艺复杂，制作时间长。面包选用的原料包括小麦、黑麦、稷子和燕麦等。人们为了获得更多营养，更喜爱食用黑面包。同时，喜爱使用发酵方法制成的酸面包。

3.3.5 美国菜系

美国是讲究餐饮质量和特色的国家，餐饮业在美国非常发达，各地都有特色的餐饮产品。由于美国是多民族，历史文化受各民族的影响。因此，至目前还没有任何一种地区菜点或民族菜点代表美国的菜系。因此，美国菜系有多种风味之称，其菜点制作工艺的变化和创新的速度世界领先。美国菜系的基本特点是口味清淡，保持原料自然特色。美国菜系的制作工艺较多。但是扒（烧烤）是最流行的烹调方法。在美国，许多菜肴都能通过扒的方法制成。例如，西红柿、小南瓜、鲜芦笋，各种畜肉、家禽和海鲜等。此外，沙拉和三明治是美国人民喜爱的菜肴。当代美国沙拉选料广泛，别具一格，打破了传统西餐沙拉的陈规旧念。美国菜系主要包括：加州菜、中西部菜、东北部菜也称作新英格兰菜、南部菜、西南菜、新奥尔良菜。其中，加州菜发展较快，形成了高雅、优质，营养丰富，清淡和低油脂等特色。

3.3.6 其他菜系

1. 希腊菜系

希腊菜系有着悠久的历史，其烹调特色受本国食品原料和土耳其、中东和巴尔干半岛等餐饮文化的影响，逐渐形成了本国菜系特色。由于希腊盛产海鲜、植物香料、橄榄油、葡萄酒和柠檬等食品原料。所以，为希腊菜系的特色打下良好的基础。人们总结说，希腊新鲜的菲达奶酪（Fresh Feta）（见图 3-8）配以当天生产的新鲜面包使希腊人民享受了特色的美食。在希腊的海边城市，到处是繁忙的饭店、餐厅和游客。厨师们整天忙于烧烤、煎炸和烹制各种海鲜菜肴。根据研究，希腊有 4 000 余年的烹调史，其烹调方法灵活多样。希腊菜系之所以世界著名首先归功于它的悠久历史和餐饮文化。然后是它优越的地理位置，丰富的食品原料，包括新鲜的海鲜、水果、蔬菜、畜肉和奶制品。总结希腊菜系的特点，包括新鲜的食品原料、醇香的奶酪、特色的植物香料及以焗、扒、烤和烩等烹调方法。在希腊，人们日常食用的菜肴除了海鲜外，以羊肉、牛肉、猪肉、家禽和蔬菜为主要原料，通过焗或烤的方法制熟。同时，配以柠檬沙司或肉桂番茄沙司。希腊盛产大蒜、牛至、薄荷、罗勒和莳萝等植物调味品，这些调味品为希腊菜增加了特色。

图 3-8 菲达奶酪

2. 德国菜系

德国菜系以传统的巴伐利亚菜系而享誉世界。现代德国菜系除了传统的烹调特色外，融合了法国、意大利和土耳其等国家的优秀烹调技艺，根据其各地的食品原料和饮食习惯形成德国菜系。根据考察，德国南部以巴伐利亚（Bavaria）和斯瓦比亚地区（Swabia）菜肴特色为代表，融合了一些瑞士和奥地利的烹调特点。西部菜受法国东部地区的影响。然而，德国菜系不像法国菜系那样细腻，也不像英国菜的那样清淡，而以经济实惠著称。德国是畜肉消费国，尤其是猪肉，其次是家禽消费。家禽包括鸡、鸭、鹅和火鸡等。德国还是香肠消费大国，目前整个国家的香肠种类约1 500种。德国盛产蔬菜、粮食、水果及鲑鱼、梭子鱼、鲤鱼、鲈鱼、鲱鱼和三文鱼等水产品。除此之外，德国是世界著名的葡萄酒和啤酒生产国。德国菜以酸甜味的菜肴为特色，水果常用于肉类菜肴的配菜。一些菜肴常以啤酒为调味品使菜肴别有风味。

3. 西班牙菜系

西班牙菜系和烹调方法受犹太人、莫尔人及地中海各国饮食文化的影响。其中，莫尔人对西班牙的烹调特色和菜肴特点起着关键的作用。历史上，西班牙从美洲大陆进口马铃薯、西红柿、香草、巧克力、菜豆、南瓜、辣椒和植物香料对西班牙的菜肴特色和质量也起着很大的推动作用。西班牙生产优质的大蒜，因此许多西班牙的菜点将大蒜作为调味品。例如，炒蒜味鲜虾、蒜炒鲜蘑、蔬菜大蒜汤等。当然，由于西班牙的地理位置和气候原因，使西班牙菜系具有多种风味。例如，西北部的加利西亚地区（Galicia）继承凯尔特人（Celtic）的传统餐饮风味，当地以烹制小牛肉、肉排、鱼排和鲜贝菜肴见长。沿海东部地区以烹制菜豆、奶酪、炖菜豆猪肉为特色。卡特卢那地区（Cataluna）以当地盛产的海产品、新鲜的畜肉、家禽为主要原料结合蔬菜和水果制成现代西班牙菜。巴仑西亚（Valencia）是著名的大米生产地，当地的西班牙炒饭（Paella）代表了西班牙菜系的特色菜，在国际上有很高的知名度。安德鲁西亚（Andalucia）位于西班牙南部，气候炎热、干旱，当地生产葡萄和橄榄。著名的西班牙冷蔬菜汤（Gazpacho）就发源在该地区。

3.4 西餐菜点

3.4.1 开胃菜

1. 开胃菜概述

西餐开胃菜（Appetizers）也称作开胃品、头盆或餐前小吃，它包括各种小份额的冷开胃菜、热开胃菜和开胃汤等。它常作为西餐宴会的第一道菜肴，或主菜前的开胃食品。开胃菜的特点是菜肴数量少，味道清新，色泽鲜艳，常带有酸味和咸味并具有开胃作用。

2. 开胃菜种类及其特点

西餐宴会中的开胃菜种类较多。根据开胃菜的组成、形状和特点，开胃菜主要包括沙拉（Salad）、开那批（Canape）、鸡尾菜（Cocktail）、迪普（Dip）、鱼子酱（Caviar）和各种开胃汤（Soup）等。在西餐开胃菜中，仅有某些种类的开胃菜需要熟制。许多开胃菜基本不需要熟制。而是需要选择新鲜的原材料，严格地清洗，切成理想的形状，根据营养需求、宴会主题需要等进行配制。然后，配以适当口味的调味酱。例如，沙拉迪普等。

1）沙拉

沙拉（salad）是一种冷菜，作为西餐宴会的冷开胃菜，有多个种类和分类方法。沙拉常由4个部分组成：底菜、主体菜（主料）、装饰菜（配菜）和调味酱。通常，4个部分可明显地分辨出。有时混合在一起，有时底菜或装饰菜被省略。

底菜是沙拉中最基本的部分，它在沙拉的最底部。通常以绿叶生菜为原料。底菜的作用是衬托沙拉的颜色，增加沙拉的质地，约束沙拉在餐盘中的位置。主体菜是沙拉的主要部分。它由一种或几种食品原料组成。主体菜可以由新鲜的蔬菜，熟制的海鲜、畜肉、淀粉原料及新鲜的或罐头水果等组成。通常，沙拉的名称就是根据主体菜的名称命名。装饰菜是沙拉中的配菜，在质地、颜色、味道方面为沙拉增添了特色。沙拉中的装饰菜应选择颜色鲜艳的原料。常用的沙拉装饰菜有樱桃西红柿、切好的三角形西红柿或西红柿片、青椒圈、黑橄榄、香菜、水田芹（watercress）、薄荷叶、橄榄、小水萝卜、腌制的蔬菜、鲜蘑、柠檬片或柠檬块、煮熟的鸡蛋（半个、片状、三角形）、樱桃、葡萄、水果（三角形）、干果或红辣椒等。由于这些原料具有颜色、形状和味道等特色，因此给参加宴会的人们留下了深刻的印象。如果沙拉主体菜的颜色很鲜艳，装饰菜可以省略。沙拉酱是沙拉的调味品，常由醋或柠檬汁、植物油（沙拉油）、盐、芥末酱、辣酱、番茄酱，新鲜鸡蛋黄等制成。不同种类的沙拉酱所用的食品原料不同。通常，不同主题的宴会选用的沙拉品种不同。

（1）蔬菜沙拉。蔬菜沙拉（leafy green salads）使用新鲜的生菜或卷心菜、胡萝卜、西芹、黄瓜、青椒、鲜蘑、洋葱、水萝卜、西红柿和小南瓜等为原料配上沙拉酱制成。蔬菜沙拉是各种主题宴会首选的品种。

图 3-9　组合式沙拉

（2）组合沙拉。组合沙拉（combination salads）是由两种或多种不同的主要原料制成的沙拉。例如，以蔬菜和熟肉制成的沙拉；以熟制的畜肉、鸡蛋和蔬菜为原料组合的沙拉（见图 3-9）。组合沙拉营养丰富，色泽美观，是各种宴会常选用的品种。

（3）熟制沙拉。熟制沙拉（cooked salads）是由熟制的畜肉、禽肉、面条和马铃薯等原料制成。例如，意大利面条沙拉、马铃薯沙拉、火腿沙拉和鸡肉沙拉等。这种沙拉常选用质地脆嫩蔬菜作为配料。例如，西芹、洋葱或泡菜。熟制沙拉是传统西餐宴会和商务宴会常选用的品种。

（4）水果沙拉。当今，以水果为主要原料制成的开胃菜愈加受到人们的欢迎。水果沙拉（fruit salads）常选用新鲜、高质量的水果，选择颜色鲜艳的品种并且切成美观和方便食用的形状。常用的水果原料有苹果、鄂梨、草莓、菠萝、西柚、葡萄、橙子、梨、桃、猕猴桃、芒果、各种甜瓜和西瓜等。同样的，水果沙拉常被商务宴会和自助餐宴会及茶歇选择。

（5）胶冻沙拉。胶冻沙拉（gelatin salads）常被宴会选用。其中，水果胶冻沙拉（fruit gelatin salad）是由琼脂与某种水果味道的液体制成的胶冻体。其特点是甜味大，有自己独特的味道和颜色。肉冻沙拉（aspic）由畜肉或海鲜制成的原汤、琼脂、西红柿、香料及其他调味品制成胶冻。蔬菜胶冻沙拉与肉冻沙拉的原料几乎相同，只不过将其中的原汤变成清水。

2）开那批

开那批（canape）是以小块的脆面包片、饼干或蔬菜等为底托，上面放有少量的或小块的具有特色的熟制冷肉、冷鱼、鸡蛋片、酸黄瓜、鹅肝酱或鱼子酱等。开那批类开胃菜主要的特点是，食用时不用刀叉，也不用牙签，直接用手拿取入口。开那批的形状美观，有艺术性，常用配菜作装饰。开那批常用于自助餐宴会、冷餐会和茶歇。

3）鸡尾菜

在西餐中，“cocktail”一词不仅代表鸡尾酒，而且代表西餐开胃菜。鸡尾菜（ckocktail）是指以海鲜或水果为主要原料，配以酸味或浓味的调味酱制成的开胃菜。鸡尾菜颜色鲜艳、造型独特。有时装在餐盘中，有时盛在玻璃杯子里。同时，鸡尾菜的调味酱可放在菜肴的下面，也可浇在菜肴上面，也可单独放在小碗里。当然，也可以将一小碗调味酱放在盛装鸡尾菜餐盘的另一侧。鸡尾菜可用绿色的蔬菜或柠檬制成的花做装饰品。在自助餐宴会中，鸡尾菜常摆放在碎冰块上以保持新鲜。鸡尾菜的制作时间应接近宴会的开餐时间以保持其色泽和新鲜。鸡尾菜常用于自助餐宴会、鸡尾酒会和休闲宴会及家庭宴会等。

4）迪普

迪普（dip）是由英语字 Dip 音译而成，它是由调味酱与脆嫩蔬菜或脆饼干等（主体菜）两部分子组成。食用时，将主体菜蘸调味酱后食用。迪普的特点是主体菜新鲜脆嫩，配上浓度适中并有着特色的调味酱，装在造型独特的餐盘中，具有很强的开胃作用。迪普主要用于家庭宴会和休闲宴会。

5）鱼子酱

鱼子酱（caviar）作为宴会的开胃菜包括黑鱼子酱、黑灰色鱼子酱和红鱼子酱等。鱼子主要取自鲟鱼和鲑鱼的卵，最大的鱼子尺寸像绿豆。宴会使用的鱼子都是经过加工并制成罐头的成品。作为宴会开胃菜，常用的每份数量为 30 克至 50 克。使用时，将鱼子放入一个小型的玻璃器皿或银器中。然后，再将容器放入带有碎冰块的容器中，配以酥脆的蔬菜或饼干并放入一些切碎的洋葱末和鲜柠檬汁作调味品。鱼子酱常作为高消费的自助餐宴会。

6）批

“批”是法语 Pate 的音译。这种开胃菜由各种熟制的肉类和肝脏，经过搅拌机搅碎，放入白兰地酒或葡萄酒，香料和调味品搅拌成泥，放入模具。经过冷冻后成型，切成片，配上装饰菜而制成的冷菜。批常作为自助餐宴会的开胃菜。

7）开胃汤

开胃汤（appetizer soup）顾名思义，是以牛肉原汤为原料，加入调味品及装饰菜制成。开胃汤种类有许多，分类方法也各不相同。通常汤分为 3 大类，它们是清汤、浓汤和特色汤。

（1）清汤（clear soup），顾名思义是清澈透明的液体，常以白色牛肉原汤、棕色牛肉原汤或鸡汤为原料，经调味，配上适量的蔬菜和熟肉作装饰而成。清汤又可分为原汤清汤（broth）、浓味清汤（bouillon）和特制清汤（consomme）。原汤清汤是由牛肉原汤直接制成的清汤，通常不过滤。浓味清汤是将牛肉原汤过滤，调味后制成的清汤。特制清汤是将牛肉原汤再一次放入原材料，经过煮制过滤而成的清汤（见图 3-10）。其制作方法是将生牛肉丁与鸡蛋清、胡萝卜块、洋菜块、香料和冰块等进行混合，放入牛肉原汤中，用低温炖 2 至 3 小时，使牛肉味道溶解在汤中，使汤中漂浮的小颗粒粘连在鸡蛋牛肉混合物中，经过滤，汤变得格外清澈和香醇。特制清汤适用于较高级别的宴会。

（2）浓汤（thick soup），常作为西餐的宴会开胃菜。浓汤是由牛肉原汤与油面酱（用黄

图 3-10 特制清汤

油煸炒面粉制成的糊）制成的汤，通常在汤中加入奶油或菜泥。浓汤根据不同的工艺和配料又可分为 4 种：奶油汤（cream soups）、菜泥汤（puree soups）、海鲜汤（bisques）和什锦汤（chowders）。

（3）特殊风味汤（special soups），是指根据各民族和各地区的饮食习惯和生产工艺特点制成的汤。特殊风味汤适合于各种西餐主题宴会。其特点是，在制作方法或原料方面具有民族和地区的代表性。例如，法国洋葱汤（french onion soup）、意大利面条汤（minestrone）、西班牙凉菜汤（gazpacho）及秋葵浓汤（gumbo）等都是世界著名的特殊风味汤。

3.4.2 西餐主菜

1. 主菜概述

西餐主菜是西餐宴会中最主要的一道菜肴，也是西餐宴会必不可少的一道菜。西餐的主菜与中餐大菜不同。由于西餐为分食制，所以每个主菜为一个用餐者服务。一般而言，每个西餐主菜常由 5 个部分组成，包括畜肉（海鲜、禽肉）、蔬菜、淀粉（米饭、面条、马铃薯）、装饰菜和沙司（sauce，指调味酱）等。

2. 西餐主菜种类及其特点

根据主菜的食品原料，西餐宴会主菜可分为畜肉类主菜、家禽类主菜、水产品主菜及淀粉与鸡蛋类主菜等。

1）畜肉类主菜

畜肉类主菜是指以畜肉为主要原料，配以蔬菜和淀粉原料及沙司（调味酱）组成的菜肴。畜肉类含有较高的营养成分，常被各类宴会选用。畜肉主要由水、蛋白质和脂肪等成分构成，其含水量约占肌肉的 74%，蛋白质含量约占肌肉的 20%，遇热会凝固。畜肉中的蛋白质凝固与畜肉的生熟度密切相关。畜肉失去的水分越多，其蛋白质凝固程度就越高。脂肪是增加畜肉味道和嫩度的重要因素，约占肌肉的 5%。一块带有脂肪的牛肉，如果脂肪结构像大理石花纹一样时，其味道非常理想。这种网状脂肪结构会使肌肉纤维分开，易于咀嚼。同时，畜肉在烹调时，脂肪可以担当水分和营养的保护层的作用。畜肉含少量糖或碳水化合物。尽管糖的含量低，却扮演着重要的角色。

2）家禽类主菜

家禽在宴会主菜中扮演着重要的作用。尽管家禽生产与其他食品生产工艺有许多相同点。然而，由于家禽肉质较嫩，其生产工艺有着自己的特点。家禽类主菜生产的特殊性与其肉质结构和形状紧密联系。所谓家禽类主菜是指以家禽为主要原料，配以蔬菜和淀粉原料及沙司（调味酱）组成的菜肴。当烹调整只家禽时，其胸部肉成熟的速度比腿肉成熟的速度快。这样，当腿部肉完全成熟时，胸部肉已经过火了。尤其是使用烤的方法制作整只家禽，这种现象表现得更加明显。通常，在整只家禽的外部刷上一层植物油可保护禽肉的外皮，使其外观更完整，也保护了家禽胸肉中的水分。在烤制家禽时，用绳子将整只家禽的翅膀和大腿部进行捆绑，它的各部位成熟度会表现得比较均匀。为了充分利用家禽本身的特点，保持其内部水分和嫩度，可对家禽不同部位采取不同的烹调方法。例如，采用煸炒的方法烹制鸡胸肉，采用烧焖的方法加工火鸡的翅膀。

3）水产品类主菜

水产品是指带有鳍或贝壳的海水和淡水动物，包括各种鱼、蟹、虾和贝类。水产品是西餐各种宴会主菜常用的原料，其特点是肉质细嫩，没有结缔组织，味道丰富，烹调速度快。所谓水产品类主菜是指以水产品为主要原料，配以蔬菜和淀粉原料及沙司（调味酱）组成的菜肴。通常在烹调中，根据鱼的脂肪含量进行加工。含有5%以上脂肪的鱼称为脂肪鱼，脂肪鱼的颜色比非脂肪鱼深，适于煎、炸、焗、水波和蒸等方法。脂肪含量少于5%的鱼称为非脂肪鱼，适用于蒸和水波的方法，这样可以保证鱼肉的鲜嫩。然而，如果选用干热法制作鱼菜，可通过在鱼肉上涂上面粉或食油的方法减少鱼肉中的水分流失。

4）意大利面条类主菜

意大利面条类主菜是指以煮熟的意大利面条为原料，加入畜肉或海鲜及蔬菜等进行烹制而成的主菜。意大利面条是西餐宴会主菜常用的原料。在制作意大利面条中关键是水煮工艺的控制。其中，煮意大利面条时不要盖锅盖，避免煮得过烂。煮熟的意大利面条，用冷水冲，直至完全冲凉，加少量食油搅拌，然后放冷藏箱。这类主菜常用于自助餐宴会、家庭宴会和休闲宴会。

3. 西餐主菜主要生产工艺

1）扒

扒（grill），也称为烧烤或烤，是一种传统烹调方法。传说，源于美洲印第安人。15世纪由西班牙探险队将这种烧烤方法带到欧洲。17世纪，烧烤工艺受到欧洲各国人们的青睐。扒，这一生产工艺需要在扒炉上进行。扒炉的结构是，炉上端有若干根铁条，铁条直径约2厘米，排列在一起。扒炉的下端是热源。其热源有三种，煤气、电或木炭。烹制时，先在铁条上喷上或刷上食油，然后将食品原料也喷上植物油，撒上少许盐和胡椒粉。烹调时，先烤原料的一面，再烤原料的另一面。扒熟后的菜肴表面呈现一排焦黄色花纹。制作时，可用移动原料的位置来控制温度。例如，扒牛排（grilled steak）（见图3-11）。当今，扒牛排是现代宴会常选用的主菜。

图3-11 扒牛排

2）炸

炸（deep fry）是将食品原料完全浸入热油中加热成熟的工艺。使用这种方法，应掌握炸锅中的油与食品原料的数量比例，控制油温和烹调时间。薄片形易熟的食品需要较短的时间，通常1~2分钟内；而体积较大，不易熟的食品原料，常在热油中炸至6~7分钟。烹调时应逐步降低温度，需要较长时间加热，使原料达到外焦里嫩的效果。

3）煸炒

煸炒（saute）的含义是在煎盘（带炳平底锅）中放少量食油，加热后，将原料放入，不断翻动，使菜肴成熟。通过这种方法制出的菜肴质地细嫩。煸炒前应当将平底锅预热，然后放少量的植物油或黄油，放食品原料，通过平底锅的热传导将菜肴制熟，煸炒较大块的食品原料，先在原料上撒少许盐和胡椒粉，有时还要粘上面粉，然后再煸炒，这种工艺相当于煎（pan-fry）。因此，在西餐生产中，saute 有时候翻译成嫩煎。在煸炒中，每次生产的数量不宜过多，否则会降低烹调锅的温度。煸炒肉类菜肴，应在原料上撒些干面粉使菜肴着色均匀，防止原料粘连。菜肴接近成熟时应放少量葡萄酒或原汤，旋转一下炒锅。这样，可溶化炒锅内浓缩的菜汁，增加菜肴的味道。这一操作过程在西餐烹调中称为稀释（deglazing）。上菜时，把被稀释的汤汁和菜肴一起装盘。在西餐烹调中，saute 和 pan-fry 可以互相代替。

4）煎

煎（pan-fry）是在平底锅中放少量食油，加热后，将原料放入，使其加热成熟。煎需要低温，长时间烹调，有时需要运用几种火力。操作前将锅烧至七、八成热，将原料下锅。先煎一面，待原料出现金黄色后再煎另一面。有些菜肴下锅的温度较低，通常在五、六成油温下锅，而且在烹调中原料不翻面。例如，煎鸡蛋只煎一面，并且一边煎，一边用煎锅中的热油向鸡蛋表面上浇，直至鸡蛋表面变为白色为止。

5）焗

焗（broil），实际也是烤。它是食品原料在焗炉（上方单面受热的烤炉）中，直接受上方热辐射成熟的工艺。焗的特点是温度高，速度快，适用于质地纤细的畜肉、家禽、海鲜及蔬菜等原料。食品原料在焗炉中可以通过调节炉架和温度，将菜肴制成理想的成熟度和颜色。对大块食品原料应当用较低的温度，长时间烹调。小块食品原料应当用较高的温度，短时间的烹调方法。在西餐主菜生产中，许多菜肴已制成半熟或完全成熟，然后需要表面着色（au gratin）。这时，在菜肴撒上奶酪末或面包屑，放焗炉内，从炉内的上方热源将菜肴表面烤成金黄色。例如，焗意大利面条，焗法国洋葱汤等。bake 也常常翻译成焗。但是 bake 这个专业术语习惯用于面包、面点、蔬菜和鱼类菜肴的烹制过程。

6）煮

在一般的压力下，食品原料在 100 ℃的水或汤汁中进行加热成熟的工艺称为煮（boil）。煮又可分为冷水煮和沸水煮，冷水煮是将主料放入冷水中，然后煮沸成熟。沸水煮是水沸后，放入原料，煮熟。煮鸡蛋和制汤都是使用冷水煮的生产工艺。煮畜肉、鱼、蔬菜和面条等通常用沸水煮。

7）水波

水波（poach）是将原料放在液体中加热成熟的方法。与煮不同的是，水波使用水的数量比较少，水的温度比煮要低，一般保持在 85 ℃~95 ℃。适用这种方法的原料都是比较鲜嫩和精巧。例如，鱼片、海鲜、鸡蛋和绿色蔬菜等。

8）慢煮

慢煮（simmer）与水波的生产原理非常相似，也是将原料放入汤汁加热成熟的方法。慢煮的温度比煮的温度低，比水波温度高，在 90 ℃~100 ℃。在西餐宴会菜单中，慢煮常代替煮。

9）蒸

蒸（steam）是通过蒸汽将食品原料加热成为菜肴。使用这一工艺，菜肴成熟速度快。在常压下，100 ℃的水蒸气释放的热量比 100 ℃的水高得多。使用这一方法应控制温度，以免使菜肴烹调过熟。使用压力蒸箱时，箱内的温度常超过 100 ℃。蒸，广泛用于鱼、贝、蔬菜、肉、禽和淀粉类菜肴的熟制。其优点是营养损失少，保持菜肴的原汁原味。

10）炖

炖（braise）在西餐宴会生产中与焖的工艺相等，都是由英语braise翻译而成。先将食品原料煎成金黄色，然后在少量汤汁中加热成熟。

11）烩

烩（stew）与炖的工艺基本相同，烩使用的原料形状比焖要小。通常将原料切成丝、片、条、丁、块、球等形状。

3.4.3 面包

1. 面包概述

面包（bread）是以面粉、油脂、糖、发酵剂、鸡蛋、水或牛奶、盐、调味品等原料混合并揉制，经烘烤制成的食品。面包含有丰富的营养素，用途广泛，是西餐宴会不可缺少的食品，常伴随着开胃菜食用。根据资料，最早的面包发酵和制作技术来自古埃及。那时的面包颜色都是棕色或深色，随着面粉制作技术的提高，开始有了白色面包。当今，根据欧美各国的饮食习惯，面包不论在食品原料、生产工艺，还是在味道和造型等方面都有了很大的发展。现代面包的魅力比过去有增无减，面包的香味对宴会顾客有着很大的诱惑力。

2. 面包种类及其特点

面包有许多种类，分类方法也各有不同。按照面包的生产工艺，面包可分为两大类：酵母面包和快速面包。按照面包的质地特点，面包可分为：软质面包、硬质面包和油酥面包。

1）酵母面包

酵母面包（yeast bread）是以酵母作为发酵媒介制作的面包。这种面包质地松软，带有浓郁的香气。它的制作工艺复杂，需要特别细心。酵母面包有多种：白面包（white bread）、全麦面包（whole wheat bread）、圆形黑麦面包（round rye bread）、意大利面包（italian bread）、辫花香料面包（braided herb bread）、老式面包（old-fashioned roll）、各种正餐面包（dinner rolls）、各种甜面包（sweet rolls）、比塔面包（pita）、丹麦面包（danish pastry）和小博丽傲士面包（brioche）。

2）快速面包

快速面包（quick bread）是以发粉或苏打作为膨松剂制成的面包。这种面包制作程序简单，制作速度快，而且不需要高超的技术并由此得名。快速面包尽管简便易行。但是，也是西餐宴会受欢迎的一项重要内容。此外，一些有特色的快速面包还为宴会带来很高的声誉。快速面包主要品种有各种长方面包（loaf）、玉米面包（corn bread）、爱尔兰苏打面包（irish soda bread）、摩芬面包（muffin）、博波福（popover）、面包圈（doughnut）、沃福乐（waffle）和咖啡面包（coffee bread）。

3）软质面包

软质面包（soft roll）是松软、体轻、富有弹性的面包，常用于西餐宴会。例如，吐司面包（toast）、各种甜面包（sweet roll）等属于这一类。软质面包由含有较高的油脂和鸡蛋的面团制成。

4）硬质面包

硬质面包（hard roll）是韧性大，耐咀嚼，面包表皮干脆、质地松爽的面包。例如，法式面包（french bread）和意大利面包（italian bread）都是著名的硬质面包。硬质面包由较少的油脂、且较低的鸡蛋面团制成。硬质面包主要用于鸡尾酒会和冷餐宴会等。

5）油酥面包

油酥面包（pastry）是将面团擀成薄片，加入黄油等，经过折叠、擀压、造型和烘烤等程序制成的层次分明，质地酥松的面包。例如，丹麦面包（danish pastry）、牛角面包（croissant）都是传统的油酥面包。油酥面包也称为油酥面点。这种面包主要用于鸡尾酒会、冷餐会和自助餐宴会等。

3. 面包配料与工艺

1）选料与配料

面包主要的原料包括面粉、油脂、糖、发酵剂、鸡蛋、液体物质（水和牛奶）、盐、调味品等。每一种原料都在面包质量和特点中担当一定的作用。在制作面包中，最基本的生产工艺是准确地使用各种原料，如果稍有大意，将会影响面包质量。因此，应选用适合的原料，不要随便选择代用品。

2）气体与弹性

在面包生产过程中，如何使面团产生气体是面包质量的关键。面包师常使用酵母、苏打粉和发粉或利用合面技术使空气卷入面团中，使面团松软。面包只有富有弹性时才会受到人们的青睐。通常面包的弹性来自面包中的面筋质，面筋质由面粉中的蛋白质形成。面包中的面筋质越高，其弹性越大，反之弹性小。面包粉的蛋白质含量在11%~13%。面包质量除了与面粉质量或面粉品种有关外，还受合面方法及面团的含水量影响。一般情况下，面团含水量与面包品种有关，不同品种的面包，其面团需要的含水量不同。

3）生产程序与工艺

酵母面包是宴会的主选品种。酵母面包是以酵母作为发酵媒介，这种面包质地松软，带有浓郁的香气。其生产工艺复杂，要经过合面、揉面、醒面、成形、再醒面、烘烤、冷却和贮存等程序，其中任何一个生产程序的质量都影响面包的质量。

3.4.4 甜点

1. 甜点概述

甜点（dessert）称为甜品、点心或甜菜，是由糖、鸡蛋、牛奶、黄油、面粉、淀粉和水果等为主要原料制成的各种甜食。它是西餐宴会及各种主题宴会的最后一道菜肴。在传统的法国宴会中，服务人员将精致的各式甜点作为宴会的最后一道菜肴放在各式银器或水晶器皿中并摆放在宴会厅展示以衬托宴会的气氛。当代西餐宴会甜点不论在它的含义还是种类方面都有了很大的发展。现代西餐甜点包括各种蛋糕、排、油酥点心、冰冻点心、奶酪及综合式的各种甜点（见图3-12）。

图3-12 各种西餐甜点

2. 甜点种类及其特点

1）蛋糕

蛋糕（cake）是由鸡蛋、白糖、油脂和面粉等原料经过烘烤制成的甜点。蛋糕营养丰富，味道甜，质地松软。不同的蛋糕，其生产原理与方法不同。

(1) 油蛋糕（butter cakes）也称为黄油蛋糕、是高脂肪蛋糕。它由面粉、白糖、鸡蛋、油脂和发酵剂制成。在油蛋糕中，各种原料数量的比例非常重要。在传统配方中，白糖的数量往往超过面粉，液体的数量通常超过白糖的数量。当今，油蛋糕的油脂种类已经扩大化了，可以是黄油、人造黄油、氢化植物油等。由于油蛋糕的配方不同，因此油蛋糕可以是黄色蛋糕、白色蛋糕、巧克力蛋糕或香料蛋糕。油蛋糕的特点是质地柔软滑润，气孔壁薄而小，分布均匀。

(2) 清蛋糕（foam cakes）称为低脂肪蛋糕或发泡蛋糕。这种蛋糕使用少量的油脂或不直接使用油脂。由于清蛋糕中含有经过抽打的鸡蛋，因此它既蓬松又柔软。清蛋糕又可以分为两种类型：天使蛋糕（angel cake）和海绵蛋糕（sponge cake）。天使蛋糕是仅放入鸡蛋清等原料生产的蛋糕。其特点是白色，蛋糕蓬松。海绵蛋糕（sponge cake），用全鸡蛋制成的蛋糕，蛋糕质地松软，金黄色。

(3) 装饰蛋糕（decorated cake）以奶油、巧克力和水果等原料为蛋糕作装饰品和馅心。

2) 排

排（pie）是馅饼，是各种宴会常用的甜点，由英语单词 pie 的音译而成，有时翻译成派。排是由水果、奶油、鸡蛋、淀粉及香料等制成的馅心，外面包上双面或单面的油酥面皮制成的甜点。排的特点是排皮酥脆，略带咸味，馅心有各种水果和香料的味道。排常是各种主题宴会、自助餐宴会选用的点心，排的酥脆特点与它的配方有紧密的联系。通常，排皮的原料由面粉、油脂、食盐和水组成。酥脆的排皮应使用低面筋粉制成。当然，氢化植物油、盐和水的比例应适量，过多的盐和水分会增加排皮的韧性。制作排的另一个关键点是合面。有两种合面方法：薄片油酥法（flaky method）和颗粒油酥法（mealy method）。最后，排的质量与其成形和烘烤工艺紧密相关。排有多种类型，不同种类的排，其生产工艺不同。

(1) 单皮排是指，排的底部有排皮，上部放有暴露的馅心，经过烘烤成熟。

(2) 双皮排是指，排的上部和下部都有排皮，将馅心包在排皮内，经过烘烤成熟。

(3) 非烘烤排是指，将鸡蛋、糖、抽打过的奶油、水果、干果仁等原料制成不同风味和特色的馅心，填入烤熟的冷排皮内。例如，巧克力奶油排（chocolate cream pie）、香蕉奶油排（banana cream pie）和柠檬卡斯得排（lemon custard pie）等。

(4) 水果排是指，以水果、水果汁、糖和稠化剂为馅心经烘烤制成的双皮排。例如，苹果排（apple pie）、樱桃排（cherry pie）、黑莓排（blueberry pie）等都是各式宴会常选用的品种。

(5) 卡斯得排（custard pie）也称为奶油蛋糊排，是单皮排。排皮上放抽打好的奶油与鸡蛋等原料制成的糊，糊中放入适量香料与水果汁增加味道，经烘烤成熟。卡斯得排常被自助餐宴会、休闲宴会和家庭宴会选用。

(6) 奇芬排（chiffon pie）也称为蛋白排或蛋清排，其馅心以蛋清为主要原料，加入适量的香料、水果汁、甜酒增加味道。有时也加入一些鲜奶油。同上，常被自助餐宴会、休闲宴会和家庭宴会选用。

3) 油酥面点

油酥面点（pastries）是以面粉、油脂、鸡蛋和水为主要原料经过烘烤制成的酥皮点心或油酥点心的总称。它包括各式各样小型的、装饰过的油酥甜点。其中，比较著名和传统的有拿破仑（napoleon）和长哈斗（eclair）。欧美人把这些小形的油酥点心称为法国酥点

(french pastries)。不同种类的油酥面点，其生产工艺不同。油酥面点常被自助餐宴会、冷餐会、鸡尾酒会和各种茶歇选用。

(1) 圆哈斗（puff），是以黄油或氢化植物油、水、面粉和鸡蛋为主要原料制成的空心酥脆的圆形点心，内部放入有甜味和咸味的馅心。

(2) 长哈斗（eclair），是以黄油或氢化植物油、水、面粉和鸡蛋为主要原料制成的小的长方形或椭圆形油酥点心，中间夹有抽打过的奶油，上部撒上白砂糖或涂抹的巧克力酱等。

(3) 拿破仑（napoleon），是一种多层的油酥点心，中间涂有抽打过的奶油或奶油鸡蛋糊。同上，在面点的上部撒上白砂糖作装饰。

(4) 蛋挞（tartelet），是在酥脆的单面排皮上放少量的水果或奶油鸡蛋糊等各式馅心，经烘烤。

(5) 麦科隆（macaroon），是经烘烤而成的蛋白点心。由杏仁酱、鸡蛋白、白糖和面粉为主要原料。

(6) 装饰酥点（petits fours），是各式各样造型和不同味道的小型蛋糕和饼干等。在上面常有水果或干果作装饰。

(7) 蛋白酥点（meringue），由鸡蛋白、白糖和香料为原料，经抽打制成面糊，烘烤后制成的底托，上面装有抽打过的奶油、新鲜的草莓、冰淇淋及使用巧克力酱作装饰的各种小点心。

4）布丁

布丁（pudding）是以淀粉、油脂、糖、牛奶和鸡蛋为主要原料，搅拌成糊状，经煮、蒸或烤等不同方法制成的甜点。根据布丁的制作方法，布丁可分为水煮布丁（boiled pudding）是指以牛奶、糖和香料为主要原料以玉米淀粉为稠化剂，通过煮熟，冷冻成形的甜点。烘烤布丁（baked pudding）是指以牛奶、鸡蛋、糖、香料和面包或大米为主要原料通过烘烤制成的甜点。布丁常是自助餐宴会、休闲宴会和家庭宴会和茶歇所选用的内容。

5）茶点

茶点（cookie）是由面粉、油脂、白糖或红糖、鸡蛋及调味品经过烘烤制成的各式各样扁平的饼干和凸起的小点心。它们种类繁多，口味各异，有各种形状。茶点常伴随着咖啡、茶、冰淇淋和果汁牛奶等食用。茶点的生产工艺与蛋糕很相似，主要通过合面、装盘、烘烤、冷却等程序。茶点成形技术不仅与质量紧密联系，还影响着茶点的种类与造型。茶点成形主要通过滴落法、挤压法、擀切法、成形法、冷藏法、长条法和薄片法等。不同种类的茶点，其生产工艺不同。茶点是各种茶歇首选甜点。

(1) 滴落式茶点（dropped cookie），通过滴落方法制成的茶点。

(2) 挤压式茶点（bagged cookie），将合好的面糊装入点心裱花袋中，挤压，面糊通过布带出口成为各种形状。然后，烘烤成茶点。

(3) 擀切式茶点（rolled cookie），将面团擀成厚片，用刀切成片，烘烤制成的茶点。

(4) 成形式茶点（molded cookie），将重量相等的面团放入模具成形的茶点。

(5) 冷藏式茶点（icebox cookie），将茶点面团制成圆筒形，然后在冷藏箱内存放 4~6 小时。并切成各种形状。

(6) 长条式茶点（bar cookie），烘烤后切成长条形的茶点。

(7) 薄片式茶点（sheet cookie），烘烤后切成不同形状的茶点。

本章小结

西餐常是一个笼统的概念，主要是指我国人民对欧洲和北美及大洋洲各国菜点的总称。世界著名的西餐包括法国菜、意大利菜、美国菜、英国菜、俄国菜等。此外，希腊、西班牙、葡萄牙、荷兰、德国、奥地利、澳大利亚和新西兰等各国菜点也都有自己的特色。约公元前500年，希腊已进入青铜时代，奶酪、葡萄酒、蜂蜜和橄榄油成为希腊餐饮文化的四大要素。公元前350年，古希腊的烹调技术达到了相当高的水平。当今西餐不仅作为西餐宴会的基础，而且已成为世界各国主题宴会菜单的首选内容。西餐特点是奶制品多，失去奶制品将使西餐失去特色。西餐中的畜肉以牛肉为主，然后是羊肉和猪肉。西餐常以大块食品为原料。现代西餐宴会常采用分食制。菜点以一个人的食用量为单位，每份菜点装在个人的餐盘中。同时，西餐讲究服务程序、服务方式，菜点与面包的温度、菜点与餐具的搭配等。西餐宴会对菜点的种类和个数、上菜的速度与程序有着不同的习俗或规范。这些习俗来自不同的用餐目的、不同的地区、不同的餐饮文化和不同的用餐时间等。传统欧美西餐宴会讲究每餐菜点的道数。人们在正式宴会中常食用三至四道菜。在隆重的宴会，可能食用四道菜或五道菜。

练习题

1. 名词解释

西餐、主菜、开胃菜、甜点、沙拉

2. 判断对错题

(1) 现代西餐宴会常采用分食制。菜点以一个人的食用量为单位，每份菜点装在个人的餐盘中。（　）

(2) 布丁（pudding）是以淀粉、油脂、糖、牛奶和鸡蛋为主要原料，搅拌成糊状，经煮、蒸或烤等不同方法制成的甜点。（　）

(3) 在法国，各地区都有各自特色的菜系，这些菜系是由各地区富有传统的文化和富有创新精神的厨师通过不断的努力而形成。（　）

(4) 现代西餐是根据法国菜系的传统工艺结合世界各地食品原料、现代烹饪技术等的发展及饮食文化和人们对健康饮食的需要，制成富有营养和特色，口味清淡的新派西餐菜点。（　）

(5) 现代的俄国菜系不仅指俄罗斯民族菜点，还包括俄罗斯各民族菜和附近各国和各地区的菜点。（　）

(6) 油酥面点（pastries）是以面粉、油脂、鸡蛋和水为主要原料经过烘烤制成的酥皮点心或油酥点心的总称。（　）

(7) 扒（grill），也称为烧烤或烤，是一种传统烹调方法。传说，源于古罗马人。（　）

（8）沙拉（salad）是一种冷菜，作为西餐宴会的冷开胃菜，有多个种类和分类方法。（　　）

3. 简答题

（1）简述法国菜系。

（2）简述西餐主菜主要生产工艺。

4. 论述题

（1）论述西餐的主要特点。

（2）论述面包的种类及其特点。

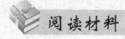

阅读材料

西餐宴会常选用的菜点

1. 开胃菜

例 1　西撒沙拉（caesar salad）（生产 25 份，每份约 100 克重）

原料：生菜 2 300 克、白面包片 340 克、橄榄油 60～120 毫升、鸡蛋黄 4 个、大蒜末 4 克、柠檬汁 180 毫升、奶酪末（parmesan cheese）60 克、细盐少许。

制法：（1）将生菜去掉老叶，洗净，用手撕成约 1 寸见方小块，放在冷藏箱内。

（2）将面包片去掉四边，放在平底锅内，烤成金黄色，待用。

（3）用搅拌机搅拌鸡蛋黄，慢慢放橄榄油，直至将鸡蛋黄搅稠，放蒜末、细盐，奶酪末和适量的柠檬汁，制成马乃司沙拉酱（mayonnaise）。

（4）上桌时，将沙拉酱与生菜轻轻地搅拌在一起，放在经过冷藏的沙拉盘上，上面放烤好的面包丁。

例 2　沃尔道夫沙拉（waldorf salad）（生产 10 份，每份重量约 90 克）

原料：带皮熟土豆 150 克、苹果 500 克、熟鸡肉 100 克、西芹 100 克、核桃仁 100 克、生菜叶 10 片、马乃司沙拉酱 200 克、鲜奶油 50 克、糖粉和胡椒粉各适量。（见图 3-13）

图 3-13　沃尔道夫沙拉

制法：（1）将土豆去皮，苹果去皮去籽并切成丁，西芹和鸡肉切成丁，放入容器内，加入 50 克核桃仁、少许胡椒粉、鲜奶油、少许糖粉、马乃司沙拉酱，轻轻搅拌均匀。

（2）上桌时，将生菜叶平摊在沙拉盘中，放入拌好的苹果沙拉，撒上核桃仁，即成。

例 3　马铃薯沙拉（potato salad）（生产 25 份，重量约 110 克）

原料：洗净的生菜叶 25 片、甜味的红色辣椒条 50 条、煮熟的带皮鸡蛋 200 克、煮熟的带皮马铃薯 3 000 克、熟火腿肉丁 200 克、芹菜丁 100 克、酸黄瓜丁 20 克、洋葱末 50 克、马乃司沙拉酱200克、法国沙拉酱120克、精盐8克、白胡椒粉8克。

制法：(1) 将生菜叶分别放入25个冷藏的沙拉盘中，每盘放一片，放在沙拉盘的中部，作底菜。

(2) 将凉马铃薯去皮，切成1厘米边长丁与法国沙拉酱、盐、胡椒粉轻轻地搅拌在一起。

(3) 将煮熟的鸡蛋去皮，切成丁。

(4) 将鸡蛋丁、火腿肉丁、芹菜丁、洋葱丁、酸黄瓜丁与搅拌好的马铃薯丁轻轻地搅拌在一起，制成马铃薯沙拉。

(5) 将马铃薯沙拉放在25个沙拉盘中，放在生菜叶的上面。

(6) 在每盘沙拉的顶部放两条红色甜辣椒，作装饰品。

例4　熏三文鱼开那批（smoked salmon canape）（生产20块）

原料：白吐司面包片5片、熏制的三文鱼片100克、鲜柠檬条20条、调味酱（奶油、奶酪和调味品搅拌而成）200克。

制法：(1) 将烤成金黄色土司片去四边，平均切成四块。

(2) 在每块面包片上，均匀地抹上调味酱。

(3) 将熏三文鱼片放在抹好调味酱的面包片上。

(4) 每两条柠檬条放在一块开那批上，作装饰品。

例5　熏三文鱼木斯开那批（smoked salmon mousse barquettes）（生产10份，每份1个）

原料：鱼原汤170克、熏三文鱼丁140克、煮熟的吉利冻（jelly）30克、抽打过的浓奶油115克、船形的脆面点底托（barquettes）10个。

制法：(1) 将熏制的三文鱼丁和鱼原汤放入食物搅拌机中，打成糊状，放吉利冻一起搅拌，放盐和胡椒粉，调味。

(2) 将三文鱼吉利糊从搅拌机取出与奶油搅拌，放入布袋中，在面点底托上挤成花型，再放入冷藏箱中使其固定。需要时，从冷藏箱内取出，放在船形的脆面点底托上。

例6　虾仁鸡尾杯（shrimps cocktail）（生产10份，每份约80克）

原料：虾仁600克、碎西芹100克、煮熟的鸡蛋黄1个、沙拉油50克、细盐和胡椒粉各少许、千岛酱（沙拉酱）150克、柠檬2个。

制法：(1) 虾仁洗净，用水煮熟，晾凉。

(2) 将少许沙拉油，细盐和胡椒粉、西芹、千岛酱（部分）与虾仁放在一切，稍加搅拌，装入10个鸡尾杯中。

(3) 将鸡蛋黄捣碎，撒在虾仁上，再浇上另一部分千岛调味酱。

(4) 杯边用一块鲜柠檬作装饰品。

例7　鸡尾海鲜（seafood cocktail）（生产10份，每份110克）

原料：去皮熟大虾（切成丁）250克、新鲜鱼丁400克、生菜（撕成片）300克、鸡尾沙司（调味酱）500毫升、煮熟的蘑菇丁80克、芹菜丁80克、柠檬角10个，柠檬汁、盐、胡椒粉各少许。

制法：(1) 把鱼丁放入浓味原汤中煮熟。捞出，放入冷水中。

(2) 把大虾丁、芹菜丁、蘑菇丁和鱼丁放入容器内，加上鸡尾沙司并轻轻搅拌在一起。

(3) 用盐、胡椒粉、柠檬汁调味。

(4) 把生菜片放在鸡尾菜的杯中，将搅拌好的海鲜和鱼丁放在生菜上，再浇上鸡尾沙司，把柠檬角放在鸡尾沙司上。

例 8 法国洋葱汤（french onion soup gratinee）（生产 24 份，每份 180 毫升）

用料：黄油 120 克、洋葱片 2.5 千克、盐和胡椒各少许、雪利酒 150 毫升、白色牛肉原汤或红色牛肉原汤 6.5 升、法国面包适量、瑞士奶酪 680 克。

制法：(1) 将黄油放在汤锅内，用小火溶化，加洋葱，煸炒至金黄色或棕色，用小火煸炒约 30 分钟，使洋葱颜色均匀，不可用旺火。

(2) 将原汤放在煸炒好的洋葱中，烧开。然后，用小火炖约 20 分钟，直至将洋葱味道全部炖出。用盐和胡椒调味，加雪利酒并保持温度。

(3) 将法国面包切成一厘米厚，根据需要每份汤可放 1~2 片。

(4) 将面包放烤箱中烤成金黄色。

(5) 将汤放在专门砂锅中，上面放面包，面包上面放切碎的奶酪，放在焗炉内，将奶酪烤成金黄色时，即可上桌。

例 9 奶油鲜蘑汤（cream of mushroom soup）（生产 24 份，每份 240 毫升）

原料：黄油 340 克、洋葱末 340 克、面粉 250 克、鲜蘑末 680 克、白色牛肉原汤或鸡肉原汤 4.5 升、奶油 750 克、热牛奶 5 升、鲜蘑丁 170 克、盐和白胡椒粉少许。

制法：(1) 将黄油放厚底沙司锅中加热，用微火使其熔化。

(2) 将洋葱末和鲜蘑末放在黄油中，用微火煸炒片刻，使其出味，不要使它们成棕色。

(3) 将面粉放调味锅中，与洋葱末、680 克鲜蘑混合，煸炒，用微火炒至浅黄色。

(4) 将白色牛肉原汤或鸡肉原汤逐渐放入炒面粉中并使用抽子不断搅拌，使原汤和面粉完全融合在一起，烧开，使汤变稠，不要将洋葱和鲜蘑煮过火。

(5) 撇去浮沫，将汤放入电碾磨中碾一下，过滤。

(6) 将热牛奶放入过滤好的汤中，使其保持一定的温度。

(7) 保持汤的热度，不要将它煮沸，用盐和白胡椒粉调味。营业前将奶油放在汤中，搅拌均匀。

(8) 用原汤将 170 克鲜蘑丁略煮后放在汤中，作装饰品。

2. 主菜

例 1 扒牛排马德拉沙司（grilled sirloin steak with madeira sauce）（按人数生产，每份约 170 克牛肉）

原料：西冷牛排（sirloin steak）数块（根据需要），每块约 170 克，植物油、马德拉沙司（madeira sauce，由棕色沙司、马德拉葡萄酒与调味品制成）、棕色沙司，淀粉类原料（米饭，或炸薯条）和蔬菜配菜。

制法：(1) 修剪牛排，将牛排放入植物油的容器中。然后，沥去多余的油。

(2) 将牛排放在预热的扒炉上，当牛排约有四分之一的成熟度时，将牛排调整角度，使牛排的外观烙上菱形的烙印（约调整 60 度角）。

(3) 当牛排半熟时，将牛排翻面，扒牛排的另一面，直至全部扒熟。

(4) 将牛排放在热的主菜盘中，放上淀粉类配菜（米饭、炸薯条）和蔬菜配菜。上桌时，将马德拉沙司放在沙司容器中，与牛排一起上桌。

例2　布鲁塞尔红烩牛排（beef steak bruxelloise）（生产10份，每份150克）

原料：嫩牛肉1.5千克、洋葱丁100克、西芹丁50克、胡萝卜丁50克、煮熟的胡萝卜块100克、煮熟白萝卜块100克、小卷心菜100克、煮熟的青豆50克、植物油100克、红葡萄酒100克、香叶1片、番茄酱50克、油面酱（roux，面粉与黄油煸炒而成）50克、盐和胡椒粉及辣酱油各少许。

制法：(1) 将牛肉切成10块，用木槌拍松，撒上盐和胡椒粉，用油煎成金黄色，放入烩肉锅中。

(2) 将平底锅烧热，放植物油，放洋葱丁、西芹丁、胡萝卜丁、香叶，煸炒成金黄色，放番茄酱，进行煸炒，倒入牛肉锅内，加适量的清水、少许辣酱油。煮沸后，盖上锅盖，用低温炖2小时，直至牛肉酥烂，取出待用。将牛肉锅中的原汁与油面酱均匀的混合在一起，用盐和胡椒粉调味，制成调味汁。

(3) 将炖好的牛肉放在调味汁中，加入胡萝卜块、白萝卜块、小卷心菜、炖5分钟。上桌时，将每餐盘放一块牛肉，放一些蔬菜和煮熟的青豆作配菜，上面浇上一些调味汁。

例3　扒茴香鸡脯（grilled chicken breast with fennel）（生产10份，每份约110克）

用料：去皮鸡脯肉10个（每个约110克）、大蒜瓣6个、新鲜茴香100克、小洋葱50克、橄榄油、黄油各适量，法国茴香酒、盐、胡椒粉，压碎的茴香籽等少许。

制法：(1) 将大蒜和小洋葱切碎。

(2) 橄榄油、蒜末、茴香籽、盐和胡椒粉搅拌在一起。

(3) 将鸡胸脯肉整理好，用木槌拍松，放在橄榄油中，腌渍片刻。

(4) 将腌好的鸡胸脯肉放在扒炉上烤，边烤边浇些橄榄油。

(5) 将法国茴香油、盐和胡椒粉兑成汁，浇在餐盘上，上面摆放扒好的鸡胸脯肉。

(6) 将鲜茴香煸炒后，摆在鸡胸脯肉上做装饰品。

例4　白酒沙司比目鱼（sole vin blanc）（生产10份，每份110克）

用料：去皮比目鱼1 100克、黄油50克、小洋葱末50克、白葡萄酒60克、奶油100克、鱼汤适量，柠檬汁、食盐和白胡椒粉各少许。

制法：(1) 将去皮比目鱼肉，纵向切成条，宽度约为1英寸。

(2) 将小洋葱末和黄油放入平底锅，稍加煸炒；将鱼叠成卷形，放入锅内，放白葡萄酒和鱼汤，鱼汤高度应超过鱼的高度为宜。

(3) 取一张烹调纸，抹黄油，剪成圆形与平底锅尺寸相同，抹油的一面朝下，作锅盖。

(4) 将锅放在西餐灶上，炉温200 ℃，将汤烧开后，用小火炖6分钟。

(5) 将鱼汤倒入另一锅，再用大火将鱼汤煮浓，大约减少四分之一后，加奶油，再煮沸片刻使其减少水分，放入盐、白胡椒粉和柠檬汁，制成白酒沙司。

(6) 上桌前，将烹制好的鱼摆在主餐盘上，浇上沙司，配上米饭和蔬菜。

例 5　焗龙虾（broiled lobster）（生产 2 份，每份半个龙虾）

原料：活龙虾 1 只（约 500 克）、熔化的黄油 60 克、面包屑 30 克、冬葱（shallot）末 15 克，香菜末、食盐、胡椒各少许、柠檬 2 块。

制法：（1）将活龙虾由头至尾纵向切成两半，去掉虾内脏和黑线，肝脏洗净，切成碎末。

（2）将洋葱放在黄油中煸炒成嫩熟，放入龙虾肝，煸炒成熟。

（3）把面包屑放入黄油中煎成浅褐色，然后取出，加入香菜末，用盐和胡椒粉调味。

（4）把龙虾放在平底锅中，皮朝下，将面包屑放入龙虾的体腔内，注意不要放在虾的尾部，在虾尾部刷上溶化的黄油。

（5）把虾腿放在腹腔的填料上，将尾部向下弯，防止虾尾烤干。

（6）把龙虾放在焗炉中，距焗炉上部的热源约 15 厘米，直至龙虾上面的面包屑全部变成浅褐色。

（7）此时，龙虾并没完全成熟，需要把放有龙虾的烤盘放到烤炉里，直至烤熟为止。

（8）当龙虾熟透，从烤炉中取出，放在 2 个餐盘上。每个餐盘放一小杯熔化的黄油，盘中放两块柠檬角作装饰品，配上淀粉类食品及蔬菜。

3. 面包与甜点

例 1　法国面包（french bread）（见图 3-14）

原料：面包粉 1 500 克、水 870 克、酵母 45 克、盐 30 克。

制法：（1）使用直接法合面，先将酵母用温水浸泡，加面粉和水，搅拌 3 分钟，休息 2 分钟后，再搅拌 3 分钟，使用中等速度。

（2）在 27 ℃的发酵箱内发酵 1.5 小时，用手压发酵的面团，再发酵 1 个小时。

（3）将面团揉搓，分成面坯（法国面包重量为 340 克）（圆面包为 500 克）（小面包为 450 克，揉搓团面后，再分成 10~12 个小面坯）。

（4）炉温 200 ℃，前 10 分钟使用蒸汽，然后关掉蒸汽，继续烘烤，直至成熟。

图 3-14　法国面包

例 2　软质面包（soft roll）

原料：面包粉 1 300 克、水 600 克、酵母 60 克、盐 30 克、白糖 120 克、低脂奶粉 60 克、氢化植物油 60 克、黄油 60 克、鸡蛋 120 克。

制法：（1）使用直接法合成面团，用中等速度，10~12 分钟。

（2）在 27 ℃的发酵箱内发酵 1.5 小时。

（3）将和好的面分为 500 克的面团，用手团面，醒发，分成 12 个面团。

（4）炉温 200 ℃，烘烤成熟。

例 3　巧克力黄油蛋糕（chocolate butter cake）

原料：黄油 500 克、白糖 1 000 克、细盐 10 克、熔化的淡味巧克力 250 克、鸡蛋 250

克、蛋糕粉750克、发粉30克、牛奶500克、香草精10毫升。

制法：(1) 将白糖和油脂混合均匀后，再放巧克力，然后与面粉及以上原料搅拌。

(2) 将和好的面分为500克重的面团，放入6厘米×9厘米×20厘米的烤盘内。

(3) 烤炉的温度调至180℃，约烤30分钟，直至烤熟。

例4　新鲜草莓排（fresh strawberry pie）

原料：新鲜草莓4千克、冷水500克、白糖780克、玉米淀粉110克、柠檬汁60毫升、细盐5克（见图3-15）。

制法：(1) 将草莓洗净，用布巾吸干外部水分。

(2) 将900克草莓搅拌成泥，与水混合在一起，放白糖、淀粉和盐，搅拌均匀，煮沸，冷却直至变稠，放柠檬汁，搅拌均匀，冷却。

(3) 将其余的草莓切成两半或四半（根据大小）。

(4) 将制作好的馅心填入凉的熟制排皮内，冷藏（不要烘烤）。

图3-15　新鲜草莓奶油排

例5　巧克力布丁（chocolate pudding）（生产10份，每份120克）

原料：可可粉30克、黄油150克、白糖300克、牛奶400克、鸡蛋5个、面粉200克、玉米粉40克、香草粉和发粉各少许。

制法：(1) 将面粉、可可粉过筛，加白糖200克、牛奶160克、蛋黄3个、发粉和软化的黄油搅拌，合成面糊。

(2) 用抽子将5个蛋清抽起后，与面糊混合均匀，装入布丁模具里装八成满，上锅约蒸30分钟，取出。

(3) 将其余的牛奶，白糖在锅内烧开后，放玉米粉、香草粉、蛋黄2个（用冷水搅拌好），上火煮沸，制成奶油鸡蛋汁。

(4) 上桌前，将布丁放杯内，浇上奶油鸡蛋汁。

参考文献

[1] 王觉非．近代英国史［M］．南京：南京大学出版社，1997.
[2] 王锦瑭．美国社会文化［M］．武汉：武汉大学出版社，1996.
[3] 勃利格斯．英国社会史［M］．北京：中国人民大学出版社，1991.
[4] 刘祖熙．斯拉夫文化［M］．杭州：浙江人民出版社，1993.
[5] 张泽乾．法国文化史［M］．武汉：长江人民出版社，1987.
[6] 黄绍湘．美国史纲［M］．重庆：重庆出版社，1987.
[7] 王天佑．西餐概论．［M］．5版．北京：旅游教育出版社，2017.
[8] 邱礼平．食品原料质量控制与管理．北京：化学工业出版社，2009.

[9] 刘雄．食品质量与安全［M］．北京：化学工业出版社，2009.
[10] 魏益民．食品安全学导论［M］．北京：科学出版社，2009.
[11] MCSWANE D. 食品安全与卫生基础［M］．吴勇宁，译．北京：化学工业出版社，2006.
[12] SPLAVER B. Successful catering［M］. New York：Van Nostrand Rinhold，1991.
[13] BOCUSE P. The new professional che［M］. New York：Van Nostrand Reinhold，1991.
[14] PAULI E. Classical cooking the modern way. New York：Van Nostrand Reinhold，1989.
[15] MONTAGNE P. The encyclopedia of food，wine & cookery［M］. New York：Crown Publishers，1961.
[16] PARASECOLI F. Food culture in Italy［M］. London：Greenwood Publishing Croup Inc.，2004.
[17] MASON L. Food culture in great britain［M］. London：Greenwood Publishing Croup Inc.，2004.
[18] PARKE P J. Foods of france［M］. Farmington Hills：Thomson Learning Inc.，2006.
[19] WALTON S. The complete guide to cocktails and drinks［M］. London：Anness Publishing Ltd.，2003.
[20] HERNINGWAY M. Mariel' s kitchen［M］. New York：Harper Collins Publishing，2009.
[21] KOTAS R，JAYAWARDENAC. Food & beverage managemen［M］. London：Hodder & Stoughton，2004.
[22] WALKEN G R. The restaurant from concept to operation［M］. 5th ed. New Jersey：John wiley & Sons，Inc.，2008.
[23] BARROWS C W. Introduction to management in the hospitality industry［M］. 9th ed. New Jersey：John & Sons Inc.，2009.
[24] KATZ S H. Encyclopedia of food and culture［M］. New York：Charls Scriner' s Sons，2007.
[25] MEETHAN K. Tasting tourism：travelling for food and drink［M］. England：Ashgate Publishing Limited，2003.
[26] VICKERY K. Food in early Greece. Illinois studies in the social sciences，vol. 20：1934-36.［M］. Illinois：University of Illinois Press，1936.
[27] HARVEY L J. Larousse gastronomigue. New York：Crown Publishers，Inc.，1995.
[28] HAMLYN P. arousse gastronomigue［M］. London：Hamlyn Publishing Group Limited，1989.
[29] MEAD W E. The English medieval feast［M］. London：George Allen & Unwin，1931.
[30] MASON L. Food culture in great britain［M］. Westport C T，Greenwood Press，2004.
[31] PITTLE J R. French gastronomy：the history and geography of a passion［M］. New York：Columbia University Press，2002.

第 4 章 宴会与酒水

本章导读

酒是人们熟悉的含有乙醇的饮料，是宴会常用的饮品。不同种类的酒和饮料，其特点和风格不同。根据国际宴会习惯，通常将葡萄酒作为首选用酒。同时，不同的宴会主题，不同的规模和不同的目的宴会用酒还包括餐前酒、餐后酒、鸡尾酒、配制酒、烈性酒和啤酒等。水是非酒精饮料的总称，包括矿泉水、纯净水、果汁、碳酸饮料、茶和咖啡等。通过本章学习，可了解宴会常用的酒水及其特点，掌握葡萄酒、烈性酒和配制酒的种类和特点及其在宴会中的作用。

4.1 酒水概述

4.1.1 酒水含义与功能

酒水是宴会不可缺少的饮品。其中，酒是人们熟悉的含有乙醇的饮料，水是指非酒精饮料，即不含乙醇的饮料。这种饮料简称软饮料。然而，当非酒精饮料加入乙醇后便成为酒。例如，爱尔兰咖啡（Irish coffee）（见图 4-1）是含有威士忌酒的咖啡。

图 4-1 制作中的爱尔兰咖啡

根据国际宴会习惯，通常将葡萄酒作为首选用酒。同时，不同的宴会主题、不同的规模和不同的目的，宴会用酒还包括餐前酒、餐后酒、鸡尾酒、配制酒、烈性酒和啤酒等。例如，在鸡尾酒会中鸡尾酒和葡萄酒是主要的饮用酒。在国内的一些婚宴中，特别是北方的婚宴，中国白酒（烈性酒）是常用酒。啤酒常用于非正式宴会或休闲宴会。一些高规格的西餐宴会，根据习俗和需要会准备一些餐后酒。根据研究，适度地饮用葡萄酒不仅对身体健康无害，还可降低血压，帮助消化。在宴会中，酒常作为一种媒介，起着一定的交际和沟通的作用，而过量地饮酒会引发多种疾病，包括酒精中毒、胃出血、脑出血、胃溃疡、心脏病、肝病、视力模糊、智力迟钝、判断力下降和记忆力减退等。

水是非酒精饮料的总称，包括矿泉水、纯净水、果汁、碳酸饮料、茶和咖啡等。水在宴会中可以解渴，利于代谢物的排出。宴会中，人们饮用少量的新鲜果汁可以助消化、润肠、补充膳食中的营养成分。茶含有丰富的维生素和矿物质，适量的饮茶有益于身体健康。宴会中，饮用咖啡可使人精神振奋，易于交流。当然，过多的饮用咖啡会导致失眠。

4.1.2 酒的成分与酒精度

酒是人们熟悉的含有乙醇（ethyl alcohol）的饮料，是多种化学成分的混合物。其中乙醇是主要成分。乙醇在常温下呈液态、无色透明、易燃、易挥发，沸点与汽化点是 78.3 ℃，冰点为-114 ℃，溶于水。细菌在乙醇内不易繁殖。乙醇的分子式是 $CH_3—CH_2—OH$，分子量为46。在酿酒工业中，乙醇主要由葡萄糖转化而成。葡萄糖转化成乙醇的化学反应式为 $C_6H_{12}O_6 \rightarrow 2CH_3CH_2OH + 2CO_2$。此外，还包括水和酸、酯、醛和醇等。尽管这些物质在酒中含量较低。但是，它们决定了酒的质量和特色。

酒精度是指乙醇在酒中的含量。通常在 20 ℃条件下，每 100 毫升饮料中含有乙醇的毫升数，称作国际标准酒精度（Alcohol% by volume)。这一标准源于法国化学家盖·吕萨克（Gay Lusaka）的研究成果。因此，也称为盖·吕萨克酒度（GL)，用%（V/V）表示。例如，12%（V/V）表示在 100 mL 酒液中含有 12 mL 的乙醇。

4.1.3 酒的种类与特点

在宴会中，酒有多种分类方法。这些分类方法包括制作工艺分类法、酒精度分类法、酒的特色和酒的功能分类法等。

1. 根据酒精度分类

根据酒精度分类，酒可分为低度酒、中度酒和高度酒。低度酒的酒精度在 15 度及以下。由于酒来源于原料中的糖与酵母的化学反应。发酵酒的酒精度，通常不会超过 15 度。例如，葡萄酒的酒精度约为 12 度，啤酒的酒精度约为 4.5 度。通常，人们将酒精度在 16 度至 37 度间的酒称为中度酒。这种酒常由葡萄酒加少量蒸馏酒调制而成。高度酒也称为烈性酒，是指酒精度高于 38 度的蒸馏酒，包括 38 度。不同国家和地区对酒中的酒精度有不同的认识。我国将 38 度以下，包括 38 度的酒称为低度酒，而有些国家将 20 度以上的酒，包括 20 度的酒，称为烈性酒。

2. 根据酒颜色分类

根据酒颜色分类，酒可分为白酒和色酒，白酒是指无色透明的酒。例如，五粮液酒、伏特加酒等。色酒是指带有颜色的酒。例如，红葡萄酒、竹叶青酒等。

3. 根据酒的原料分类

根据酒的原料分类，酒可分为水果酒、粮食酒、植物酒等。水果酒是指以水果为原料，经过发酵、蒸馏或配制而成的酒。例如，葡萄酒、白兰地酒、味美思酒等。粮食酒是以谷物为原料，经过发酵或蒸馏制成的酒。例如，啤酒、米酒、威士忌酒、中国白酒等。植物酒是以植物为原料，经过发酵或蒸馏制成的酒。例如，特吉拉酒（tequila）。这种酒以植物龙舌兰为原料制成。

4. 根据酒的生产工艺分类

根据酒的生产工艺分类，酒可分为发酵酒、蒸馏酒和配制酒。发酵酒是指以发酵水果或谷物制成的酒。例如，葡萄酒、啤酒和米酒。蒸馏酒是通过蒸馏方法制成的酒称为蒸馏酒。其特点是酒精度高，常在38度及以上。例如，白兰地酒（brandy）、威士忌酒（whisky）、伏特加酒（vodka）和中国白酒等。配制酒是酒厂根据市场需求将蒸馏酒或发酵酒与香料、果汁等勾兑制成的混合酒。例如，味美思酒（vermouth）和雪利酒（sherry）。鸡尾酒（cocktail）是在宴会、酒吧或餐厅配制成的酒。但是，由于这种酒是以多种酒、饮料和配料制成，因此，也属于配制酒。

5. 根据酒的功能分类

根据酒在宴会中的功能，酒可分为开胃酒、餐酒、甜点酒和餐后酒。开胃酒也称作餐前酒，是指在吃宴会主菜前饮用的酒。餐酒是指食用宴会主菜时饮用的酒。实际上，是指葡萄酒。甜点酒是指吃宴会甜点时饮用的酒。餐后酒也称作利口酒（liqueur），是指食用甜点后饮用的酒。其功能是去除口中的异味，有帮助消化的作用。一般而言，国际宴会常饮用两种餐酒，即白葡萄酒和红葡萄酒。高规格的宴会，特别关注和突出宴会文化，其中包括酒水文化。因此，葡萄酒的年份和产地、葡萄酒的服务程序和方法、葡萄酒与菜点之间的搭配都是宴会文化的重要内涵。

6. 根据酒的产地分类

许多相同类别的酒，由于出产地不同、制酒原料不同、生产工艺和勾兑方法不同。因此酒的特点和酒质也不同。例如，法国味美思酒（French vermouth）以干味而著称，有坚果香味。意大利味美思酒（Italian vermouth）以甜味和独特的清香味及苦味而著称。苏格兰产威士忌酒（Scotch whisky）有500年历史，味焦香，给人以浓厚的苏格兰乡土气息。波旁威士忌酒（Bourbon whiskey）以玉米为主要原料，配大麦芽和稞麦，有明显的焦黑木桶香味。干邑白兰地酒（cognac）以法国夏特朗地区葡萄园的干葡萄酒为原料，经两次蒸馏并在橡木桶中长期熟化，通过勾兑成为口味和谐的白兰地酒。法国亚马涅克白兰地酒（armagnac）以酒味浓烈，具有田园风味而闻名于世界。

4.1.4 非酒精饮料种类与特点

综上所述，非酒精饮料是指包括矿泉水、纯净水、茶、咖啡、可可、果汁、碳酸饮料等宴会常用且不含乙醇的饮料。其中，可分为两大类：热饮品和冷饮品。宴会中的热饮品主要包括茶和咖啡；而冷饮品主要包括果汁、矿泉水和碳酸饮料。近年来，在我国一些地区的宴会中，出现了杂粮热饮。例如，薏米南瓜汁、玉米汁、百合莲子红豆汁等。其特点是维生素含量较高。

1. 茶水

茶水是以茶叶为原料，经沸水泡制而成的饮料。茶水含有一定的维生素和矿物质，有益于身体健康。其功效主要是清热、消暑、助消化、降血脂等。茶水作为饮品起源于唐朝，兴旺在宋代。如今，茶水与咖啡和可可成为世界三大饮品。目前，茶水用于宴会已遍及全世界。中国是最早发现和利用茶树的国家，被称为茶的国家。秦汉时期，就有饮用茶水的记载。公元前2世纪，西汉司马相如在《凡将篇》中就提到了茶。东汉末年、三国时期的医学家华佗，在《食论》中提出了茶叶的药力功效。明代制茶工艺不断创新。公元8世纪，陆羽编写了世界上第一部关于茶叶的专著——《茶经》。17世纪初茶叶传入欧洲各国。19世纪30年代印度阿萨姆帮（Assam）大量种植茶，出口英国，赚取外汇。

2. 咖啡

咖啡（coffee）是西餐宴会、自助餐宴会和商务宴会中经常饮用的非酒精饮料，是指以咖啡果实为原料，经烘焙，研磨或提炼并经水煮或冲泡而成的饮品。咖啡树属热带作物，是一种常绿的灌木或小乔木，从栽种到结果需要3年时间，以后每年结果1至3次（见图4-2）。咖啡豆是咖啡树的果实。咖啡果实中含有蛋白质12.6%，脂肪16%、糖类46.7%并有少量的钙、磷、钠、维生素B2和咖啡因等。咖啡具有使人精神振奋，扩张支气管，改善血液循环并帮助消化的功能。但是，饮用过多的咖啡可导致失眠，使人容易发怒和心律不齐。咖啡的起源至今没有确切的考证。传说约在公元850年，咖啡首先被一位牧羊人——凯尔迪（Kaldi）发现。当他发现羊吃了一种灌木的果实变得活泼时，他品尝了那些果实，觉得浑身充满了活力。他把这个消息报告了当地的寺院，寺院僧侣们经试验后，将这种植物制成提神饮料。另一种传说，一位称为奥马尔（Omar）的阿拉伯人与他的同伴在流放中，发现了一种无名的植物，他们摘取了树上的果实，用水煮熟充饥，挽救了他们的生命，并将这种神奇的植物和果实称为莫卡（Mocha）。根据历史资料，公元1000年前非洲东部埃塞俄比亚的盖拉族人（Galla）将碾碎的咖啡豆与动物油搅拌在一起，作为提神食物。1453年咖啡被土耳其商人带回本国西部的港口城市——君士坦丁堡（Constantinople）并开设了世界上第一家咖啡店。1600年意大利商人将咖啡带到自己的国家并在1645年开设了咖啡厅。1690年随着咖啡不断从也门港口城市莫卡（Mocha）贩运到各国，荷兰人首先在锡兰（Ceylon）和爪哇岛（Java）种植咖啡。当时的锡兰是现在的斯里兰卡，爪哇岛是现在印度尼西亚的一个岛屿，面积近14万平方千米。1700年伦敦已有约2 000家咖啡店。1721年德国柏林市出现了咖啡店。1668年美国人的早餐由啤酒转化为咖啡并在1773年将咖啡正式列入人们日常的饮料。19世纪人们经过多次对咖啡蒸煮方法进行研究，并开发了用蒸汽加压法（Espresso）冲泡咖啡。1886年由美国食品批发商吉尔奇克（Joel Cheek）将本企业配制的混合咖啡称为麦氏咖啡（Maxwell House）进行销售。近年来，根据统计数据，世界每年约消费6亿杯咖啡。

图4-2　咖啡树

3. 矿泉水

矿泉水是含有一定量矿物质和某些有益健康的微量元素与气体成分的地下水，是各种宴会常用的饮品。矿泉水是在天然的条件下，由大气降水渗入到地下深处后，长期与岩层发生相互作用而成。人类饮用矿泉水已经有几百年的历史。19世纪初法国已有了矿泉水质量标准并在1863年生产出第一瓶矿泉水。20世纪30年代，矿泉水作为饮品已被世界各国重视。在宴会中，矿泉水常冷藏后饮用，服务时将矿泉水倒入高脚水杯（Goblet）或平底水杯中，不加冰块，饮用。在征求顾客的同意后，可将1片柠檬放入水中。

4. 果汁

果汁是以新鲜水果为原料制作的饮品，含有丰富的维生素C和各种营养素。果汁包括纯果汁和果汁饮料两大类。纯果汁是以新鲜成熟的水果直接榨出的果汁，是各种宴会首选饮料。例如，西瓜汁和橙汁等。果汁饮料是含有6%至30%的天然果汁或果浆的饮品。例如，芒果汁、菠萝汁、鲜荔汁和苹果汁等。在宴会中，饮用果汁时，应注意保持新鲜，冷藏保存，最佳饮用温度为10 ℃。服务时将果汁斟倒在高脚杯中，不放冰块，以免影响其味道。近年来，纯果汁受到宴会的青睐。

5. 碳酸饮料

碳酸饮料指人们常说的汽水，即含有二氧化碳的饮料。碳酸饮料主要的成分是水、糖、柠檬酸、小苏打及香精等。碳酸饮料所含有的营养成分除了蔗糖外，还有极其微量的矿物质，其主要的作用是为人们提供水分和清凉作用。近年来，碳酸饮料在宴会的销售中逐年下降。主要的问题是，饮用过多的碳酸饮料会造成胃液功能下降，降低消化能力和肠胃杀菌能力。

4.2 葡萄酒

4.2.1 葡萄酒含义

葡萄酒也称作餐酒，是国际各种宴会首选的酒。葡萄酒是以葡萄为主要原料，加入酵母、添加剂（糖）和二氧化硫，经破碎、发酵、熟化、添桶、澄清等程序制成的发酵酒。酒中乙醇含量较低，约含有9%~12.5%的乙醇。此外，以葡萄酒为主要原料，加入少量白兰地酒或食用酒精配制的酒也常称为葡萄酒。在欧洲、大洋洲和北美各国，葡萄酒主要用于宴会与平日佐餐。目前，一些具有明显特色的葡萄酒还作为宴会的开胃酒或甜点酒。著名的葡萄酒生产国有法国、德国、意大利、美国、西班牙、葡萄牙和澳大利亚等。

4.2.2 葡萄酒历史与发展

根据记载，公元前3000年古埃及人已开始制作葡萄酒。从埃及金字塔壁画中采摘葡萄和酿酒图案可以得到证实。希腊是欧洲最早种植葡萄并酿造葡萄酒的国家。后来，在尼罗河三角洲航海的人们将葡萄种植技术和葡萄酒酿造技术带回各自的国家并逐渐向各地传开。那时，葡萄酒的制作工艺非常简单和粗糙，酒液在敞开的瓦罐中发酵和存放。为了增加酒的味道，人们还在葡萄液中加入草药，这种工艺持续了约100年。公元前1000年，希腊的葡萄种植面积不断扩大，他们不仅在本国土地种植葡萄，还扩大到殖民地的西西里岛和意大利南部地区。公元前6世纪希腊人把小亚细亚的葡萄通过马赛港传入高卢并将葡萄栽培技术和葡萄酒酿造技术传给高卢人。古罗马人从希腊人那里学会了葡萄栽培和葡萄酒酿造技术后，很快在意大利半岛全面推广。随着罗马帝国的扩张，葡萄栽培和葡萄酒酿造技术迅速传遍西班牙、北非及德国莱茵河流域。公元400年法国的波尔多（Bordeaux）（见图4-3）、罗讷（Rhone）、罗华河（Loire）、伯根第（Burgundy）和香槟（Champagne）等地区及德国的莱茵河（Rhine）和莫泽尔（Moselle）等地区种植了大量的葡萄并生产葡萄酒。中世纪，英国南部普遍酿造葡萄酒。16世纪初，葡萄栽培技术和葡萄酒酿造技术传入南非、澳大利亚、新西兰、日本、朝鲜和美洲。1861 年美国从欧洲引入葡萄苗木 20 万株，在加州建立了葡萄园。

图 4-3 波尔多地区葡萄园

4.2.3 葡萄酒名称

葡萄酒的名称常来自 4 个方面：葡萄名、地名、公司名和商标名。许多著名的葡萄酒，在葡萄酒标签上既有商标名，又有出产地名和葡萄名以增加本企业生产的葡萄酒的知名度。同时，由于许多酿酒公司常用同一种葡萄生产同一类型葡萄酒及许多公司在同一著名地区生产葡萄酒等原因，一些葡萄酒以厂商名作为葡萄酒名或者以商标名作为葡萄酒名以利于顾客识别。

1. 以葡萄名命名

许多葡萄酒以著名的葡萄名称命名，这种命名方法有利于突出和区别葡萄酒的级别和特色。例如，赤霞珠（Cabernet Sauvignon）（见图 4-4）、甘美（Gamay）和黑比诺（Pinot Noir）等都是以著名的葡萄名称命名的葡萄酒。

图 4-4 赤霞珠葡萄

2. 以地区名命名

一些著名的葡萄酒都是以著名的葡萄酒产地名称命名。例如，法国著名的葡萄酒生产区波尔多（Bordeaux）、莎白丽（Chablis）、伯根第（Burgundy）、美铎（Medoc）、香槟（Champagne）等。根据市场，以著名产地命名的葡萄酒都基本上是高质量及具有特色的葡萄酒。

3. 以商标名命名

一些酒商以各种不同的葡萄为原料生产的葡萄酒或为了迎合顾客口味而创立了人们青睐的品牌。例如，芳色丽高（Fonset Lacour）、派特嘉（Partager）、白王子（Prince Blanc 和长城等。这种命名方式使顾客容易辨认，有利于葡萄酒的销售。通常，这些品牌来自葡萄酒生产地的历史背景、生活习俗、著名地点或人物等。

4. 以酿酒公司名命名

一些酒商酿酒技术高，酒的质量稳定或酒商有悠久的历史并在市场中有较高的信誉，在此背景下，企业将其名称作为葡萄酒的品牌。这种命名方法的目的是扩大企业的知名度，使人们更加了解其产品的特色和增加对产品的信任度。例如，法国 B&G 葡萄酒、美国保美神（Pall Masson）葡萄酒、中国王朝葡萄酒和张裕葡萄酒等。

4.2.4 葡萄酒级别

世界各国为了保证本国葡萄酒的质量和特色，各自制定了本国葡萄酒的鉴定级别和质量标准。其中，在葡萄酒级别方面知名度较高的有法国葡萄酒级别、意大利葡萄酒级别和德国葡萄酒级别等。

1. 法国葡萄酒级别

法国将葡萄酒分为4个等级，包括原产地名称监制葡萄酒（Appellation Contrô lée）、地方优质葡萄酒（VDQS）、风味葡萄酒（Vin de Pays）、普通葡萄酒（Vin de Table）。其中，原产地名称监制葡萄酒产于法国著名的葡萄酒产地，这些产地有悠久的历史，有世界范围的知名度。这种酒简称AOC或AC葡萄酒。地方优质葡萄酒产于法国优质的葡萄酒生产区。这些产区保持了传统的生产工艺和优良的产品质量。有时，酒液中勾兑了部分其他地方生产的葡萄酒。风味葡萄酒不在传统葡萄酒生产地生产。通常是新开发的葡萄酒生产地。这些酒区的酒质比较好，有本地区的特色。普通葡萄酒常以商标名出售，原料来自不同地区或不同品种的葡萄或葡萄液。然而，根据规定，至少含有14%以上的法国葡萄原浆，酒精含量不低于8.5度，不高于15度。

2. 意大利葡萄酒级别

意大利政府从20世纪50年代根据葡萄酒产地、气候与其他一些自然条件、历史文化和质量指标，对整个国家生产的葡萄酒授予不同的级别，包括原产地监制及质量保证酒（Denominazione di Origine Controllata e Garantita）、原产地监制酒（Denominazione di Origine Controllata）、优质葡萄酒（Indicazione Geografica Tipica）和普通葡萄酒（Vino Da Tavola）等4个级别。其中，原产地监制及质量保证酒在意大利著名葡萄酒生产区生产，有悠久的历史并在世界范围有知名度，在意大利只有少数葡萄酒符合该级别。原产地监制酒是意大利著名酒区生产的葡萄酒，是意大利国家的优质酒。该酒由著名的葡萄酒产区生产。优质葡萄酒以优质葡萄为原料，用传统工艺生产，是意大利乡土风味的葡萄酒。普通葡萄酒可在意大利任何地方生产。

3. 德国葡萄酒级别

德国生产葡萄酒有悠久的历史。德国将葡萄酒分为著名产地葡萄酒（Qualitatswein mit pradikat）、优质地区葡萄酒（Qualitatswein）（见图4-5）、指定地区葡萄酒（Landwein）和普通葡萄酒（Tafelwein）等4个级别。著名产地葡萄酒产于德国著名的酒区。这些酒区有悠久的历史，生产德国最高级别的葡萄酒。这种葡萄酒有浓郁的果香和适宜的酸度，以好的收成年和熟透的葡萄为原料。优质地区葡萄酒在政府规定的优质产区生产并以当地栽培的优质葡萄为原料。酒的质量和特色是干爽，有果香味。指定地区葡萄酒在政府指定的地区生产，以规定的葡萄园的著名品种葡萄为原料。普通葡萄酒可在德国各地生产，酒精度不低于8.5度，可用德国各地葡萄酒勾兑而成。其中，著名产地葡萄酒根据酒的甜度还细分为以下几类。

图4-5 德国优质地区葡萄酒标签

（1）普通葡萄酒（Kabinet），以成熟初期葡萄为原料酿制的葡萄酒，酒味清盈干爽。

（2）迟摘葡萄酒（Spatlese），以迟摘葡萄为原料酿制的葡萄酒，酒味芳香而甜蜜。

（3）成熟葡萄酒（Auslese），以非常成熟的葡萄为原料酿制的葡萄酒，酒味浓郁香甜。

（4）精选颗粒葡萄酒（Beerenauslese），以精选颗粒葡萄为原料酿制的葡萄酒，颜色深，味道香醇，甜味浓，产量少，价格高。

（5）精选干颗粒葡萄酒（Trockenbeerenauslese），以一粒粒精选的，失去部分水分的葡萄为原料酿制的葡萄酒。酒液金黄色，味甜似蜂蜜，醇香，价格高。

（6）冰葡萄酒（Eiswein），以寒冷早冬摘取的葡萄为原料酿制的葡萄酒，酒味醇厚香甜。

4.2.5 葡萄酒种类

葡萄酒可以分为普通葡萄酒、葡萄汽酒、加强葡萄酒和加味葡萄酒。普通葡萄酒是宴会常用的葡萄酒，而葡萄汽酒、加强葡萄酒和加味葡萄酒常根据宴会主题、宴会消费习惯而定。

1. 普通葡萄酒

1）白葡萄酒

白葡萄酒（white wine）是指浅金黄色或无色的葡萄酒，常以白葡萄为主要原料，经破碎葡萄，分离葡萄汁与皮渣，发酵和熟化而成。白葡萄酒在宴会中主要配以浅色菜肴饮用。白葡萄酒还常作为宴会的餐前酒。

2）红葡萄酒

红葡萄酒（red wind）是以红色或紫色葡萄为主要原料，经发酵后，酒与皮渣分离，酒液呈红宝石色的葡萄酒。优质的红葡萄酒经发酵后，要放入橡木桶熟化。熟化过程对酒的风味产生很大的影响。传统意大利红葡萄酒（Barolo）使用大木桶熟化，减少了葡萄酒氧化的机会，保持了葡萄酒的特色和风味。红葡萄酒在宴会中常与深红色畜肉及以鸡腿为原料的菜肴搭配。鸡腿菜肴虽然表面是浅颜色，但是鸡腿内部是深颜色的并有腥味。根据实践，欧美人认为，鸡腿属于深红色的肉类范围。

3）桃红葡萄酒（rose wine）

桃红葡萄酒，其颜色为淡红色或橘红色。其生产工艺通常将红葡萄液与白葡萄液混合发酵而成。桃红葡萄酒的功能与白葡萄酒相同。

图 4-6 熟化中的香槟酒

2. 葡萄汽酒

葡萄汽酒（Sparkling wine）也称为气泡葡萄酒。这种酒开瓶后会发生气泡。因此，称为葡萄汽酒。葡萄汽酒又可分为加气葡萄酒（sparkling wine）和香槟酒（champagne）（见图4-6）。加汽葡萄酒是将二氧化碳以人工方法加入葡萄酒。香槟酒是以地区名命名的葡萄汽酒。这种酒通过自然发酵方法制成。葡萄汽酒常作为宴会用酒。

4.3 配制酒

配制酒（integrated alcoholic beverages）是以烈性酒或葡萄酒为基本原料，配以糖蜜、蜂蜜、香草、水果或花卉等制成的混合酒。配制酒有不同的颜色、味道、香气和甜度，酒精度从16度至60余度。法国、意大利和荷兰是著名的配制酒生产国。此外，鸡尾酒也属于配制酒范畴。但是，鸡尾酒是在饭店、餐厅或酒吧配制，不是酒厂批量生产，其配方灵活，因此，鸡尾酒常作为一个独立的种类。此外，配制酒还称为再加工酒。因为，所有的配制酒都是以葡萄酒或烈性酒为原料，配以增香物质、增味物质、营养物质及增甜物质制成。配制酒常在高消费且小型宴会选用。通常，宴会在选用葡萄酒的前提下，如果进一步体现接待规格或是体验酒水文化，配制酒是非常适合的宴会用酒。配制酒主要包括开胃酒、甜点酒和利口酒（餐后酒）等三个种类。

4.3.1 开胃酒

开胃酒（aperitif）来自法语，也称为餐前酒或宴会餐前酒，其含义是打开赴宴人们的胃口（opener）。餐前酒常带有一些苦味，其原因是酒液中加入了开胃的草药。因此，具有开胃的功能。开胃酒多用于正式宴会或高规格的宴会。一般的宴会将白葡萄酒作为开胃酒，而不选用配制酒。

1. 雪利酒

雪利酒（Sherry），又称为些厘酒、雪梨酒。该酒名称是根据英语“Sherry”的音译而成。雪利酒以葡萄为原料，经发酵，勾兑白兰地酒或葡萄蒸馏酒制成的酒。实际上，雪利酒是加强了乙醇含量的葡萄酒。通常，雪利酒呈麦秆黄颜色、褐色或棕红色，酒精度常在16度至20度之间，有的品种可达到25度。雪利酒不仅有特殊的芳香，用途还很广泛。其中，干味的雪利酒常作为宴会开胃酒，甜味的雪利酒常作为宴会的甜点酒。

著名的雪利酒产于西班牙的赫雷斯·德拉·弗朗特拉地区（Jerez de la Fronte），是以地名命名的葡萄酒。根据历史学家爱维纳斯（Avienus）的记载及出土文物中的古罗马双耳瓶，瓶上的封条和瓶中存在的西班牙雪利酒和橄榄油可以证实，赫雷斯市生产雪利酒有着悠久的历史。公元前5世纪，赫雷斯（Jerez）已经种植葡萄。根据研究，首批阿拉伯人在公元711年到西班牙赫雷斯定居，他们把赫雷斯（Jerez）称为“ Sherish”。英国人从11世纪开始购买西班牙雪利酒。由于“Sherish”与英语“Sherry”发音相似，所以英国人称雪利酒为“Sherry”。17世纪末，第一批外国人在赫雷斯投资生产雪利酒。当时，英格兰人、苏格兰人、爱尔兰人和荷兰人纷纷投资建立酒厂。

2. 味美思酒

味美思酒（Vermouth）是加入芳香物质的葡萄酒，由英语“Vermouth”音译而成，也称作苦艾酒。这种酒以葡萄酒为原料，加入少量的白兰地酒或食用酒精、苦艾和奎宁等数十种有苦味和芳香的物质和草药制成。不同风味的味美思酒使用的香料品种和数量各不相同。主要的草药和香料有苦艾、奎宁、芫荽、丁香、牛至、橘子皮、豆蔻、生姜和香草等。某些味美思酒投入30余种草药和香料。世界上最著名的味美思酒生产国是意大利和法国。味美思酒主要品种有干味的味美思酒、甜味的味美思酒。著名的品牌有仙山露（Cinzano）和马天尼（Martini），它们都产于意大利都灵市。根据考证，味美思酒由古希腊神医希波克拉底（Hippocrates）制作的葡萄药酒演变而来（见图4-7）。当时，该酒治疗风湿、贫血和疼痛病。16世纪末，一位居住意大利皮埃蒙特地区，名为西诺·艾利希奥（Signor d’ Alessio）的男士揭开了葡萄药酒的制作秘密并开始将这种酒作为商业用酒，还将酒的配方和制作技术带到法国。当时，葡萄药酒只被法国王室和贵族等少

图4-7 神医希波克拉底

数人饮用，经过数年后才被人们接受作为非医疗目的。

1678 年意大利人莱奥纳德·费奥兰提（Leonardo Fiorranti）记录了味美思酒有帮助消化、净化血液、促进血液循环、帮助睡眠等作用。从一位英国人在 1663 年 1 月 26 日的日记中发现，英国人在 17 世纪已经饮用带有苦味的酒并且通过这篇日记说明味美思酒已经传入英国。后来，英国人把这种酒称为味美思酒并用于宴会的开胃酒。

3. 苦味酒

根据调查，苦味酒（bitters）也称为必打士酒，宴会前的开胃酒。这种酒用于传统的西餐宴会，特别是一些欧洲传统型的家庭宴会与小型而级别较高的休闲宴会。在国际商务宴会中，很少或几乎不使用苦味酒。苦味酒是以烈性酒或葡萄酒为原料，加入带苦味的药材配制成的开胃酒，酒精度在 16 度至 45 度之间。苦味酒常用奎宁、龙胆皮、苦橘皮和柠檬皮等作为配料。苦味酒有多种风格，有清香型和浓香型，有淡色苦味和浓色苦味。苦味酒在宴会中可纯饮，也可以与苏打水勾兑在一起饮用。苦味酒的主要生产国有意大利、法国、荷兰、英国、德国、美国和匈牙利等。著名的苦味酒种类有安哥斯特拉酒（Angostura）、干巴丽酒（Campari）、杜本那酒（Dubonnet）、菲那特伯兰卡酒（Fernet Branca）、安德伯格酒（Underberg）、爱马必康酒（Amer Picon）和莉莱特酒（Lillet）等。

4.3.2 甜点酒

甜点酒（dessert wine）是指以葡萄酒为原料，酒中勾兑了白兰地酒或食用酒精并在发酵期间保留了部分糖分的葡萄酒。因此，甜点酒是带有甜味的葡萄酒。在欧洲传统的各种小型宴会中，与甜点搭配使用。著名的甜点酒有波特酒（Port）、马德拉酒（Madeira）、马拉加酒（Malaga）和马萨拉酒（Marsala）。甜点酒的服务温度通常在 16 ℃至 20 ℃。著名的甜点酒生产国有意大利、葡萄牙和西班牙。

1. 波特酒

波特酒又称为钵酒，常在小型的高消费的商务宴会、家庭宴会和休闲宴会中选用。由英语“Port”音译而成。这种甜点酒以葡萄酒为基本原料，在发酵中添加了白兰地酒以终止发酵并将酒精度提高至 16 度至 20 度。因此，波特酒是保留了酒中部分糖分的甜葡萄酒。波特酒主要产于葡萄牙的波尔图地区（Oporto）并通过杜罗河的河口运往世界各地。波特酒以生产地名命名的配制酒。根据记载，1756 年，任葡萄牙首相的马克斯·伯尔（Marquês de Pombal）号召葡萄牙人将杜罗河谷（Douro Valley）建成波特酒生产地而使波特酒逐渐发展为世界名酒。目前，波特酒的质量标准是，只用葡萄牙北部杜罗河地区生长的葡萄为原料。杜罗河全长 500 千米，从上游穿过葡萄牙，灌溉着杜罗河畔的葡萄梯田（见图 4-8）。根据波特酒的生产记录，10 年中约有 3 年是好年份酒。一些波特酒珍品要经过 20 年漫长的熟化过程。著名的波特酒品牌有很多。其中，人们熟悉的有德斯（Dow′s）、克拉夫特（Croft）（见图 4-9）、泰勒（Taylor′s）、格拉哈姆（Graham′s）和德来弗（Delafore）等。

2. 马德拉酒

马德拉酒（Madeira）是产于马德拉群岛（Madeira），以地名命名的葡萄酒。这种葡萄酒是世界著名的强化葡萄酒和宴会甜点酒。其生产工艺以葡萄酒为原料，加入适量的白兰地酒和糖蜜，经过 40℃保温及熟化三个月以上的时间制成。其特点是酒精度约 20 度，酒色淡黄或棕黄，有独特的芳香味。根据历史记载，1419 年葡萄牙水手吉奥·康克午·扎考（Joao

Goncalves Zarco）发现了马德拉岛。15 世纪马德拉岛广泛种植甘蔗和葡萄。17 世纪马德拉酒已经开始销往国外。1913 年，马德拉葡萄酒公司成立，由威尔士与宋华公司（Welsh & Cunha）和亨利克斯与凯马拉公司（Henriques & Camara）组建。该酒厂经数年的发展，又有数家酿酒公司参加。后来酒厂的规模不断扩大，成为马德拉酒酿酒协会。28 年后，该协会更名为马德拉酿酒公司。1989 年该公司采取了控股联营的经营策略，投入大量的资金，改进马德拉葡萄酒包装和扩大销售网络，使马德拉葡萄酒成为世界著名的品牌。马德拉葡萄酒公司多年来进行了大量的投资，提高葡萄酒的质量标准并在 2000 年实施了制酒设施的革新战略，从而为优质的马德拉酒生产和熟化提供了先进的设施。同时，在马德拉岛中心城市芳希尔（Funchal），每年 10 月举行葡萄收获节。一般而言，在每年的 10 月份，整个岛屿的梯田到处是一串串准备运到加工厂榨汁和发酵的葡萄。目前，著名的马德拉岛葡萄酒博物馆与马德拉酿酒学院（Instituto do Vinho da Madeira）就坐落在该岛上，博物馆作为马德拉葡萄酒学院的一部分。该学院是葡萄牙为进行研究与讲授马德拉葡萄酒酿造工艺和经营管理而专门开设的学院，而博物馆作为教学设施，使学生可以回顾马德拉岛葡萄酒的酿造历史，制桶业发展历史和葡萄酒的贸易发展概况。在展览馆中展示古老的橡木桶、传统的葡萄压榨方法，还有羊皮及古老的牛车等工具与设施。

图 4-8　杜罗河谷

图 4-9　波特酒

3. 马拉加酒

马拉加酒（Malaga）产于西班牙的马拉加市（Malaga）以东的葡萄园区。该酒是以地名命名的葡萄酒。这种酒的酿制工艺与波特酒很相似，以派度·希米娜兹葡萄（Pedro Ximinez）和马斯凯特葡萄（Moscatel）为原料，颜色有浅白色、金黄色和深褐色，口味有干型和甜型。一些马拉加酒还配有香料和草药，使其具有特殊的芳香味。由于该地区天气炎热，葡萄成熟早，含糖高，使得马拉加酒在不加烈性酒的情况下，比一般葡萄酒含有的乙醇度还高。传说，马拉加葡萄酒是公元前 600 年，由罗马人发明，最初称为马拉加果浆（Xarabal Malaguii），是一种味道非常甜的饮料。公元 1500 年，人们在长途的海洋旅行中，为了不使葡萄酒变质，在马拉加葡萄酒中加入了白兰地酒。因此，马拉加酒成为著名的宴会甜点酒。目前，西班牙每年约产马拉加葡萄酒酒 580 万加仑。

4. 马萨拉酒

马萨拉酒是以地名命名的加强葡萄酒和宴会甜点酒。马萨拉地区位于意大利西西里岛

（Sicilia）的西部，是意大利第三大葡萄酒生产地区。目前，马萨拉葡萄酒每年向世界各国出口6 000万瓶。著名的马萨拉酒常以著名的格丽罗（Grillo）、凯塔瑞特（Catarratto）、恩德利亚（Inzolia）和德马士其诺（Damaschino）等白葡萄为原料制成金黄色和浅棕色的马萨拉酒并以皮纳特洛（Pignatello）、凯拉波丽斯（Calabrese）、尼尔罗·马斯凯丽斯（Nerello Mascalese）等红葡萄为原料制成宝石红色的马萨拉酒。传统上，马萨拉地区的生产的红葡萄酒，酒味平淡，而生产的白葡萄酒，酸度过高。1798年该地区的水手在长时间的航海中，为防止葡萄酒变质，将白兰地酒加入当地生产的葡萄酒中饮用。由于马萨拉酒具有一定的甜度和香草味道。因此，目前已成为世界著名的宴会甜点酒。

4.3.3 餐后酒

餐后酒也称为利口酒（Liqueur）指人们在餐后或宴会后饮用的香甜酒（见图4-10）。英语“Liqueur”是“liqueur de dessert”的简写形式。美国人习惯地将利口酒称为考迪亚酒“Cordial”。利口酒常以烈性酒为主要原料，加入糖浆或蜂蜜，并根据配方勾兑不同水果、花卉、香料等增加甜味和香味。利口酒起源于古埃及和古希腊，采用浸泡水果或草药的方法制作以获得天然颜色和香味。18世纪利口酒被各国人们认识并受到欢迎，尤其受到女士们的青睐。利口酒有多种口味，包括水果利口酒、植物利口酒、鸡蛋利口酒、奶油利口酒和薄荷利口酒。许多利口酒含有多种增香物质，既有水果又有香草。利口酒常用于小型的且高消费的各式西餐主题宴会。

图4-10 利口酒杯

4.4 其他宴会用酒

4.4.1 鸡尾酒

鸡尾酒由英语“cocktail”翻译而成，常以各种蒸馏酒、利口酒或葡萄酒为基本原料，与柠檬汁、苏打水、汽水、奎宁水、矿泉水、糖浆、香料、牛奶、鸡蛋、咖啡等配制而成（见图4-11）。这种酒主要用于各种鸡尾酒会、欢迎晚宴、家庭宴会与休闲宴会等。不同种类的鸡尾酒使用的原料不同，甚至同一名称的鸡尾酒，各饭店或宴会使用的原料也不一定相同，主要表现在原料的品牌和数量、产地和级别等。世界上第一本有关鸡尾酒的书籍在17世纪出版，由英国伦敦酒厂协会（Distillers Company of London）编写。1802年美国将鸡尾酒定义为烈性酒、糖、水和果汁混合成的饮料。1953年英

图4-11 鸡尾酒

国调酒师协会出版了权威的鸡尾酒配制指导书《国际混合酒指导手册》(*International Guide To Drinks*)。

1. 餐前鸡尾酒

餐前鸡尾酒(Appetizer cocktail)是以开胃和增加食欲为目的的鸡尾酒。酒的原料中配有开胃酒或开胃果汁等。通常，在宴会的开胃菜上桌前饮用。例如，马丁尼(Martini)、曼哈顿(Manhattan)和红玛丽(Blood Mary)都是著名的餐前鸡尾酒。

2. 俱乐部鸡尾酒

俱乐部鸡尾酒(club cocktail)在宴会进行时，可代替开胃菜或开胃汤。酒的原料中勾兑了新鲜的鸡蛋清或鸡蛋黄。其特点是，色泽美观、酒精度较高。例如，三叶草俱乐部(Clover Club)、皇室俱乐部(Royal Clover Club)都是著名的具有开胃作用的鸡尾酒。这种鸡尾酒在宴会中使用不多，仅适合小型的并有需求的主题宴会。

3. 餐后鸡尾酒

餐后鸡尾酒(after dinner cocktail)是宴会后或主菜后饮用的带有香甜味的鸡尾酒。通常，酒中勾兑了可可利口酒、咖啡利口酒或带有消化功能的草药利口酒。例如，亚历山大(Alexander)、B和B(B&B)、黑俄罗斯(Black Russian)都是著名的餐后鸡尾酒。然而，这种鸡尾酒在一般的宴会中使用不多，仅适合小型的并高消费的主题宴会。

4. 喜庆鸡尾酒

喜庆鸡尾酒(champagne cocktail)是在喜庆宴会时饮用，以香槟酒为主要原料，勾兑少量的烈性酒或利口酒制成的鸡尾酒。例如，香槟曼哈顿(Champagne Manhattan)、阿玛丽佳那(Americana)等。

5. 短饮鸡尾酒

短饮鸡尾酒(sort drinks)的容量约是60毫升至90毫升，酒精含量较高。其中，烈性酒常占总容量的1/3及以上，酒精度约20%以上。短饮鸡尾酒的香料味浓重，以三角形鸡尾酒杯盛装。有时，用酸酒杯或古典杯盛装。这种酒不适合持续较长的时间饮用，时间过长会影响酒的温度和味道。这种鸡尾酒在宴会中使用不多，仅适合小型的并有需求的主题宴会。

6. 长饮鸡尾酒

长饮鸡尾酒(long drinks)容量常在180毫升以上。该酒酒精度较低，约占总容量的8%以下，用海波杯或高杯盛装。通常酒液中加入较多的苏打水(奎宁水或汽水)或果汁并使用冰块降温。这种鸡尾酒持续的饮用时间可以长一些。例如，金汤尼克(Gin Tonic)。这种鸡尾酒在宴会中比较常见，特别是鸡尾酒会。

7. 热鸡尾酒

顾名思义，以烈性酒为主要原料，使用沸水、热咖啡或热牛奶调制的鸡尾酒称为热鸡尾酒(hot cocktails)。热鸡尾酒的温度常在80℃左右。温度太高，酒精度易于挥发，影响其质量。例如，热威士忌托第(hot whisky Toddy)、爱尔兰咖啡(Irish coffee)等。这种鸡尾酒在一般的宴会中使用不多，仅适合小型的并有需求的主题宴会。

8. 冷鸡尾酒

许多鸡尾酒在配制时都放有冰块，不论这些冰块是否被调酒师过滤掉，目的是保持鸡尾酒的凉爽。不仅如此，所有配制鸡尾酒的汽水、果汁和啤酒，需要提前冷藏。根据各种宴会的销售量统计，大多数鸡尾酒是冷鸡尾酒(cold cocktails)，冷鸡尾酒的最佳温度应保持在

6 ℃至 8 ℃。例如，自由古巴（Cuba Libre）等。冷鸡尾酒常作为一些宴会前的饮品。

9. 定型鸡尾酒

根据鸡尾酒的知名度和流行情况，某些鸡尾酒的原料、配方、口味、温度、装饰、造型和盛装酒杯已经被顾客认可，不可随意更改，这种鸡尾酒称为定型鸡尾酒。定型鸡尾酒在各种宴会中使用较少。然而，正因为一些鸡尾酒的原材料、口味和颜色等被定型，偏离了宴会主题与功能。因此，很少被宴会选用。

10. 非定型鸡尾酒

根据市场需求，企业自己开发的或根据宴会主题设计的，带有本企业特色或某主题宴会特色的鸡尾酒，这种鸡尾酒称为非定型鸡尾酒。非定型鸡尾酒的原料、配方、口味、温度、装饰、造型和盛装酒杯都是为反映企业的文化和特色或根据宴会主题而设计。非定型鸡尾酒在各种宴会中经常使用。

4.4.2 蒸馏酒

蒸馏酒是指通过蒸馏方法制成的烈性酒。蒸馏酒酒精度通常在 38 度以上，最高可达 66 度。世界上大多数蒸馏酒的酒精度在 40 度至 46 度之间。蒸馏酒酒味十足，气味香醇，可以长期贮存。在宴会中，蒸馏酒可以纯饮，也可以与冰块、无酒精饮料或果汁混合后饮用。通常，蒸馏酒很少用于大型宴会、商务宴会和国际宴会，而仅适合小型的并有需求的主题宴会。当然，根据地区宴会习惯，一些地区的家庭中小型宴会饮用蒸馏酒。

"蒸馏"一词可追溯到阿拉伯历史和文化，该词原意为精炼，是指将鲜花精炼成香水及将粮食或水果精炼成酒。根据考察，蒸馏技术很早被人们使用。我国古代人在公元 2 世纪已掌握蒸馏技术。白兰地酒蒸馏技术可追溯到公元 7 世纪至 8 世纪。根据记载，爱尔兰人首次蒸馏威士忌酒是在 1172 年。金酒（Gin）起源于 16 世纪，由荷兰莱登（Leiden）大学医学院西尔维亚斯（Sylvius）教授首先发现并使用。朗姆酒（Rum）起源于 17 世纪初，由巴巴多斯岛的英国移民以甘蔗为原料制成。根据弗嘉卡（Vyatka）记载，世界首家蒸馏伏特加酒的磨坊于 11 世纪在俄罗斯的科尔娜乌思科地区（Khylnovsk）出现。

宴会中饮用的蒸馏酒主要有白兰地酒（Brandy）、威士忌酒（Whisky）、金酒（Gin）、朗姆酒（Rum）、伏特加酒（Vodka）、特吉拉酒（Tequila）和中国白酒等。

1. 白兰地酒

白兰地酒（Brandy）是以葡萄为原料，经榨汁、发酵、蒸馏制成的酒精度较高的葡萄蒸馏酒。白兰地酒要经过两次蒸馏。第一次蒸馏得到含有 23%~32% 乙醇的无色液体，第二次蒸馏可得到含有 70% 乙醇的无色白兰地酒。白兰地酒中的芳香物质主要通过蒸馏获得，并不像其他蒸馏酒那样要求很高的乙醇纯度，要求酒精度在 60%~70% 范围内以保持适当量的挥发性混合物。从而，使白兰地酒保存其固有的芳香。至目前，白兰地酒蒸馏设施仍采用传统蒸馏器。经蒸馏的白兰地原酒必须在橡木桶中熟化才能成为产品，通常在新橡木桶中熟化 1 年后，呈金黄色，倒入老木桶中再熟化数年，经过勾兑才能达到理想的颜色、芳香、味道和适宜的酒精度。最后经过滤和净化，装瓶。

2. 威士忌酒

威士忌酒（Whisky）是以大麦、玉米、稞麦和小麦等为原料，经发芽、烘烤、制浆、发酵、蒸馏、熟化和勾兑等程序制成。不同品种或不同风味的威士忌酒生产工艺不同，主要表现在原料品种与数量比例、麦芽熏烤方法、蒸馏方法、酒精度、熟化方法和熟化时间上。根据传统工艺，制作威士忌酒首先将发芽的大麦送入窑炉中，用泥炭烘烤，这就是许多纯麦威士忌酒带有明显泥炭味的原因。当今，根据传统，许多苏格兰酒厂的窑炉采用宝塔型建筑，后来人们将这个形状作为威士忌酒厂的标志。通常，麦芽在60℃下烘干或通过泥炭熏烤而干燥，烘烤约48小时，碾碎后放入特制的不锈钢槽中捣碎，熟制成麦芽糊。然后，加入酵母制成麦汁。麦汁冷却后进行蒸馏。传统工艺是使用壶式蒸馏器（见图4-12），至少要蒸馏两次。然后在橡木桶中至少熟化3年。但是，许多优质的威士忌酒要熟化8至25年。

图4-12 传统蒸馏器

3. 金酒

金酒（Gin）是以玉米、稞麦和大麦芽为原料，经发酵，蒸馏至90度以上的含乙醇液体，加水淡化至51度后，加入杜松子、香菜子、香草、橘皮、桂皮、大茴香等香料，再蒸馏至约80度，最后加水勾兑而成。金酒不需要放入橡木桶熟化，蒸馏后的酒液，经勾兑即可装瓶，有时也可熟化一段时间后再装瓶。不同风味的金酒，生产工艺不同，主要表现在不同的原料比例和蒸馏方式。传统的荷兰金酒以大麦为主要原料，使用单式蒸馏方法，成本高，香气浓。目前，许多酒厂降低麦芽在金酒中的比例，加入玉米等谷物，改变传统蒸馏工艺，采用连续式蒸馏方法。伦敦干金酒就是以玉米为主要原料，通过连续蒸馏方法生产的干金酒。世界上许多国家都生产金酒，最著名的国家是英国、荷兰、加拿大、美国、巴西、日本和印度。

4. 朗姆酒

朗姆酒（Rum）是以甘蔗为原料，经榨汁、煮汁得到浓缩的糖，澄清后得到稠的糖蜜，经过除糖程序，得到约含糖5%的糖蜜，发酵，蒸馏后得到65度至75度的无色烈性酒，放入木桶熟化后，形成香气和风格，排除辛辣，最后勾兑而成。

5. 伏特加酒

伏特加酒（Vodka）是以玉米、小麦、稞麦、大麦等为原料，经过粉碎、蒸煮、发酵和蒸馏，获得90%高纯度烈性酒，再经过滤，用桦木炭层来滤清和吸附净化酒质，使酒成为无色和无杂味的伏特加酒，再放入不锈钢或玻璃容器熟化，经过一段时间，勾兑而成。当然，加入樱桃、柠檬、橙子、薄荷或香草精可得到加香伏特加酒。

图4-13 龙舌兰

6. 特吉拉酒

特吉拉酒（Tequila）以墨西哥著名的植物——龙舌兰（agave）的根茎为原料（见图4-13），经发酵、蒸馏制成。特吉拉酒的酒精度通常为38度至44度，带有龙舌兰的芳香。其生产工艺首先将龙舌兰放入蒸笼中，在80℃至95℃中，蒸24至36小时。通过加热，龙舌兰呈浅褐色并带有甜味和糖果香味，榨汁后，加入酵母，放入木桶发酵，凉爽天气需要12天，炎热天气需要5天。发酵后的龙舌兰液体通过两次蒸馏，熟化，然后装瓶。根据墨西哥酒法，无色特吉拉酒（Bianco）需要熟化14至21天，金黄色特吉拉酒（Oro）需要熟化2个月，特吉拉陈酿酒（Reposado）需要熟化1年，特吉拉珍品酒需要熟化6至10年。同时，规定特吉拉酒的原料（龙舌兰）必须产于墨西哥境内吉利斯克州（Jalisco）、纳加托州（Guanajuato）、米朱肯州（Michoacan）、那亚瑞特州（Nayarit）和塔纳荔波斯州（Tamaulipas）。

7. 中国白酒

中国白酒是以谷物（高粱、玉米、大麦和小麦等）为原料，以酒曲、活性干酵母或糖化酶为发酵剂，经配料、蒸煮、冷却、拌醅、发酵、蒸馏、熟化和勾兑制成的烈性酒。传统的中国白酒工艺，首先从制作酒曲开始。酒曲是一种糖化发酵剂，是中国白酒发酵的原动力。制作酒曲本质上就是培养酿酒微生物的过程，用酒曲的目的是促使更多的谷物糖化和发酵。被酒曲糖化和发酵的谷物原料经过蒸馏、熟化和勾兑成为各种风味的中国白酒。

本章小结

酒水是宴会不可缺少的饮品。其中，酒是人们熟悉的含有乙醇的饮料，水是指非酒精饮料，即不含乙醇的饮料。这种饮料简称软饮料或水。然而，当非酒精饮料加入乙醇后便成为酒。例如，爱尔兰咖啡是含有威士忌酒的咖啡。根据国际宴会习惯，通常将葡萄酒作为首选用酒。同时，根据不同的宴会主题、不同的规模和不同的目的，宴会用酒还包括餐前酒、餐后酒、鸡尾酒、配制酒、烈性酒和啤酒等。根据酒精度分类，酒可分为低度酒、中度酒和高度酒。低度酒的酒精度在15度及以下。由于酒来源于原料中的糖与酵母的化学反应。发酵酒的酒精度，通常不会超过15度。水是非酒精饮料的总称。包括矿泉水、纯净水、果汁、碳酸饮料、茶和咖啡等。水在宴会中可以解渴，利于代谢物的排出。宴会中，人们饮用少量的新鲜果汁可以助消化、润肠道，补充膳食中的营养成分。茶含有丰富的维生素和矿物质，适量的饮茶有益于身体健康。宴会中，饮用咖啡可使人精神振奋，易于交流。

练习题

1. 名词解释

开胃酒、餐酒、甜点酒、餐后酒、鸡尾酒、中国白酒、葡萄酒

2. 判断对错题

（1）乙醇在常温下呈液态，无色透明，易燃，易挥发，沸点与汽化点是78.3 ℃，冰点为-114 ℃，溶于水。（ ）

（2）短饮鸡尾酒（short drinks）容量常在180毫升以上。该酒酒精度较低，约占总容量的8%以下，用海波杯或高杯盛装。（ ）

（3）特吉拉酒（Tequila）以墨西哥著名的植物——龙舌兰（agave）的根茎为原料，经发酵、蒸馏制成。（ ）

(4) 波特酒又称为钵酒，常在小型的高消费的商务宴会、家庭宴会和休闲宴会中选用。由英语“Port”音译而成。这种甜点酒以葡萄酒为基本原料，在发酵中添加了白兰地酒以终止发酵并将酒精度提高至16度至20度。 ( )

(5) 定型鸡尾酒是根据市场需求，企业自己开发的或根据宴会主题设计的，带有本企业特色或某主题宴会特色的鸡尾酒。这种鸡尾酒的原料、配方、口味、温度、装饰、造型和盛装酒杯都是为反映企业的文化和特色或根据宴会主题而设计。 ( )

(6) 威士忌酒（whisky）是以葡萄为原料，经发芽、烘烤、制浆、发酵、蒸馏、熟化和勾兑等程序制成。 ( )

(7) 宴会中饮用的蒸馏酒主要有白兰地酒（Brandy）、威士忌酒（Whisky）、金酒（Gin）、朗姆酒（Rum）、伏特加酒（Vodka）、特吉拉酒（Tequila）和中国白酒等。 ( )

(8) 配制酒（integrated alcoholic beverages）是以烈性酒或葡萄酒为基本原料，配以糖蜜、蜂蜜、香草、水果或花卉等制成的混合酒。 ( )

3. 简答题

(1) 简述雪利酒的特点。

(2) 简述酒在宴会中的功能。

4. 论述题

(1) 论述酒的种类及其特点。

(2) 论述葡萄酒的名称。

阅读材料

常用的鸡尾酒

1. 宾治（Punch）

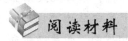

宾治类鸡尾酒以烈性酒或葡萄酒为基本原料，加入柠檬汁、糖粉和苏打水或汽水混合而成。宾治类鸡尾酒常以数杯、数十杯或数百杯一起配制，用于酒会、宴会和聚会等。配制后的宾治酒用新鲜的水果片飘在酒上作装饰以增加美观和味道。以海波杯盛装。目前，一些宾治常由果汁、汽水和水果片制成，不含酒精，这种宾治称为无酒精宾治，或无酒精鸡尾酒。这种无酒精宾治常被各种宴会选用。

2. 司令（Sling）

司令鸡尾酒以烈性酒加柠檬汁、糖粉和矿泉水或苏打水制成，有时加入一些调味的利口酒。先用摇酒器将烈性酒、柠檬汁、糖粉摇匀后，再倒入加有冰块的海波杯中。然后加苏打水或矿泉水以高平底杯或海波杯盛装，也可以在饮用杯内直接调配。

3. 哥连士（Collins）

哥连士也称作考林斯，以烈性酒为主要原料，加柠檬汁、苏打水和糖粉制成，用高平底杯盛装。

4. 考地亚（Cordial）

考地亚是以利口酒与碎冰块调制的鸡尾酒，具有提神功能，以葡萄酒杯或三角形鸡尾酒杯盛装。通常考地亚类鸡尾酒酒精度高。

5. 费克斯（Fix）

费克斯是以烈性酒为主要原料，加入柠檬汁、糖粉和碎冰块调制而成的长饮类鸡尾酒，以海波杯或高杯盛装，放入适量的苏打水和汽水。

6. 费斯（Fizz）

费斯鸡尾酒以金酒或利口酒加柠檬汁和苏打水混合而成，用海波杯或高杯盛装。这种鸡尾酒属于长饮类鸡尾酒。有时在费斯中加入生蛋清或生蛋黄后，与烈性酒或利口酒、柠檬汁一起放摇酒器混合，使酒液起泡，再加入苏打水。

7. 海波（Highball）

海波鸡尾酒也称作高球鸡尾酒，前者是英语的音译，后者是英语的意译。这种酒以白兰地酒、威士忌酒或葡萄酒为基本原料，加入苏打水或姜汁汽水，在杯中直接用调酒棒搅拌而成，装在加冰块的海波杯中。

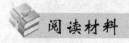

阅读材料

著名白兰地酒及其产地与级别

1. 著名的品牌

（1）人头马（Remy Maitin）以酿酒公司名命名。该公司创建于1724年，是著名的、具有悠久历史的酿酒公司。由于该公司产品选用大香槟和小香槟区葡萄为原料，以传统蒸馏器蒸馏，品质优秀。因此，被法国政府冠以特别荣誉名称——特优香槟干邑白兰地酒（Fine Champagne Cognac）。该公司拿破仑酒（Napoleon）不是以白兰地酒级别出现的，而是以商标出现，酒味刚烈。优质香槟人头马XO非凡白兰地酒（Remy Martin XO Special Fine Champagne）自称采用20年至25年的陈酿干邑白兰地酒混合而成，深褐色或金黄色，带有茉莉花香气。人头马俱乐部白兰地酒（Remy Martin Club）以优质葡萄为原料，经10年熟化和陈酿，口味淡雅，有鲜花清香味道。XO特别陈酿白兰地酒（X.O）具有浓郁芬芳的特点。人头马优质香槟VSOP白兰地酒（Remy Martin Fine Champagne V.S.O.P.）以大香槟区和小香槟区葡萄为原料，自称经过7年熟化制成，琥珀色，干型，带有玫瑰花香气。人头马香槟特优白兰地酒（Remy Martin Extra Perfection Fine Champagne）自称熟化30年，由最优质的葡萄为原料，浅褐色有橙子、生姜、肉桂和干果的香气。人头马路易13大香槟白兰地酒（Remy Martin Louis XIII Grande Champagne）是干邑地区最著名的白兰地酒之一。该酒从1715年就开始生产，盛装在精制的、显示路易13时代特色的水晶玻璃瓶中。自称经50余年熟化和陈酿，深金黄色，带有水果、咖啡、巧克力和干果味道。

（2）金花（Camus）以酿酒公司名命名。该公司创建于1863年，由吉姆·百帝斯·金花（Jean Baptiste Camus）在干邑地区创立。金花酿酒公司制酒工艺特点是使用旧橡木桶熟化白兰地酒，减少橡木桶的颜色和味道，保持酒质清淡。该公司在大香槟区和边缘葡萄园区都有葡萄园。该公司产品常以这两个地区生产的白兰地酒为主要原料勾兑其他白兰地酒而成。此外，该酒厂非常重视酒瓶的包装以赢得顾客欢迎。该公司的拿破仑（Napoleon）白兰地酒采用大香槟区生产的原酒为主要原料，受到世界各地的好评。该公司的VSOP陈酿白兰地酒是针对亚洲顾客口味设计，采用边缘葡萄园区原料为主，精心调配而成。而XO特别陈酿白兰地酒自称由170余种贮存期在50年以上的各种白兰地酒勾兑而成。

(3) 马爹利 (Martell) 以酿酒公司名命名。该公司创建于1715年，一直由马爹利家族经营和管理，并获得“稀世罕见美酒”美誉。目前，该公司已成为施格兰公司的一员。根据生产量马爹利公司是法国第二大干邑白兰地酒酿制公司。该公司创始人，英国国籍的吉安·马爹利 (Jean Martell) 从英国泽希岛 (Jersey) 来到干邑镇，在亲属的帮助下投资经营白兰地酒生意。由于注重产品质量，其白兰地酒质量不断提高，是干邑地区第一个将白兰地酒出口到英国和德国的公司。

(4) 克尔波亚杰 (Courvoisie) 由酿酒公司名命名。该公司创建于1790年，由伊马诺尔·克尔波亚杰 (Emmanuel Courvoisier) 创建。该公司在拿破仑一世时，由于献上本公司酿制的优质白兰地酒而受到赞赏。因此，被指定为白兰地酒承办商。

(5) 轩尼诗 (Hennessy) 以酿酒公司名命名，该公司创建于1765年，由理查德·轩尼诗 (Richard Hennessy) 创立 (见图4-14)。在拿破仑三世时，该公司已经使用能够证明白兰地酒级别的星号。至目前轩尼诗这个名字已经成为优质白兰地酒的代名词。轩尼诗家族经过6代人努力，使它的产品质量不断提高，生产量不断扩大，已成为干邑地区最大的3家酿酒公司之一。目前，该公司拥有500多公顷葡萄园，28套蒸馏设施，25处熟化白兰地酒的酒窖并存有原酒18余万桶，每年有20余个葡萄园向其供应优质葡萄。

图4-14 轩尼诗XO白兰地酒

2. 著名产地干邑镇

干邑镇 (Cognac) 也称作科涅克，是一座古镇，位于法国西南部，在著名葡萄酒生产区波尔多北部的夏朗特 (Charente)，面积约300万亩。该地区气候宜人，土质好，栽培的葡萄格外茂盛。16世纪干邑镇已开始制作白兰地酒。18世纪该地区出口白兰地酒，出口量在法国各类酒中排名第一。由于该地区生产的白兰地酒工艺严谨，酒质优秀并有独特的风格。因此，干邑镇越来越有名气，已经成为世界上最著名的白兰地酒生产区。至今，干邑已成为优秀白兰地酒的代名词。干邑白兰地酒的特点是，以夏特朗地区的葡萄园生产的干葡萄酒为原料，经两次蒸馏，在橡木桶中经过较长期的熟化，通过勾兑而成，口味和谐，褐色。目前“干邑”一词已被世界广泛熟知。目前，法国政府根据干邑地区的土质、气候和雨量等葡萄生长条件及其生产的白兰地酒质量，将干邑地区划分为6个生产区。

图4-15 夏朗特地区

(1) 大香槟区 (grande champagne)，是干邑地区中最优秀的白兰地酒生产区域，位于夏特朗河的河岸。这里生产着世界上最高级别的白兰地酒 (见图4-15)。

(2) 小香槟区 (petite champagne)，在大香

槟区的外围区域，这里生产的白兰地酒的质量和知名度仅次于大香槟区。

(3) 香槟边缘区（borderies）在小香槟区北部，紧挨小香槟区域，是干邑地区排名第三的白兰地酒生产区。

(4) 优质葡萄园区（fins bois），在大香槟区、小香槟区和香槟边缘区的外围，包括一片较大的区域及干邑西南部的小块区域，是干邑地区排名第四的优质白兰地酒生产区。

(5) 外围葡萄园区（bons bois）是指优质葡萄园区的外围区域。该地区的葡萄酒生产条件仅次于以上四块区域，酒质优秀。

(6) 边缘葡萄园区（bois ordinaires）位于外围葡萄园区的西北部及西南部的数块葡萄园。不论其葡萄的生长状况还是该地区生产的白兰地酒都很优秀。

3. 年限表示法

法国白兰地酒重视熟化年限，通常入桶3年的酒，还带有辛辣味，色泽不深。入桶50年的酒，味醇和，颜色太深。入桶100年的陈酒，不仅颜色太深，酒味还很差。适当贮存年限和勾兑才能使白兰地酒味道甘纯。许多专业人士总结，一些白兰地酒的标签上写有贮存期几十年，不等于该瓶酒所有的酒液都是标签注明的年限，在勾兑的酒液中很可能有贮存年限较长的酒液。其含量各公司掌握不同。

1. ☆☆☆或V.S（Very Superior的缩写）表示熟化3年的优质白兰地酒。

2. V.O（Very Old的缩写），不少于4年熟化的佳酿酒。

3. V.S.O.P（英语Very Superior Old Pale缩写），表示熟化期不少于4年的优质酒。

4. X.O（extra old的缩写），熟化期不少于5年的优质陈酿白兰地酒。

5. Reserve，表示贮存期不少于5年的优质陈酿白兰地酒。

6. Napoleon（拿破仑,）表示贮存期不少于5年的优质陈酿白兰地酒。

7. Paradise（伊甸园）表示贮存期在6年以上的优质陈酿白兰地酒。

8. Louis XIII（路易十三），表示贮存期在6年以上的优质陈酿白兰地酒。

9. Fine Champagne表示只使用大香槟区和小香槟区生长的葡萄，酒中至少含有50%的香槟地区酒液。

参考文献

[1] 方元超，赵晋福．茶饮料生产技术［M］．北京：中国轻工业出版社，2001.
[2] 马佩选．葡萄酒质量与检验［M］．北京：中国计量出版社，2002.
[3] 顾国贤．酿造酒工艺学［M］．北京：中国轻工业出版社，1996.
[4] 唐明官．配制酒生产问答．北京：中国轻工业出版社，2002.
[5] 张克昌．酒精与蒸馏酒工艺学［M］．北京：中国轻工业出版社，1995.
[6] 陈宗懋．中国茶经［M］．上海：上海文化出版社，1992.
[7] 古贺守．葡萄酒的世界史［M］．天津：百花文艺出版社，2007.
[8] 兰金．酿造优质葡萄酒［M］．北京：中国农业大学出版社，2008.
[9] 丁立孝．酿造酒技术［M］．北京：化学工业出版社，2008.
[10] 钟茂桢．酒的轻百科［M］．北京：化学工业出版社，2010.
[11] 王天佑．餐饮概论［M］.2版．北京：北京交通大学出版社，2016.

[12] 王天佑. 酒水经营与管理 [M]. 5版. 北京：旅游教育出版社，2015.
[13] WALTON S. The complete guide to cocktails and drinks [M]. London：Anness Publishing Ltd，2003.
[14] MONTAGNE P. The encyclopedia of food、wine & cookery [M]. New York：Crown Publishers，Inc.，1961.
[15] CLARKE J T. A guide to alcoholic beverage，sales and service [M]. London：Edward Arnold Ltd，1992.
[16] BURROUGHS D，BEZANT N. Wine regions of the World Great Britain [M]. London：Heinemann Professional Publishing Ltd，1989.
[17] WALKEN G R. The restaurant from concept to operation [M]. 5th ed. New Jersey：John Wiley & Sons，Inc.，2008.
[18] BARROWS C W. Introduction to management in the hospitality industry [M]. 9th ed. New Jersey：John & Sons Inc.，2009.
[19] JENNINGS M M. Business ethics [M]. 5th ed. Mason：Thomas Higher Education，2006.
[20] RUBASH J. Master dictionary of food and wine. Van Nostrand Reinhold [M]. New York，1990.
[21] MEETHAN K. Tasting tourism：travelling for food and drink [M]. England：Ashgate Publishing Limited，2003.
[22] DITTMER P R. Dimensions of the hospitality industry [M]. John Wiley & Sons，Inc，2002.
[23] HAYES D K. Bar and beverage management and operation [M]. New York：Chain Store Publishing Corporation，1987.
[24] COOPER R G. Winning at new products：creating value through innovation [M]. 4th ed. New York：The Perseus Books Group，2011.
[25] DOPSON L R. Food & beverage cost control [M]. 4th ed. New Jersey：John Wiley & Sons，Inc.，2008.
[26] DAVIS B，LOCKWOOD A. Food and beverage management [M]. 5th ed. New York：Routledge Taylor & Francis Groups，2013.
[27] WALKER J R. Introduction of hospitality management [M]. 4th ed. New Jerseg：Pearson Education Inc.，2013.
[28] MASON L. Food culture in great britain [M]. Westport CT：Greenwood Press，2004.

第 5 章

宴会生产管理

本章导读

现代宴会厨房规划与设计是运用人机工程学原理，改善宴会厨房的工作环境，保证厨师的身体健康，降低宴会人力成本，提高饭店宴会市场竞争力，增加宴会营业收入并有利于招聘和吸收优秀的职工等。通过本章学习，可以了解宴会厨房规划原则，掌握宴会厨房的空间与设备布局和生产设备管理。

5.1 宴会厨房规划

5.1.1 宴会厨房规划概述

所谓宴会厨房也称为饭店生产厨房（production kitchen）或主厨房（main kitchen），宴会厨房规划的目的是确定宴会厨房的规模、形状、建筑风格、装修标准及其内部生产部门之间位置等管理工作。宴会厨房规划是一项复杂工作，它涉及许多方面，占用较多的资金。在宴会厨房规划中，筹划人员应留有充分的时间，考虑各方面因素，认真筹划并应根据生产实际需要，以方便进货、验收、生产、安全和卫生等方面为原则，并为宴会业务发展及可能安装新设备等留有余地。现代宴会厨房规划运用人机工程学原理，改善宴会厨房的工作环境，保证厨师的身体健康，降低宴会人力成本，提高饭店竞争力，增加宴会营业收入并有利于招聘和吸收优秀的职工等。

5.1.2 宴会厨房规划原则

1. 邀请相关人员参与规划

为了保证宴会厨房的生产效率和安全，在宴会厨房规划中，饭店应聘请专业设计部门和厨房管理人员与建筑、消防、卫生、环保和公用设施等管理人员一起参与厨房筹划（见图

5-1)。

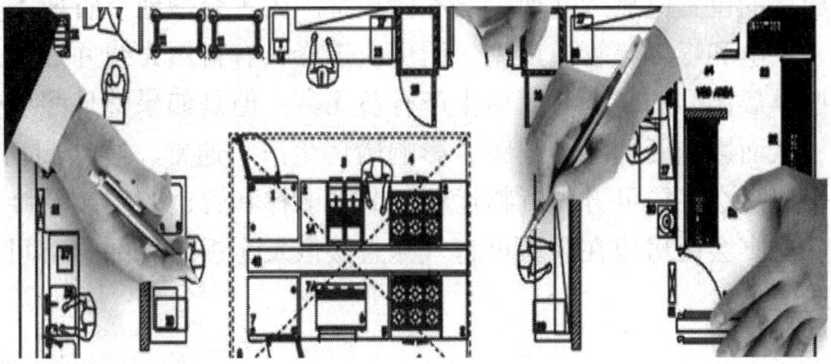

图 5-1　相关专业人员参与厨房规划

2. 保证生产畅通和连续

宴会厨房生产通常从领料开始，经初加工、切配和烹调，将食物原料制成菜肴。因此，菜肴生产要经多个生产程序才能完成，每个加工点都应根据生产程序进行合理的规划以减少菜点生产中的加工流动距离和加工时间并充分利用厨房空间和设备，提高工作效率，保证生产畅通和连续。

3. 厨房生产部门应在同一楼层

宴会厨房各生产加工部门应在同一楼层以方便生产和管理，提高生产效率，保证菜点质量。如果厨房确实受到地点限制，生产部门无法在同一楼层时，可将初加工厨房、面点厨房和烹调厨房分开。但是，应尽量将这些部门设在各楼层的同一方向。这样，可节省管道的安装费用并方便电梯运送食品原料。

4. 厨房应尽量靠近餐厅

菜点质量与菜点温度紧密相关，热的菜点应在 80 ℃以上，冷的菜点约在 10 ℃。这样，菜点的味道和质地才能达到质量标准。如果，宴会厨房距离餐厅较远，菜点温度就会受到影响。因此，厨房应尽量靠近餐厅。此外，宴会厨房与餐厅之间每天进出大量的菜点和餐具。在这种前提下，宴会厨房靠近餐厅可缩小它们之间的距离，提高工作效率。

5. 各生产部门内的工作点应紧凑

宴会厨房各生产部门及部门内的工作点应紧凑，每个工作点中的设备和设施的排列组合应方便厨师工作以保证安全及提高工作效率为原则。

6. 人行道和货物通道分开

宴会厨师在工作中常接触炉灶和滚烫的液体、生产设备和刀具等，如果人员之间或人员与设备之间发生碰撞，后果不堪设想。因此，为了工作安全，保证生产，宴会厨房必须设有分开的人行道和货物通道。这是宴会厨房规划的重要原则之一。

7. 创造安全和卫生的环境

创造良好的工作环境是宴会厨房规划的目的之一。因此，厨房应关注通风、温度和照明，并努力降低噪声，保持干净的墙壁、地面和天花板等。此外，厨房应购买带有防护装置的生产设备，有充足的冷热水和方便的卫生设施并有预防和扑灭火灾的装置。

5.1.3　宴会厨房选址

鉴于宴会厨房的生产特点，宴会厨房应选择地基平，位置偏高的地方，这对进入宴会厨房货物的装卸及污水排放都有益处。宴会厨房每天要购进大量的食品原料，为了方便运输，减少食品污染，厨房的位置应靠近交通干线和储藏室。为了合理地节省成本，宴会厨房应接近自来水、排水、供电和煤气等管道设施。厨房应选择具有自然光线并通风好的位置，厨房的玻璃能透进一些早晨温和的阳光对厨房生产有益无害。但是如果整日照射强光会使厨房增加不必要的热量，从而影响厨师身体健康，影响厨房生产。通常，宴会厨房设在饭店的第 1 层或 2 层楼。宴会厨房在底层可方便货物运输，节省电梯和管道的安装及维修费，便于垃圾处理等。然而，一些宴会厨房建在顶层可将气味直接散发至饭店外部的空间。

5.1.4 宴会厨房面积

确定宴会厨房面积是其规划中较为困难的问题，因为影响宴会厨房面积的因素比较多，包括饭店类型、饭店级别、宴会厅面积、宴会人数、厨房功能和厨房设备等。现代宴会厨房规划正朝着科学、新颖和结构紧凑的方向发展。通常，饭店级别越高，宴会菜单品种越丰富，菜肴加工越精细，用餐人数越集中，厨房需要的面积就越大。反之，宴会厨房需要的面积就越小。此外，宴会厨房使用的设备对厨房面积有直接影响，如果使用组合式或多功能设备，可节约厨房面积。宴会厨房面积还受宴会厨房的形状和建筑设施的影响，形状不规则和不实用，必然浪费厨房面积。例如，柱子和管道等都会影响厨房面积。

5.1.5 宴会厨房高度

图 5-2　宴会厨房高度

宴会厨房高度常影响宴会生产效率，厨房高度小会使职工感到压抑，影响生产效率和质量，厨房过高造成空间和经济损失。传统上，宴会厨房高度为 3.6 至 4 米。由于宴会厨房空气调节系统的发展，不包括天花板内的管道层高度，其高度通常不低于 2.8 米。由于宴会厨房的建造、装饰和清洁费用与厨房高度成正比，因此，宴会厨房高度越大，它需要的建筑费、维修费和清洁费就越多（见图 5-2）。

5.1.6 宴会厨房地面、墙壁和天花板

宴会厨房是生产菜点的车间，其地面经常会出现汤汁等。为了职工安全和厨房卫生，宴会厨房地面应选用防滑、耐磨、不吸油和水，便于清扫的地砖。最常见的厨房地面材料是陶瓷防滑地砖。这种材料表面粗糙，可避免厨师在用力搬运物体时摔倒。其缺点是不方便清洁。其他地面材料有水磨石地面等。其优点是易于清洁，有一定的弹性。但是，防滑性能差。

宴会厨房空气湿度大，其墙壁和天花板应选用耐潮、不吸油和水、便于清洁的材料。同时，墙壁和天花板力求平整，没有裂缝，没有凹凸，没有暴露的管道。常见的厨房墙壁材料为白色瓷砖并且将所有的墙面全部粘上瓷砖。宴会厨房天花板常用的材料是可移动的轻型不锈钢板。这样的厨房墙壁和天花板可定时清洗。

5.1.7 宴会厨房的通风、照明和温度

宴会厨房除了自然通风外，还应安装排风和空气调节设备。如排风罩、换气扇、空调器等以保证及时排除被污染的空气，保持宴会厨房空气清洁。在有蒸汽的生产区域，应及时排出潮湿的空气，避免因潮湿空气滞留而造成的滴水现象，避免厨师在蒸汽弥漫的环境中工作。宴会厨房应采用通风措施，严格控制蒸煮工序，减少水蒸气产生与散发，使用隔热的烹调设备，减少热辐射，选择吸水力强的棉布为工作服材料。

照明是宴会厨房规划的重要内容，良好的厨房光线是菜点质量的基础，还可避免和减少厨房工伤事故。同时，宴会厨房应采用照明系统来补充自然光线不足的问题，保证其有适度的光线。通常，宴会厨房工作台照度应达到300至400勒克斯，机械设备地区应达到150至200勒克斯。

宴会厨房温度是影响菜点生产效率和产品质量的重要因素之一，厨师在高温环境工作会加速体力消耗。而宴会厨房温度过低，使厨师们手脚麻木，会影响其工作效率。根据研究，宴会厨房温度一般在17 ℃至20 ℃为宜。

5.1.8 宴会厨房的噪声控制

噪声会分散厨师工作的注意力，使工作出现差错。因此，宴会厨房规划中应采取措施消除或控制生产中的噪声，应将噪声控制在40分贝左右。但是，由于宴会厨房排风系统和机械设备等工作原因，噪声不可避免。所以，在宴会厨房规划中，首先应选用优质和低噪声的设备。然后，采取其他措施控制噪声，减少安全事故的发生。包括采用隔离噪声区、隔音屏障和消声材料及播放轻音乐措施等。

5.1.9 宴会厨房冷热水和排水系统

为了保证宴会菜点的生产和卫生需要，宴会厨房必须有冷热水和排水设施。它们的位置应方便菜点加工和烹调。在各菜点加工区域的水池和烹调灶附近应有冷热水开关，在烹调区应有排水沟，在每个菜点加工间应有地漏。此外，宴会厨房供水和排水设施应满足最大的需求量。排水沟应有一定的深度，避免污水外流。排水沟盖应选用坚固材料并且易于清洁。

5.2 空间与设备布局

宴会厨房生产空间与生产设备布局是指具体确定宴会厨房生产部门、生产设施和设备的位置等工作。宴会厨房由若干生产部门和辅助部门构成；而生产部门和辅助部门又由生产加工点和生产设备组成。因此，合理的宴会厨房生产空间和生产设备布局应充分利用宴会厨房的面积和建筑设施，减少厨师生产菜点需要的时间和操纵设备的次数，减少厨师在工作中的流动距离（见图5-3）。同时，易于菜点生产管理，利于宴会成本控制和产品质量管理。

图5-3 宴会厨房生产空间

5.2.1 生产空间布局

1. 卸货台和验货口

众所周知，宴会通常是集体用餐，宴会部每天要购买大量的食品原料。因此，宴会厨房必须建立进货口，或称为验货口。这样，在宴会厨房的外部且距离食品原料仓库较近且交通方便的地方建立卸货台，而卸货台要距离饭店大厅稍微远一些。对于宴会厨房而言，验货口是菜点生产线的起点，为了便于管理，所有进入饭店的食品原料必须经过验货口的验收。在大中型饭店，食品原料验收工作由财务部门或采购部管理。对于小型饭店，这些工作常由宴会厨房管理人员负责。根据经验，验货口的空间大小应方便食品原料的验收。同时，验货口必须设有卸货台和各种量器。根据美国餐饮管理协会提供的数据，每日300人次的宴会运营企业，卸货台的面积不得小于6平方米；每日1 000人次的宴会企业，卸货台面积不少于17平方米。常见的卸货台高度为1.27米，卸货台应当用混凝土制成，台子的表面铺设防滑地砖，台子上面应当有防雨装置，台子的边角用三角铁加固。

2. 干货库与粮食库

宴会厨房应设有一个与宴会运营相适应的干货库和粮食库。干货库和粮食库建立在面点厨房附近的地方。干货库内的温度应凉爽、干燥、无虫害。最理想的干货库内不应当有那些错综复杂的上下水管道，库房内根据需要，应有数个透气的不锈钢橱架。当然，根据生产需要，有时可将干货与粮食合并为一个仓库。

3. 冷藏库和冷冻库

为了保证宴会菜点的质量，新鲜的食品原料需要冷藏贮存；而海鲜、禽肉和牛羊肉则需要冷冻贮存。现代宴会厨房使用组合式的冷藏与冷冻设备。该设备常分为内间储藏空间和外间储藏空间。内间储藏室一般温度低，作为冷冻库。外间储藏室温度高，作为冷藏库。为了食品卫生和方便领取食品原料，大型宴会厨房将冷藏库和冷冻库分开或根据原料的种类，分设若干个冷藏库和冷冻库并将各类食品原料、半成品和成品原料存于不同的冷藏库和冷冻库贮存。

4. 职工入口处

许多饭店在宴会厨房前设立工作人员入口处，并在入口处设立打卡机和职工上下班时间的记录卡。在厨房入口处的墙壁上常有厨房告示牌，厨房的近期工作安排和职工的值班表常贴在告示牌上。

5. 厨房办公室

通常，宴会厨房设立办公室，办公室常设在宴会厨房的中部，容易观察厨房的全部生产工作又能监督厨房入口处。办公室墙壁的上半部用玻璃制成，易于观察菜点生产过程。宴会厨房办公室内设有秘书、电脑和办公家具等。大型饭店的宴会厨房设有数个秘书，其工作主要是进行各种宴会菜单设计和生产计划工作。

6. 加工间、烹调间和点心间

加工间（见图5-4）、冷菜间、烹调间（见图5-5）和点心间是宴会厨房的主要生产区域或是生产部门。该区域也是宴会厨房生产设备的布局区。根据菜点的生产空间和生产程序，菜点的粗加工和切配部门应靠近烹调厨房，食品原料在加工间完成初加工和切配，流向熟制程序。然后，将烹制好的菜点送到宴会厅。宴会的冷菜间是专门制作各种冷菜、沙拉和三明治的厨房。冷菜间的位置通常在宴会厨房和宴会厅之间。这样，使菜点既符合卫生标准又不会出现生产过程中的回流现象。

图 5-4　宴会厨房加工间

图 5-5　宴会厨房烹调间

7. 备餐间与洗碗间

备餐间与洗碗间在宴会厨房中起着至关重要的作用。备餐间应坐落在宴会厅与宴会厨房的连接处，是连接宴会厅与宴会厨房的工作区域。通常，备餐间安装制冰机，放有餐具柜及宴会服务车等设备。同时，宴会常用的面包、黄油、果酱、果汁、茶叶等也都在这里存放。一些饭店的备餐间连接洗碗间。洗碗间内安装洗碗设备和储存餐具的橱柜。

8. 人行通道与工作通道

科学的宴会厨房布局应有合理的厨房通道。厨房通道包括人行通道与工作通道。为了避免互相干扰，提高工作效率，人行通道应尽量避开工作通道。同时，人行通道和工作通道的宽度既要方便工作，又要注意空间的利用率。通常主通道的宽度不低于 1.5 米，两人能互相穿过的人行通道宽度不低于 0.75 米，一辆厨房小车（宽度 0.6 米）与另一人可互相穿过的通道宽度不应低于 1 米，工作台与加工设备之间的最低距离是 0.9 米，烹调设备与工作台之间的最低宽度是 1.2 米。这些通道的宽度既充分利用了厨房的建筑面积，又可以方便厨房的生产。当然，以上的通道宽度还可以根据工作需要适当调整。

5.2.2　生产设备布局

宴会生产设备的布局方法很多，常用的宴会生产设备布局方法有直线布局法、带式布局法和海湾式布局法。

1. 直线布局法

将生产设备按照菜点加工程序，从左至右以直线排列方式称作直线布局法。基于这种布局方法，在生产设备的上方应安装排风和照明设备以方便工作。这种布局方法适用于大型的宴会厨房。

2. 带式布局法

根据宴会菜点的各生产阶段和程序将宴会厨房分成不同的加工和生产区域，每个区域负责一种加工或熟制工作，各区域用隔层分开以减少噪声，方便生产。每个区域的生产设备都用直线法排列。由于，这样的设备布局像几条平行的带子，所以称为带式布局法。这种方法的优点是易于保持清洁，减少厨师在工作中的流动距离（见图 5-6）。

3. 海湾式布局法

根据宴会菜点生产需要，在宴会厨房设立几个不同的生产区域。每一个区域都是一个专业的生产部门。例如，宴会厨房中的初加工、三明治和冷菜、制汤、沙司、烧烤和面点等生产区域。每个区域的生产设备按英语字母“U”形状进行排列。这样，厨房就会出现几个“U”形区域，即海湾布局法。这种设备排列法的优点是生产设备相对集中，缺点是设备使用率较低（见图 5-7）。

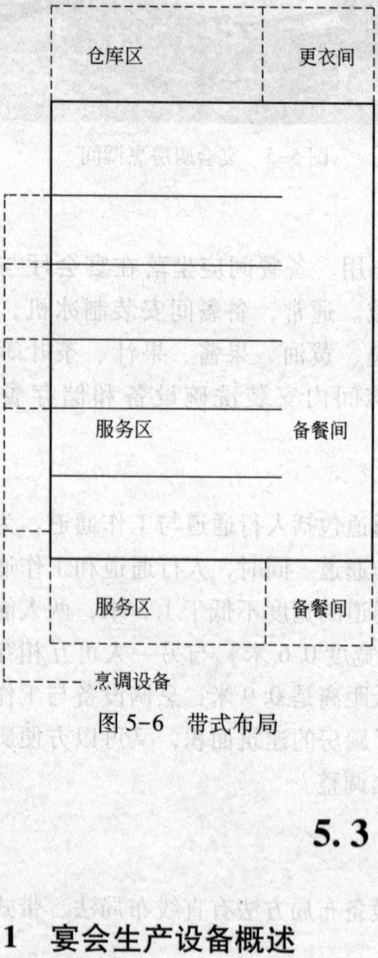

图 5-6 带式布局

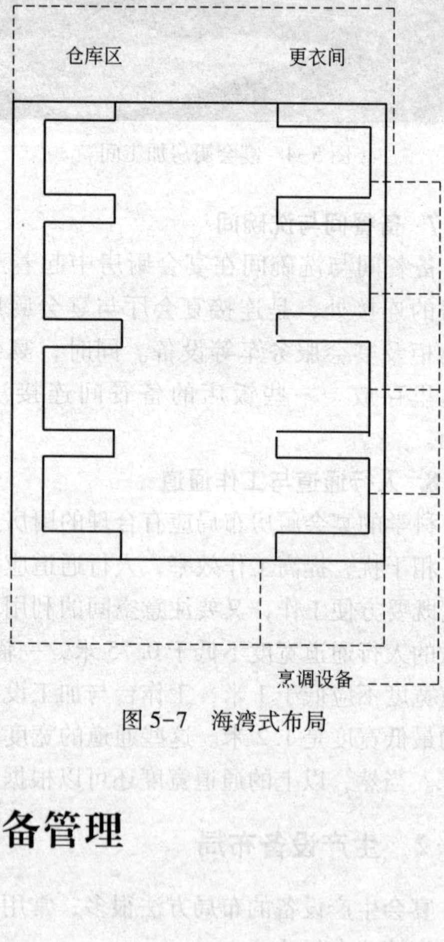

图 5-7 海湾式布局

5.3 生产设备管理

5.3.1 宴会生产设备概述

宴会生产设备主要是指宴会厨房生产菜点的各种炉灶、保温设备、冷藏设备和切割设备等。由于菜点的形状、口味、颜色、质地和火候等各质量指标受生产设备的影响，因此生产设备对菜点的质量起着关键作用。现代宴会厨房设备经过多年的实践和改进，已具有经济实用、生产效率高、操作方便、外观美观、安全和卫生等特点。同时，趋向于组合式且自动化程度高。

5.3.2 宴会烹调设备

1. 焗炉

焗炉（broiler）是开放式的烤炉，火源在炉的上方或顶端，内部有铁架，可通过提升或降低铁架的高度控制菜肴受热的程度。这种烤炉使用的能源有电或煤气两个种类。由于焗炉的铁架可以上下调节，因此被烹制的菜点不仅颜色美观，而且成熟的速度快。通常，焗炉有大型和小型之分。小型焗炉常称为单面烤炉（salamander）（见图 5-8）。

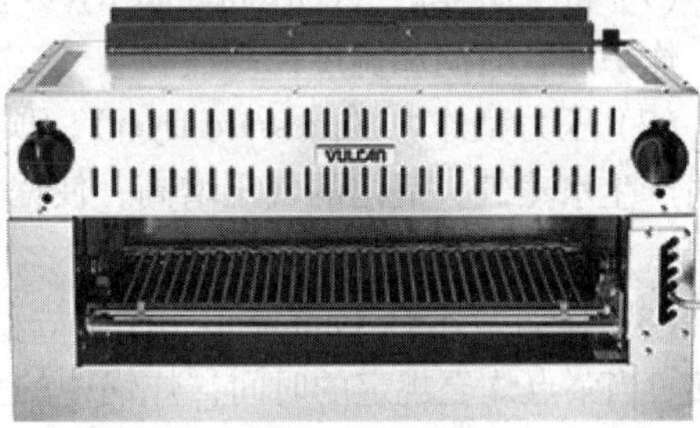

图 5-8　小型焗炉

2. 扒炉

扒炉（grill）也是一种烤炉，其特点是火源在下方。炉上方是铁条。食品原料放在铁条上，通过下边火源加热将原料烤熟。现代扒炉使用电或煤气为热源，而传统的扒炉以木炭为燃料，经木炭烤出的食品带有烟熏味。当今在欧美各国，宴会菜单常选择扒制的菜肴。因此，扒炉是宴会厨房必备的生产设备。目前，经过改进的扒炉在以电和煤气为热源的基础上，增加了烧木炭的装置以增加菜肴的香味。

3. 平板炉

平板炉（griddle）与扒炉很相似，它的热源也在炉面的下方，热源上方是一块方形的铁板。这种炉灶外观很像一个较大的平底煎盘。在生产菜肴时，将食品原料放在铁板上，通过铁板和食油传热的方法将菜肴制熟。铁板炉工作效率很高。其特点是清洁、方便且实用。许多宴会菜肴的烹制都是在平板炉上进行。

4. 烤箱

烤箱（ovens）是厨房的主要的烹调设备之一。其用途广泛，可生产各式点心和面包，可烹制各式菜肴。烤箱常以煤气或电为热源。宴会厨房使用的烤箱有两个主要种类：面点烤箱和菜肴烤箱。面点烤箱与菜肴烤箱高度不同，面点烤箱的高度为 11.6 至 23.2 厘米，而菜肴烤箱内的每层高度常为 30 至 78 厘米。当然根据烤箱的工作方式，烤箱可分为常规式、对流式、旋转式和微波式 4 种。

（1）常规式烤箱（conventional oven），热源来自烤箱底部或四周，通过热辐射将食品烤熟。这类烤箱可以有数个层次。有的烤箱位于西餐灶下部与西餐灶成一体。

（2）对流式烤箱（cnvection oven），其内部装有风扇，通过风扇运动，使烤箱内的空气不断流动，从而使食品原料受热均匀。对流式烤箱的工作速度比常规式烧箱提高了三分之一，其工作温度也比常规式烧箱温度约高 24 ℃。

（3）旋转式烤箱（revolving oven），带有旋转烤架的常规式烤箱。通常在烤箱的外部有门，当烤架旋转时，打开门，工作人员可接触炉中的烤架，输送被烹调的食物，取出烤熟的菜肴。旋转式烤炉有多个型号，它适用于不同的菜肴生产量和生产目的。旋转式烤箱适合于大型宴会生产。

（4）微波烤箱（microwave oven），一种特殊的烤箱，食品原料不直接受外部辐射成熟，而是在烤箱内的微波作用下，食物内部的水分子和油脂分子改变了排列方向，产生了很高的热量，使食品成熟。微波烤箱的烹调存在着一定的局限性。其烘烤的菜肴不像普通烤箱那样有漂亮的颜色，另外微波烤箱只限于生产少量的食物。放在微波烤箱内的容器只能是玻璃、瓷器和纸制品，任何金属器皿都会反射电磁波，从而破坏磁控管的正常工作。然而，新型的微波烤箱安装了烧烤装置。这样，菜肴可同时通过微波烹调和热辐射加热成熟。

5. 炸炉

炸炉（fryer）是用于油炸菜点的烹调设备，有三种类型：常规型、压力型和自动型。

（1）常规型炸炉（conventional fryer），上部为方形炸锅，下部是加热器，炉顶部为开放型，炸炉配有时间和温度控制器。

（2）压力型炸炉（pressure fryer），顶部有锅盖，油炸食品时，炉上部的锅盖密封，使炸锅内产生水蒸气，锅内的气压增高，使锅内食品成熟。压力炸炉生产的菜肴外部酥脆、内部软烂，生产效率高。

（3）自动型炸炉（automatic fryer），炸炉上的炸锅底部有金属网，金属网与时间控制器连接，当菜点炸至规定的时间，炸锅中的金属网会自动抬起，脱离热油。

6. 西餐灶

西餐灶（range）是带有数个热源或燃烧器的炉灶。这种炉灶常用于生产西餐菜肴，也用于生产中餐的汤菜等，类似我们日常家庭煤气灶。西餐灶中的每个燃烧器的温度可以单独控制。通常，各燃烧器可单独烹调不同的菜肴。根据宴会菜点生产需求，燃烧器可有4至12个。燃烧器有开放式和覆盖式两种，开放式的燃烧器可以直接看到，而覆盖式燃烧器被圆形金属盘覆盖。

7. 中餐烹调灶

中餐烹调灶是宴会厨房的主要烹调设备，特别是中餐宴会厨房，其用途广泛，适用于炒、爆、煎、炸和烧等任何烹调方法。中餐灶有主燃烧器（主灶）和副燃烧器（副灶），主灶火力足，是主要的工作炉口；副灶中的燃烧器少，火力小，是辅助炉口。根据厂方设计或用户需求，每个中餐灶的主灶可以有1个、2个或3个，它们使用的能源有天然气或煤气等。为了方便宴会菜点生产，在中餐烹调灶的后部常设有煮原汤的小炉口和下水通道。中餐烹调灶有广东式和北方式之分。

8. 组合式烹调灶

组合式烹调灶（combined range）由扒炉、平板炉、炸炉、烤炉和烤箱等组成。其用途很广泛，适用于许多烹调方法。如煎、焖、煮、炸、扒和烤等。其特点是占地面积小，工作效率高。厂商可根据各企业宴会生产需求而单独设计，其组合方式有多种多样。

9. 翻转式烹调炉

翻转式烹调炉（tilting skillet）是一种非常实用与方便的生产设备，它常用于大型宴会生产需要。翻转式烹调炉由两部分组成，上半部是方形锅，下半部是煤气炉。由于上面的烹调锅可以向外倾斜，故称为翻转式烹调炉，有时人们也称它为翻转式烹调锅。它适用于多种烹调方法。例如，煎、炒、炖和煮等，常用于大型宴会和自助餐宴会（见图5-9）。

图5-9 翻转式烹调炉和倾斜式煮锅

10. 倾斜式煮锅

倾斜式煮锅（boiling pan）常以蒸汽为热能，适用于煮、烧和炖等方法制作菜肴与制汤。倾斜式煮锅中的锅可以倾斜，厨师可通过调节蒸汽流动和温度以控制锅内温度。其中，煮锅的外壁包着封闭的金属外套，蒸汽不直接与锅内接触，而被注入煮锅的外套与煮锅之间的缝隙中，并通过金属锅壁传热方法对食品原料加热。常用的蒸汽煮锅容量为10升至50升。

11. 蒸箱

蒸箱（steam cooker）是宴会厨房常用的烹调设备。许多菜点都是通过蒸箱加热的方法成熟。通过蒸的方法制作的菜肴，可保持原料的原味，营养流失少。常用的蒸箱有，高压蒸箱和低压蒸箱。蒸汽开关由控制器控制。这种蒸箱的门不可随时打开，必须等到箱内无压时才能打开。压力蒸箱工作效率高，还适于融化冷冻食品原料。蒸箱内常分为数个隔层。蒸箱适用于大批量的菜点生产。

5.3.3 宴会加工设备

1. 多功能搅拌机

多功能搅拌机（mixer）具有多种加工功能。如和面，搅拌鸡蛋和奶油、搅拌肉馅等，是宴会厨房最基本的加工设备。多功能搅拌机包括两部分：第一部分是装载原料的金属桶，第二部分是机身。机身由电机、变速器和升降启动装置组成，机身的上部还装有搅拌桶和搅拌工具。通常，搅拌机配有三种搅拌工具：打浆板，用于搅拌糊状物质；抽子，抽打鸡蛋和奶油的金属丝；和面杆，用于和面，由较结实的钢棒制成。搅拌机装有速度控制装置，速度可以调节，由每分钟100余转至500余转等。一些多功能搅拌机还带有切碎蔬菜的工具。

2. 切片机

切片机（slicer）用途广泛。例如，切奶酪、蔬菜、水果、香肠和火腿肉等。用切片机切割的食品厚度均匀，形状整齐。常用的切片机有手动式、半自动式和全自动式三个类型。其中，半自动式切片机上的刀片由电机操纵，装食品的托架由手工操作，其工作速度为每分钟30片至50片；而全自动切片机的刀片和托架全是电动的，操作人员可根据具体需求调节它的切割速度。通常有些物体需要慢速切割。例如，温度较高的食品或质地柔软的食品。某些质地结实的固体食品或不易破碎的食品适于快速切割。通过调节装置可控制食品的厚度。

3. 绞肉机

绞肉机（meat grinder）是绞肉的设备，也可以加工其他含有水分的食品原料。它由机筒、螺旋状推进器、带孔的圆形钢盘和刀具组成。食品原料进入机筒后，被推进器推入带孔的圆形钢盘处。在这里，经过旋转的刀具将肉类原料切碎，然后通过钢盘洞孔的挤压，使原料成为颗粒状，被切割的食品原料形状与盘孔的大小相同。

4. 锯骨机

宴会厨房常有锯骨机（meat band saw），锯骨机的用途是切割带骨的大块肉类。它通过电力使钢锯条移动，将带有骨头的畜肉切断。

5. 万能去皮机

万能去皮机（peeling machine）是切削带皮蔬菜的设备，还可以洗刷贝类原料。它由两部分组成，上部是桶状容器，下部为支架；桶状容器用于盛装被加工的食品原料。万能去皮机装有时间控制器和用玻璃制成的观测窗。该机器配有各种供洗刷和切割的刀具和工具。包括普通刷盘、马铃薯去皮刀、切割刀、洋葱去皮刀、洗刷贝类原料的刷子等。

6. 擀面机

擀面机（dough rolling machine）用于面包房。它由支架、传送带和压面装置组成，可将面团压成面片，面片的厚度由调节器控制（见图 5-10）。

图 5-10　擀面机

5. 3. 4　食品贮存设备

宴会厨房离不开食品原料及菜点的贮存设备。这些贮存设备包括冷藏设备、保温设备和各种货架等。

1. 冷藏与冷冻设备

冷藏与冷冻设备（cooler and freezer）为了方便食品的贮存，宴会厨房除了安装较大的冷藏库和冷冻库外，还根据具体需要配置一些冷藏箱和冷冻箱。一些冷藏箱和冷冻箱为连体，箱体分为两部分，一部分的温度为 3 ℃~10 ℃，作为冷藏箱或保鲜柜；另一部分的温度约为 -18 ℃，作为冷冻箱。一些宴会厨房选择单独功能的冷藏箱或冷冻箱，它们比联体式更实用，但是占有更多的厨房面积。常用的冷藏和冷冻设备有立式双门和立式 4 门冷藏箱或冷冻箱、卧式冷藏工作柜、三明治柜等。卧式冷藏工作柜既是冷藏箱又是工作台，箱体内可冷藏食品，设有温度调节和自动除霜系统。其高度以厨房工作台的高度为准，并可调节，台面很结实，配有 3 毫米厚的防锈钢板。三明治冷柜是宴会厨房不可缺少的贮藏设备，这种冷柜的箱体顶部约有 6 个至 12 个不锈钢容器，容器沉在箱体内，容器内装有各种食品。

2. 食品保温设备

食品保温设备（hot-food equipment）是宴会厨房必备的设备。它的种类很多，不同型号和式样的保温设备具有不同的功能。例如，面包房使用的发酵箱、咖啡厅使用的热汤池、保温灯及保温车等。

（1）发酵箱（fermentation tank），供面团发酵的装置，利用电源将水槽内的水加温，使箱中的面团在一定的温度和湿度下充分发酵。

（2）热汤池（steam table），通过水温传导保持食品热度的柜子。宴会厨房利用这一装置为各种汤、热菜及调味汁进行保温，其工作原理与发面箱相似。

（3）保温灯（hat lamp），用热辐射方法保持自助餐宴会菜点或烤肉温度的装置，外观似普通的灯，产生较高的温度，菜肴在这种灯的照射下保持一定的温度（见图 5-11）。

（4）保温车（heat trolley）通过电加热为菜点保温的橱柜，橱柜下面有脚轮，可以移动，故称为保温车，橱柜内存有被保温的菜点。

3. 各种货架

厨房中有各种各样的货架，货架的材料选用不锈钢板和钢管制成，货架是宴会厨房不可缺少的贮存设备。

图 5-11　自助餐宴会保温灯

5.3.5 宴会生产设备选购

宴会厨房设备的选购是宴会生产管理的首要工作，优质的生产设备不仅能生产出高质量的菜点，而且生产效率高、安全、卫生、易于操作。同时，还节省人力和能源。

1. 选购的计划性

现代宴会生产设备不仅价格高，而且消耗大量能源。因此，饭店应有计划地购买宴会生产设备。通常购买设备的目的主要包括生产宴会市场急需的菜点，提高菜点质量和特色，提高生产效率，降低能源消耗等。按照饭店对宴会生产设备的需求情况，宴会厨房设备的购置计划可分为必要的生产设备和适用的生产设备。必要的生产设备是指保证宴会菜点正常生产的设备。这些设备既能保证菜点的生产质量，又能保证生产数量，同时，还可以紧跟宴会市场需求，生产创新和有特色的菜点而为饭店带来收入和利润，是企业不可缺少的和必须购买的生产设备。适用的生产设备是对宴会生产有一定价值的设备。但是，这些设备不一定是急需购买的设备。因此，不是必须购买的生产设备。

2. 生产的实用性

宴会生产设备购置的最基本原因是满足菜单的生产需要。通常，在宴会运营中，生产任何菜点都必须具备相应的生产设备。例如，宴会厨房要制作扒菜，那么必须要安装扒炉；而生产中餐菜点必须安装中餐灶和其他相关生产设备。由于各饭店宴会运营的菜点各不相同，因此各企业宴会生产设备的需求也不相同。但是，饭店对宴会厨房设备的选购原则基本相同。这一原则是购买实用、符合菜单需求和便于操作的生产设备。

3. 购置效益分析

在选购宴会生产设备时，一定要进行效益分析。首先，对选购设备的经济效益做出评估。然后，对购买设备的成本进行分析。同时，计算设备的成本不应只局限于设备本身的成本，还应包括安装费用、使用费用、维修费和保险费等。由于宴会生产设备在原材料、型号、生产地、使用性能及其他方面各不相同，它们的价值也不相同。因此，购买设备前应充分了解设备的性能并对不同式样的设备进行比较分析。一些价格较低的生产设备需要经常维护和保养，使用成本较高。一些价格较高的生产设备结实，耐用，节省人力和能源，使用成本较低。不仅如此，有些宴会生产设备需要配有辅助设施或市政管道设施，其安装费用很高。所以，饭店在选购宴会生产设备前必须对设备的购置进行认真的评估。

4. 生产性能评估

众所周知，宴会厨房设备的生产性能直接影响宴会菜点质量和生产效率。因此，在购买设备前，宴会厨房管理人员应根据菜点生产的具体需求对要购买的设备进行生产性能评估。通常，厨房管理人员通过设备对菜点生产的适应性及生产效率等因素进行评估。此外，选购设备时，还应考虑宴会市场的菜点需求变化和设备使用的能源情况。一般而言，对于投资较大的生产设备应慎重考虑。

5. 安全与卫生要求

安全与卫生是选择宴会生产设备的主要因素之一。首先，合格的宴会生产设备，必须配有安全装置，电器设备应采用安全电压，避免发生宴会生产的安全事故。其次，设备中的利刃和转动部件应配有防护装置，边角应去掉锋利的边际和毛刺。此外，宴会生产设备应由无毒并易于清洁的材料制成。当然，设备的整体结构应平整、光滑，不出现裂缝和孔洞，避免虫害滋生等。根据经验，合格的宴会生产设备不论其结构简单还是复杂，都应具有易于清洁的特点。各种冷藏和冷冻设备应保证所需要的贮存温度，设备结构设计应便于拆卸和装配，以便定时清洗等。

6. 尺寸和外观标准

在宴会生产设备选购中，设备的大小应与宴会厨房空间布局相符。否则，不仅影响菜点生产，还影响厨房美观。同时，还容易造成安全事故。现代宴会生产设备既是宴会厨房的生产工具，又是宴会的营销工具。对于开放式的厨房，其设备的外观更不容忽视。所以，宴会生产设备的材料应选用不锈钢板和无缝钢管等材料。同时，应具有美观、耐用、构造简单，充分利用空间，没有噪声，具有多种加工和生产的功能。

5.3.6 宴会生产设备保养

在宴会厨房管理中，除了正确地选购生产设备外，设备的保养工作也是至关重要的内容。在生产设备保养工作中主要包括两个方面：制定保养计划和实施保养措施。

1. 制定保养计划

宴会厨房对各种生产设备都应制定出具体的保养计划、保养时间和保养方法。其中，要定时检查生产设备的连接处、插头和插座等处是否牢固；定时测量烤箱内的温度，清洗烤箱内壁，清洁对流式的烤箱中的电风扇页；定时检查烤箱门及箱体的封闭情况和保温性能；定时清洁灶具和燃烧器的污垢，检查燃烧器指示灯及安全控制装置，保持设备开关的灵敏度；定时检查炸炉箱体是否漏油，按时为恒温器上润滑油，保持其灵敏度；保持平板炉恒温器的灵敏度，将常明火焰保持在最小位置，定时检查和清洁燃烧器。

定时检查和清洁煮锅中的燃烧器，检查空气与天然气（煤气）混合装置，保证它们正常的工作；检查炉中的陶瓷或金属的热辐射装置的损坏情况并及时更换；及时更换冷藏设备的传动带，观察它们的工作周期和温度，及时调整自动除霜装置，检查门上的各种装置，定时上润滑油，保证其工作正常。定时检查压缩机，看其是否漏气，保证制冷效率，定时清洁冷凝器，定期检修电动机；定期检查和清洁洗碗机的喷嘴、箱体和热管，保证其自动冲洗装置的灵敏度，随时检查并调整其工作温度；对厨房热水管进行隔热保温处理以增加其供热能力；定时检查、清洗和更换排气装置和空调中的过滤器，定时检查和维修厨房的门窗，保证其严密，保证室内温度。

2. 烹调设备保养措施

（1）每天清洗对流式烤箱内部的烘烤间，经常检查炉门是否关闭严实，检查所有线路是否畅通。每半年对烤箱内的鼓风装置和电动机上一次润滑油，每天清洗多层电烤箱的箱体，每 3 个月检修一次电线和各层箱体的门。每天使用中性清洁剂将微波炉中的溢出物清洗干净。

（2）每周清洗微波炉的空气过滤器，经常检查和清洁微波炉中的排气管，用软刷子将排气管阻塞物刷掉，保持其畅通。经常检查微波炉的门，保持炉门的紧密性，开关的连接性。每半年为微波炉的鼓风装置和电机上油，保证其工作效率。

（3）每天对西餐灶顶部上的加热铁盘进行清洗，每月检修西餐灶的煤气喷头。每天清洗平板炉的铁板。

（4）每月检修平板炉的煤气喷头并且为煤气阀门上油一次，定期调整煤气喷头和点火装置。定期检修和保养扒炉的供热和控制部件，经常检修煤气喷头，保持它们的清洁，每天清洗和保养烤架。

(5) 每月检修油炸炉的线路和高温恒温器，使恒温器的供热部件达到规定的温度（通常约在 200 ℃）。如果使用以煤气或天然气为能源的油炸炉，每月应检修它的煤气喷头及限制高温的恒温器，每天保养油炸炉的过滤器，定期检修排油管装置。

(6) 每天清洗旋转烹调锅，使用中性的洗涤液，每月对翻转装置和轴承进行保养，经常检修煤气喷头和高温恒温器。

(7) 每天清洗蒸汽套锅，经常检修蒸汽管道，确保压力不超过额定压力，每天检查减压阀，每周检修蒸汽弯管和阀门，每月为齿轮和轴承上油、清洗管道的过滤网和旋转控制装置。

3. 机械设备保养措施

每天清洗搅拌机的盛料桶。每周检查变速箱内的油量和齿轮转动情况，每月保养和维修升降装置，检查皮带的松紧，给齿轮上油，每半年对搅拌机电机及搅拌器检修一次。每天清洗切片机的刀片，定时或每月为滑杆及其他机械装置上润滑油。每月定期检修削皮机的传送带、电线接头、计时器和磨盘，每天清洗盛料桶。

5.4 生产安全管理

宴会生产安全管理是指在宴会菜点加工、切配和烹调中的安全管理。在宴会运营中，厨房生产出现任何安全事故都会影响饭店的声誉，从而影响宴会运营，而安全事故常常是由于职工生产中的疏忽大意造成。因此，在繁忙的生产时间，如果忽视生产安全管理工作，就会发生职工摔伤、切伤和烫伤事故。当然，火灾等事故也不可避免。所以，预防宴会生产安全事故的发生，必须使厨房工作人员了解安全事故发生的原因，培养生产人员对安全事故预防的意识，制定预防和控制安全事故的措施。

5.4.1 预防跌伤与撞伤

跌伤和撞伤是宴会生产中最容易发生的事故。在宴会生产中，跌伤与撞伤多发生在厨房通道和门口处。其中，潮湿、油污和堆满杂物的通道及职工没有穿防滑的工作鞋是跌伤的主要原因。其次，职工在搬运物品时，由于货物堆放过高，造成视线障碍或职工通过门口粗心大意都是造成撞伤的原因。此外，宴会厨房工作线路不明确或职工不遵守工作规范等也是造成撞伤的原因之一。预防撞伤的措施有，工作人员走路时应精神集中，眼看前方和地面；保持厨房地面整洁和干净，随时清理地面杂物，在刚清洗过的地面上必须放置“小心防滑”的牌子。职工运送货物时应使用手推车，控制车上的货物高度，堆放货物的高度不可越过人的视线。职工在比较高的地方放取货物时，不要脚踩废旧箱子和椅子，应使用结实的梯子。在厨房通道走路时应靠右侧行走，不可奔跑。出入门时，注意过往的其他职工，餐厅与厨房内的各种弹簧门应有缓速装置。

5.4.2 预防切伤

在宴会生产安全事故中，切伤发生率仅次于跌伤和撞伤，造成切伤的主要原因是职工工作精神不集中，工作姿势或程序不正确，刀具钝或刀柄滑。根据观察，刀钝时，厨师切割时必须用力，被切割的食品一旦滑动，切伤事故就会发生。再者，工作区光线不足或刀具摆放的位置不正确等原因也会造成切伤事故。当然，切割设备没有安全防护装置也经常造成切伤事故。预防生产过程中的措施有管理人员认真做好职工的安全和技术培训，保持刀刃的锋利，制定持刀制度和程序。同时，要制定厨房工作规范，应规定刀具是切割食物的工具，决不允许用刀具打闹。厨师在工作时应精神集中，不要用刀具开启罐头，要保持刀具的清洁。另外，决不允许将刀具放在抽屉中，要放在刀架内。当厨师手持刀具时，不要指手画脚，防止刀具伤人；当刀具落地时，不要用手去接，应使其自然落地；职工在接触破损餐具时，应特别留心；职工在使用电动切割设备前，应仔细阅读设备使用说明书，确保各种设备装有安全防护设备。厨师在使用绞肉机时，应用木棒和塑料棒填充肉块，决不允许用手直接按压。清洗和调节生产设备时，必须先切断电源，应按照规定的工作程序操作。

5.4.3 预防烫伤

烫伤主要由厨房的职工工作时粗心大意造成。根据记录，当宴会生产繁忙时，职工在忙乱中偶然接触到热锅、热锅柄、热油、热汤汁和热蒸汽是烫伤发生的主要原因。管理人员应制定宴会生产安全管理制度，培训职工一些预防烫伤的措施。包括使用热水器开关时应谨慎，不要将容器内的开水装得太满，运送热汤菜时应注意周围人群的动态。此外，厨师在烹调时，一定要牢牢握住炒锅，不要使用手柄不结实的烹调锅，炒锅内不要装过多的液体，不要将锅柄放在炉火的上方。厨师打开热锅盖时，应先打开离自己远的一边，再打开全部锅盖。应当牢记，一定要将准备油炸的食物先沥去水分，这样可防止锅中的食油外溢而造成烫伤。同时，要经常检查蒸汽管道和阀门，防止出现漏气伤人事故。此外，厨师还应随身携带干毛巾，养成使用干毛巾的习惯。

5.4.4 预防扭伤

扭伤俗称扭腰或闪腰，职工搬运过重物体或使用不正确的搬运方法会造成腰部肌肉损伤。预防扭伤的措施有，职工搬运物体时应量力而行，不要举过重的物体并且掌握正确搬运姿势。举物体时，应使用腿力，而不使用背力，被举物体不应超过头部。举起物体时，双脚应分开，弯曲双腿，挺直背部，抓紧被举的物体。通常，男职工可举起约 22.5 千克的物体，女职工可举起的物体重量是男职工的一半。

5.4.5 预防电击伤

电击伤在宴会生产事故中很少发生。但是，电击伤的危害很大，应当特别注意。电击伤发生的原因主要是设备老化，电线有破损处或接线点处理不当，湿手接触电器设备等原因。电击伤预防措施有，各生产区域和备餐间中所有电器设备都应安装地线，不要将电线放在地上，即便是临时放置也很危险。保持配电盘的清洁，将所有电器设备开关安装在操作人员可控制的位置非常重要。职工使用电器设备后，应立即关掉电源。当为电器设备做清洁时，一定要先关掉电源。职工接触电器设备前，一定要保证自己站在干燥的地方，手是干燥的。最后，在容易发生触电事故的地方涂上标记，提醒职工注意。

5.4.6 厨房防火

宴会厨房设有多种电器、管道和易燃物品，是火灾易发地区。宴会生产区域火灾不仅危害顾客和职工的生命，还造成饭店财产损失。因此，厨房防火是宴会安全管理的重要内容之一。宴会厨房防火除了要有具体措施外，还应做好职工的培训工作，使厨师及辅助人员了解火灾发生的原因及防火措施。

1. 火灾发生的原因

火灾发生的三个基本条件是火源、氧气和可燃物质，当这三个因素都具备时，火灾便会发生。宴会厨房发生火灾的具体原因有很多。根据统计，由烹调中的食油导致火灾占绝大多数。一般而言，职工在油炸食品时，由于食品原料常含有较多的水分，常常造成油锅中的热油外溢，而引起厨房烟道着火，从而，引起饭店楼层火灾。煤气灶具也是引起火灾的原因，当煤气灶中的火焰突然熄灭时，煤气就从燃烧器中泄漏出来，遇到火源后，火灾便发生了。当宴会厨房某一生产区域中的电线超负荷工作时，也会引起厨房火灾。当然，还有其他引起火灾的原因。

2. 火灾类型

根据研究，宴会厨房火灾有多个类型。A 型火灾是由木头、布、垃圾和塑料引起的，扑灭 A 型火灾适用的物质有水、干粉和干化学剂。B 型火灾是由易燃液体引起的。例如，油漆、油脂和石油等。扑灭 B 型火灾的物质有二氧化碳、干粉和干化学剂。C 型火灾是由电动机、控电板等电器设备引起的，扑灭 C 型火灾适用的物质与 B 型相同。

3. 灭火工具

宴会厨房常用的灭火工具有石棉布和手提灭火器。石棉布在宴会厨房非常适用。当烹调锅中的食油燃烧时，可将石棉布盖在锅上，中断火焰与氧气的接触以扑灭火焰。手提式灭火器有泡沫、二氧化碳和干化学剂等几种类型。同时，灭火器应安装在火灾易发地区，不易污染食品的地区，要经常对灭火器进行检查和保养，每月称一下灭火器的重量，检查灭火器中的化学剂，看其是否挥发掉。不同的手提灭火器，其喷射距离不同。例如，一般手提灭火器的喷射距离是 2 至 3 米，而泡沫类手提灭火器的喷射距离是 10 至 12 米。

4. 防火措施

宴会生产人员应熟悉灭火器存放位置和使用方法，经常维修和保养厨房的电器设备，防止发生火灾。定期清洗排气罩的滤油器，控制油炸锅中的热油高度，防止热油溢出锅外。宴会厨房内任何地区严禁吸烟，注意煤气灶的工作情况并经常维修和保养，培训职工有关防火和灭火知识。作为宴会部职工，发现火险应立即向上级管理人员报告。

本章小结

宴会厨房也称为饭店生产厨房（production kitchen）或主厨房（main kitchen），其规划是确定宴会厨房的规模、形状、建筑风格、装修标准及其内部生产部门之间位置等管理工作。宴会厨房规划是一项复杂工作，它涉及许多方面，占用较多的资金。在宴会厨房规划中；筹划人员应留有充分的时间，考虑各方面因素，认真筹划并应根据生产实际需要，从方便进货、验收、生产、安全和卫生等方面为原则，并为宴会业务发展及可能安装新设备等留有余地。为了保证宴会厨房的生产效率和安全，在宴会厨房规划中，饭店应聘请专业设计部门和厨房管理人员与建筑、消防、卫生、环保和公用设施等管理人员一起参与筹划。宴会厨房生产空间与生产设备布局是指具体确定宴会厨房生产部门、生产设施和设备的位置等工作。宴会厨房是由若干生产部门和辅助部门构成；而生产部门和辅助部门又由生产加工点和生产设备组成。因此，合理的宴会厨房生产空间和生产设备布局应充分利用宴会厨房的面积和建筑设施，减少厨师生产需要的时间和操纵设备的次数，减少厨师在工作中的流动距离。

练习题

1. 名词解释

主厨房、焗炉、扒炉

2. 判断对错题

(1) 火灾发生的三个基本条件是火源、氧气和可燃物质，当这三个因素中具备两个因素时，火灾便会发生。 (　)

(2) 在宴会生产中，跌伤与撞伤多发生在厨房通道和门口处。其中，潮湿、油污和堆满杂物的通道及职工没有穿防滑的工作鞋是跌伤的主要原因。其次，职工在搬运物品时，由于货物堆放过高，造成视线障碍或职工通过门口时粗心大意也是造成撞伤的原因。 (　)

(3) 菜点质量与菜点温度紧密相关，热的菜点应在 90 ℃以上，冷的菜点约在 10 ℃以下。这样，菜点的味道和质地才能达到质量标准。 (　)

(4) 宴会生产安全管理是指在宴会菜点加工、切配和烹调中的安全管理。在宴会运营中，厨房生产出现任何安全事故都会影响饭店的声誉，从而影响宴会运营，而安全事故常常是由于职工在生产中的疏忽大意造成。 (　)

(5) 一些冷藏箱和冷冻箱是连体的，箱体分为两部分，一部分的温度为 3 ℃~10 ℃，作为冷藏箱或保鲜柜；另一部分的温度约为 0 ℃，作为冷冻箱。 (　)

(6) 在宴会厨房规划中，筹划人员应留有充分的时间，考虑各方面因素，认真筹划并应根据生产实际需要，从方便进货、验收、生产、安全和卫生等方面为原则，并为宴会业务发展及可能安装新设备等留有余地。 (　)

(7) 宴会厨房设备的选购是宴会生产管理的首要工作，优质的生产设备不仅能生产出高质量的菜点，而且生产效率高、安全、卫生、易于操作，而且节省人力和能源。 (　)

(8) 为了工作安全，保证生产，节约成本，宴会厨房没有必要设有人行道和货物通道。这是宴会厨房规划的重要原则之一。 (　)

3. 简答题

(1) 简述组合式烹调灶的特点。

(2) 简述宴会厨房面积。

4. 论述题

（1）论述宴会厨房规划原则。

（2）论述宴会生产设备选购。

（3）论述宴会厨房生产设备布局。

参考文献

[1] 尤建新．企业管理理论与实践［M］．北京：北京师范大学出版社，2009.
[2] 陆力斌．生产与运营管理［M］．北京：高等教育出版社，2013.
[3] 陈国华．现场管理［M］．北京：北京大学出版社，2013.
[4] 王景峰．质量管理流程设计与工作标准［M］．2版．北京：人民邮电出版社，2012.
[5] 郭彬．创造价值的质量管理［M］．北京：机械工业出版社，2014.
[6] 赖朝安．新产品开发［M］．北京：清华大学出版社，2014.
[7] 温卫娟．采购管理［M］．北京：清华大学出版社，2013.
[8] 赖利．管理者的核心技能［M］．徐中，译．北京：机械工业出版社，2014.
[9] 托尼．管理学原理［M］．崔人元，冯岩，涂婷，译．北京：中国社会科学出版社，2006.
[10] RUE L W. 管理学技能与应用［M］．刘松柏，译．13版．北京：北京大学出版社，2013.
[11] 马风才．运营管理［M］．北京：机械工业出版社，2011.
[12] 卢进勇．跨国公司经营与管理［M］．北京：机械工业出版社，2013.
[13] 克拉耶夫斯基．运营管理［M］．9版．北京：清华大学出版社，2013.
[14] 王天佑．西餐概论［M］．4版．北京：旅游教育出版社，2014.
[15] 赖利．管理者的核心技能［M］．徐中，译．北京：机械工业出版社，2014.
[16] 布鲁斯，汉佩尔，拉蒙特．经理人绩效管理指南［M］．陈秋苹，译．北京：电子工业出版社，2012.
[17] 科特．总经理［M］．耿帅，译．北京：机械工业出版社，2013.
[18] WALKER J R. Introduction of hospitality management［M］．4th ed. NJ：Pearson Education Inc.，2013.
[19] WALKEN G R. The restaurant from concept to operation［M］．5th ed. New Jersey：John Walker，Inc.，2008.
[20] BARROWS C W. Introduction to management in the hospitality industry［M］．9th ed. New Jersey：John & Sons Inc.，2009.
[21] POWERS T. Management in the hospitality industry［M］．18th ed. New Jersey：John Wiley & Sons，Inc.，2006.
[22] DOPSON L R. Food & beverage cost control［M］．4th ed. New Jersey：John Wiley & Sons，Inc.，2008.
[23] FULLER J. The professional chef′s guide to kitchen management［M］．3rd ed. Massachusetts：Butterworth-Heinemann，1992.
[24] FOSTER，DENNIS L. Food and beverage operations，methods，and controls［M］．New York：Glencoe McGraw-Hill，1994.

[25] KOTAS R, JAYAWARDENA C. Food & beverage management [M]. London: Hodder & Stoughton 2004.

[26] FEINSTEIN A H. Purchasing selection and procurement for hospitality industry [M]. 7th ed. New Jersey: John Wiley & Sons, Inc., 2008.

[27] DOPSON L R. Food & beverage cost control [M]. 4th ed. New Jersey: John Wiley & Sons, Inc., 2008.

第6章

宴会成本管理

本章导读

宴会成本是指制作和销售宴会产品所支出的各项费用。其构成主要包括3个方面：食品原料成本、人工成本和经营费用。科学的宴会成本管理可以提高宴会运营管理水平，减少物质和劳动消耗，使饭店或宴会运营企业获得较大的营业效益并提高企业市场竞争力。通过本章学习，可以了解宴会成本的种类与特点、宴会成本管理的意义，掌握宴会成本管理程序、食品原料采购和贮存管理及宴会成本分析等。

6.1 宴会成本管理概述

宴会成本管理是指饭店或宴会运营企业对宴会运营过程中的各项成本进行成本预测和成本决策，制定成本目标，实施成本控制、成本核算、成本分析和成本考核等的管理活动。

6.1.1 成本与宴会成本

成本是企业为生产和销售产品所支出的费用，是产品价值的重要组成部分，是企业确定产品销售价格的基础。同时，成本高低还决定着企业的市场竞争能力的强弱。不仅如此，成本还是综合反映企业运营业绩的重要指标。企业运营管理中各方面的业绩都可以直接或间接地在成本这一因素中反映出来。

宴会成本是指制作和销售宴会产品所支出的各项费用。其构成主要包括三个方面：食品原料成本、人工成本和经营费用。在宴会成本中，变动成本占有主要部分。例如，食品成本常占宴会总成本的25%~35%。同时，宴会产品的食品成本率的高低取决于饭店和宴会运营企业对宴会实施的营销策略。通常，饭店级别越高，人工成本和各项运营费用占宴会总成本比例越高，而食品成本率相对较低。当然，食品成本率越低的宴会产品，市场竞争力越差。在宴会成本中，可控成本常占宴会总成本的主要部分。例如，食品成本、辅助人员或临时职工及实习出的支出、能源成本、餐具和用具及低值易耗品等的支出都是可控成本。这些成本受宴会管理人员在生产和服务中的管理水平影响。

宴会成本=食品原料成本+人工成本+运营费用

6.1.2 宴会成本管理的意义

科学的宴会成本管理可以提高宴会运营管理水平，减少物质和劳动消耗，使饭店或宴会运营企业获得较大的营业效益，提高企业市场竞争力。宴会成本管理关系到宴会产品的质量和价格、营业收入和利润、顾客的利益和需求等。成功的宴会成本管理可获得成本竞争优势，使企业与顾客达成双方都满意的价格协议，达到维护和巩固现有宴会市场占有率，提高产品的质量和特色、增加宴会市场的吸引力、从竞争对手中夺取市场、扩大本企业的宴会销售量等目的。同时，饭店或宴会运营企业采用较低的宴会成本可防止潜在的进入者进入饭店所选定的宴会细分市场，维持本企业现有的市场地位。因此，宴会成本管理在饭店运营管理中有着举足轻重的作用。

6.1.3 宴会成本种类及其特点

根据宴会成本的构成，宴会成本种类可分为食品成本、人工成本和运营费用。根据宴会成本的不同特点，可分为固定成本、变动成本和混合成本。根据宴会成本的控制程度，可分为可控成本和不可控成本。根据宴会成本发生的时间顺序，可以分为标准成本和实际成本。标准成本是在宴会实际成本发生前的计划成本或预计成本，而实际成本是在宴会成本发生后的实际支出。

1. 根据宴会成本的构成分类

1）食品成本

食品成本是指制作宴会各种菜点的食品原料成本。它包括主料成本、配料成本和调料成本。

（1）主料成本。主料成本是指宴会菜点和饮料中主要食品的原料成本。不同的菜点和饮料，其主料不同，其成本也不同。同时，某个菜点可以有一种主要食品原料、两种原料或更多种类的原料。通常主料在菜点中的含量最多，起着支撑作用。菜点中的色、香、味、形和特色以主料特点为核心，菜点常根据主料的名称、产地和特点等命名。在菜点的原料中，主料成本常占有最高的比例。例如，红烧目鱼中的目鱼成本、扒西冷牛排（grilled sirloin steak）中的牛排成本等。

（2）配料成本。配料是菜点或饮料中的辅助原料，在菜点或饮料中起着衬托主料的作用。例如，扒西冷牛排中的蔬菜、马铃薯或米饭，红烧目鱼中的笋片和木耳等。然而，配料成本是不可忽视的成本，它在菜点食品成本中占有一定的比例。有时其成本超过主料的成本。例如，宫保鸡丁中的腰果成本常超过鸡丁成本。

（3）调料成本。调料成本是指菜点中的调味品成本。调味品在菜点中起着重要的作用，它关系到菜点及饮料的味道和特色等。例如，食油、调味酒、奶酪、香料、酱油、各种沙司（调味酱）等在菜肴中起着关键作用。根据宴会生产实践，调料成本是菜点成本中的一项重要开支，其重要性不仅表现在菜点中的调味作用。有时，调料成本超过主料成本或配料成本。例如，沙拉酱成本有时超过沙拉的主要原料成本。

2）人工成本

人工成本是指参与宴会生产、销售和服务的全部职工的工资和费用，包括宴会总监宴会部经理、厨师长和一线工作人员的工资和支出。其中，包括宴会部营销人员、宴会厅经理、厨师、采购员、服务员和后勤人员及辅助人员的工资及所有支出。

3）运营费用

运营费用是指宴会运营中，除食品原料成本和人工成本以外的成本或费用，包括房屋租金、生产和服务设施的折旧费、燃料、能源费、餐具和用具及其他低值易耗品费、采购费、绿化费、清洁费、广告费、公关费和管理费等。

2. 根据宴会成本的不同特点分类

1）固定成本

固定成本是指在一定的经营时间和一定业务量范围，总成本不随宴会营业额或生产量变动而变动的成本，包括管理人员和技术人员的工资与支出、设施与设备的折旧费、大修理费和管理费等。但是，固定成本并非绝对不变，当宴会营销超出企业现有运营能力时，就需要购置新设备，招聘新职工。这时，固定成本会随宴会生产量的增加而增加。因此，固定成本在宴会一定的运营范围内，成本总量对营业额或生产量的变化保持不变。然而，当宴会销售量增加时，单位宴会或每桌宴会所承担的固定成本会相对减少（见图 6-1）。

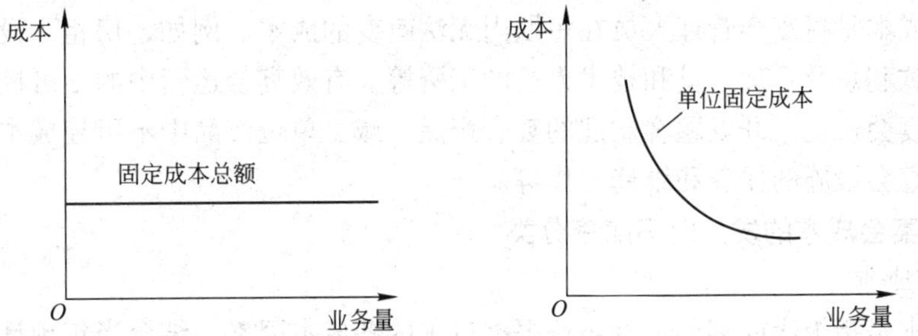

图 6-1　宴会固定成本总额与单位固定成本变化图

2）变动成本

变动成本是指随宴会营业额或生产量的变化成正比例变化的成本。当宴会销售量增加时，其变动成本总量与销售量或其营业额成正比例。例如，某饭店每桌婚宴的价格是 4 880 元，食品成本是 1 260 元，如果某个顾客购买了 20 桌宴会，那么，这一宴会的食品原料总成本是 25 200 元。当然，变动成本不仅包括食品原料成本，还包括宴会运营中的临时职工（实习生、小时工）的薪酬、能源与燃料费、餐具和餐巾及低值易耗品费等。然而，当变动成本总额增加时，单位宴会产品的变动成本保持不变。因此，在宴会食品总成本增加时，每桌宴会成本基本保持不变（见图 6-2）。

3）混合成本

在宴会成本管理中，管理人员工资和支出，能源费和大修理费等常被称为混合成本，也称作半变动成本。通常，混合成本虽然受到宴会生产量的影响，其变动幅度与生产量变动没有严格的比例关系。混合成本兼有变动成本和固定成本的共同特点。根据宴会成本的属性，只有固定成本和变动成本两类。然而，正因为混合成本的这一特点，作为科学的宴会成本管理，可以通过细节管理，更好地控制混合成本的支出。

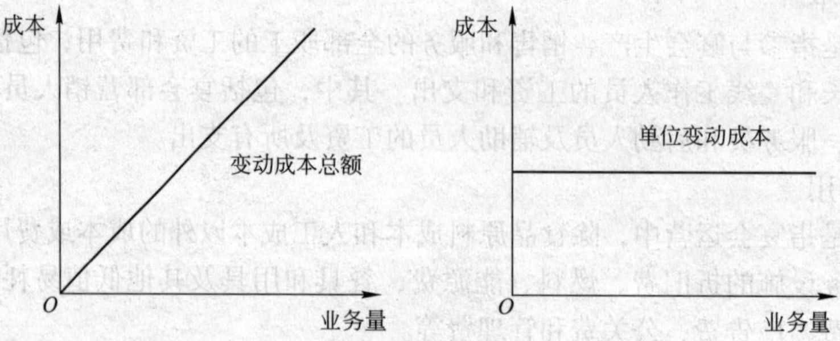

图 6-2　变动成本总额与单位变动成本变化图

3. 根据宴会成本的控制程度分类

1）可控成本

可控成本是指宴会管理人员在短期内可以改变或控制的那些成本，包括宴会中的食品原料成本、燃料和能源成本、临时工作人员的工资和支出、广告与公关费用等。通常，管理人员通过调整每份菜点的原料比例、原料规格等可改变菜点的食品成本；通过加强食品原料采购、保管和生产管理可降低宴会的生产费用和管理费用。

2）不可控成本

不可控成本是指宴会管理人员在短期内无法改变的成本。例如，房租、设备折旧费、大修理费、贷款利息及管理人员和技术人员的工资等。有效宴会运营中的不可控成本管理必须不断地开发宴会市场，开发顾客欢迎的宴会产品，减少单位产品中不可控成本的比例，精减人员，做好宴会设施的保养和维修工作等。

4. 根据宴会成本的发生时间顺序分类

1）标准成本

标准成本是指饭店或宴会运营企业根据过去的各成本因素，结合当年预计的食品原料成本、人工成本、经营费用等的变化，制定出有竞争力的各种目标成本或标准成本。标准成本是饭店或宴会运营企业在一定时期内正常的生产和运营情况下所应达到的成本目标，也是衡量和控制宴会实际成本的计划成本。

2）实际成本

实际成本是在宴会运营报告期内实际发生的各项食品成本、人工成本和经营费用。这些成本因素是饭店及其宴会运营企业进行成本控制的基础。

6.1.4　宴会成本管理程序

宴会成本管理程序主要包括成本预测、成本决策、成本目标、成本控制、成本核算、成本分析和成本考核等。

1. 成本预测

成本预测是根据宴会目前的成本水平、构成要素及其与时间、业务量和其他相关数据之间的关系，结合饭店或宴会运营企业具备的技术和其他条件等因素的变化，合理预计和测算未来的各项成本目标等活动。成本预测是宴会成本管理的重要基础与环节，是宴会成本决策的前提，是宴会成本目标的依据，是宴会成本控制的基础。通过成本预测，饭店可掌握宴会成本变动的影响因素并预计未来的宴会成本水平。

2. 成本决策

成本决策是在收集相关信息和开展成本预测的基础上，对未来涉及的各项成本可行方案进行优选的过程。成本决策以成本预测为前提和基础，对宴会成本控制效果有着决定性的影响。成本决策存在于宴会运营的各阶段、生产与服务的各环节及运营管理中的各职能部门和相关各工作岗位。

3. 成本目标

成本目标是指在宴会总成本决策后，对决策方案分阶段、分部门、分程序、分期间及分责任人等制定具体成本指标的过程和活动。当然，成本目标可以覆盖宴会运营活动的全过程，也可以是逐层分解为各职能部门、各运营阶段的成本指标体系，还可以制定某一特定工序的具体成本标准。

4. 成本控制

成本控制是具体实施成本目标，使宴会成本的发生及其水平按照既定成本目标要求。宴会成本控制的过程是确保宴会成本管理目标实现的过程，它要求根据各饭店或宴会运营企业的具体情况，协调好控制目标、控制主体和控制客体（控制对象）之间的关系，采取最佳成本控制方法以取得理想的成本控制效果。为确保宴会成本控制的效果，饭店应当不断地协调、改进和优化宴会成本控制目标、控制主体和控制客体之间的关系，选择和实施有效的成本控制方法。

5. 成本核算

成本核算是通过对宴会运营中的各项成本的确认、计量和计算等一系列活动，确定成本控制效果。其目的是为宴会成本管理的各环节提供准确的信息。同时，只有通过成本核算，才能全面准确地把握宴会成本管理的效果。做好宴会成本核算，首先要建立健全原始记录，严格执行食品原料的计量、领发、盘点等制度，严格遵守各项成本控制的规定，并根据具体情况确定成本核算的方式。

6. 成本分析

成本分析是将宴会成本核算资料与宴会成本控制目标及其他信息进行对比分析，查明宴会成本变动的趋势、规律和原因，确定宴会成本控制的成绩与差距，落实宴会成本管理的责任，寻求宴会成本效益及其相关因素优化措施的过程。成本分析主要针对宴会成本控制结果与宴会控制目标的差异进行，不仅要确定宴会成本目标是否完成，而且必须进一步结合相关信息开展差异原因分析，明确责任单位和个人，寻求解决宴会成本差异的途径和措施。成本分析也是宴会成本预测、决策、目标、控制的重要基础，同时，也是宴会成本考核的依据。

7. 成本考核

成本考核是对宴会成本控制的主体的成本控制的结果与其所承担的责任进行对比、考核和评价。其目的在于落实预定的宴会控制责任，保障成本控制目标的实现。同时，成本考核也是一种信息反馈，有利于将宴会成本控制的效果与控制主体的切身利益进行联系。此外，成本考核必须在责任主体的职责、权力和利益清晰的前提下展开，防止因权限不清、职责不分、利益不明而导致推卸责任、互相埋怨、奖罚不当等情况的发生。

6.2 宴会成本控制

控制指将预定的目标或标准与反馈的实践结果进行比较，检测偏差程度，评价其是否符合原定目标和要求，发现问题并及时采取措施进行管理。

6.2.1 宴会成本控制概述

1. 宴会成本控制含义

宴会成本控制是指在宴会运营中，管理人员根据餐饮部或宴会部规定的宴会成本标准，对宴会运营中各成本因素进行监督和调节，及时揭示偏差，采取措施加以纠正，将宴会实际成本控制在计划范围之内，保证实现企业的成本目标。宴会成本控制含义有广义和狭义之分。广义的宴会成本控制包括运营前控制、运营中控制和运营后控制。狭义的宴会成本控制仅指宴会运营中控制，包括宴会生产和销售过程中的成本控制。

2. 宴会成本控制特点

宴会成本控制贯穿于它形成的全过程，凡是在宴会运营成本形成过程中影响成本的因素，都是宴会成本控制的内容。在宴会运营中，其成本形成的过程包括食品原料采购、食品原料贮存和发放、菜点加工与烹调、宴会销售与服务等环节。由于宴会成本控制点多，控制方法各异，因此每一控制点都应有具体的控制方法与措施，否则这些控制点便成了泄漏点。

3. 宴会成本控制要素

宴会成本控制是宴会成本管理人员根据成本预测、决策和计划，确定宴会成本控制目标，并通过一定的成本控制方法，使宴会实际成本达到预期的成本目标。宴会成本控制是一个系统工程，其构成要素包括以下内容。

1）控制目标

所谓控制目标是饭店以最理想的宴会成本达到预先规定的产品质量。宴会成本控制必须以控制目标为依据。控制目标不是凭空想象，而是管理者在成本控制前期所进行的成本预测、成本决策和成本计划并通过科学的方法制定的。宴会成本控制目标必须是可衡量的并用一定的文字或数字表达出来。

2）控制主体

控制主体是指宴会成本控制责任人的集合。由于宴会运营中，成本发生在每一个运营环节。影响宴会成本的各要素和各动因分散在宴会的生产和服务各环节中。因此，在宴会成本控制中，控制的主体不仅包括饭店财务人员、食品采购员和餐饮总监或宴会总监，还必须包括宴会部经理、厨师、收银员和服务员等基层工作人员。

3）控制客体

控制客体是指宴会运营过程中所发生的各项成本和费用。根据宴会运营成本统计，宴会控制的客体包括食品成本、人工成本及数十项经营费用。

4）成本信息

一个有效的宴会成本控制系统可及时收集、整理、传递、总结和反馈有关宴会成本信息。因此，做好宴会成本控制工作的首要任务就是做好成本信息的收集、传递、总结和反馈并保证信息的准确性。相反，不准确的信息不仅不能实施有效的成本控制，而且还可能得出相反或错误的结论，从而影响宴会成本控制效果。

5）控制系统

宴会成本控制系统常由7个环节和3个阶段构成。7个环节包括成本决策、成本计划、成本实施、成本核算、成本考核、成本分析和纠正偏差。3个阶段包括运营前控制、运营中控制和运营后控制。在宴会成本控制体系中，运营前控制、运营中控制和运营后控制是一个连续而统一的系统。它们紧密衔接、互相配合、互相促进，在空间上并存，在时间上连续，共同推动宴会成本管理的完善和深入，构成了结构严密、体系完整的成本控制系统。没有运营前控制，宴会成本整体控制系统就会缺乏科学性和可靠性；运营中控制是宴会成本控制的实施过程，是宴会成本控制的核心。然而，没有运营后控制，就不能及时地发现成本偏差，从而不能确定成本控制的责任及做好成本控制的业绩评价，也不能从前一期的成本控制中获得有价值的经验，更不能为下一期宴会成本控制提供科学的依据和参考（见图6-3）。

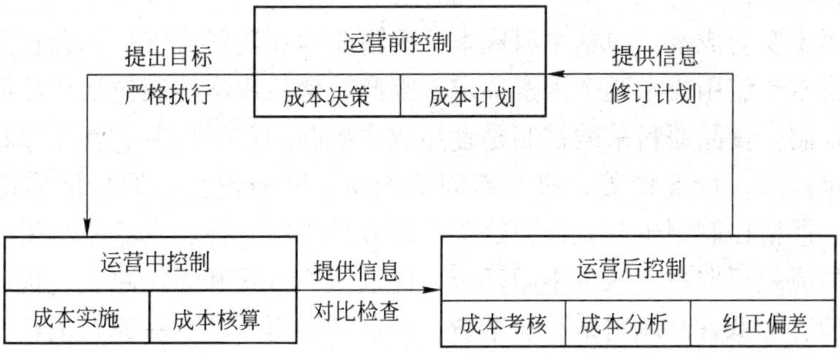

图6-3 宴会成本控制系统图

（1）运营前控制。运营前控制包括宴会成本决策和宴会成本计划，是在宴会产品投产前，进行的产品成本预测和规划，通过成本决策，选择最佳宴会成本方案，规划未来的宴会目标成本，编制成本预算，计划宴会产品成本以便更好地进行宴会成本控制。成本决策是指根据宴会运营成本的预测结果和其他相关因素，在多个备选方案中选择最优方案，确定宴会目标成本；而宴会成本计划是根据成本决策所确定的宴会目标成本，具体规定宴会运营各环节和各方面在计划期内应达到的成本水平。

（2）运营中控制。运营中控制包括宴会成本实施和宴会成本核算，是在宴会成本发生过程中进行的成本控制。宴会成本实施阶段要求宴会实际成本尽量达到计划成本或目标成本，如果实际成本与目标成本出现差异，应及时反馈给有关职能部门，以便及时纠正偏差。其中，成本核算是指对宴会运营中的实际成本进行计算并进行相应的账务处理。

（3）运营后控制。运营后控制包括宴会成本考核、宴会成本分析和纠正偏差，是将所揭示的宴会成本差异进行汇总和分析，查明差异产生的原因，确定责任归属，采取措施及时纠正及作为评定和考核部门或个人的业绩，为下一期成本控制提供依据和参考。其中，宴会成本考核是指对宴会成本计划执行的效果和各责任人履行职责进行考核。宴会成本分析是指根据实际宴会成本资料和相关资料对实际宴会成本发生的情况和原因进行分析；而纠正偏差即采取措施，纠正不正确的宴会实际成本及错误的执行方法等。

6）控制方法

控制方法是指根据所要达到的宴会成本目标采用的手段和方法。根据宴会成本管理策略，不同的宴会成本控制环节有不同的控制方法或手段。在原料采购阶段，应通过比较供应商的信誉度、原料质量和价格等因素确定原料采购的种类和数量并以最理想的采购成本为基础。在原料贮存阶段，建立最佳库存量和贮存管理制度。在宴会生产阶段，制定标准食谱和酒谱，根据食谱和酒谱控制食品原料成本和生产成本。在宴会服务阶段，及时获取顾客满意度的信息，用理想的和较低的服务成本达到顾客期望的服务质量水平。

4. 宴会成本控制途径

宴会成本控制是以提高产品质量和顾客满意度为前提，对宴会功能和各质量因素进行价值分析，以理想的成本实现产品必要的质量指标和水平，以及提高宴会产品竞争力和经济效益。在提高产品价值的前提下，采用适宜的人工成本和运营费用，改进菜点结构和生产工艺，合理使用食品原料，提高边角料利用率，合理使用能源，加强食品原料采购、验收、贮存和发放的管理。从而，在较低的宴会成本前提下，提高宴会产品价值和功能。

1）食品成本控制

食品成本属于变动成本，包括主料成本、配料成本和调料成本。宴会食品成本通常由食品原料的采购成本和使用成本两个因素决定。因此，食品成本控制包括食品原料采购控制和食品原料使用控制。食品原料采购控制是食品成本控制的首要环节。食品原料应达到宴会部规定的菜肴质量标准，价廉物美，应本着同价论质，同质论价，同价同质论采购费用的原则，合理选择。严格控制因生产急需而购买高价食品原料，控制食品原料采购的运杂费。因此，食品采购员应就近取材，减少中间环节，优选运输方式和运输路线，提高装载技术，避免不必要的包装，降低食品原料采购运杂费，控制运输途中的食品原料消耗。同时，饭店或宴会运营企业应规定食品原料运输损耗率，严格控制食品原料的保管费用，健全食品原料入库手续，实施科学的储备量，防止积压、损坏、霉烂和变质，避免或减少食品原料的损失。

在食品成本控制中，食品原料的使用控制是宴会食品原料成本控制的另一关键环节。首先宴会厨房应根据食品原料的实际消耗品种和数量填写领料单，厨师长应控制食品原料的使用情况，及时发现原材料超量或不合理的使用。饭店宴会成本管理人员应及时分析食品原料超量使用的原因，采取有效措施，予以纠正。为了掌握宴会食品原料的使用，宴会厨房应实施日报和月报食品成本制度，并要求宴会厨房工作人员根据工作班次填报。

（1）食品成本率核算。食品成本率指食品成本与菜肴销售价格的比。同时还说明饭店或宴会部在某一会计周期，食品总成本与营业总收入的比。

$$食品成本率=\frac{单位食品成本}{单位菜肴或饮料价格}\times 100\%$$

$$食品成本率=\frac{食品总成本}{营业总收入}\times 100\%$$

（2）食品净料率核算。食品净料率是指食品原料经过一系列加工后得到的净料重量与它在加工前的毛料重量比。在宴会菜点生产中，水果需要去皮和切割；畜肉和家禽常需要剔骨、去皮和切割；海鲜类原料需要去内脏，去皮和去骨；蔬菜需要去掉外皮或根茎等。因此，合理的食品原料加工方法会增加原料的净料率，提高宴会菜点的出品率，减少食品原料浪费，从而可有效地控制宴会食品成本。目前，所有宴会运营企业都制定出本企业的食品原料净料率。例如，某饭店宴会部制订的芹菜和卷心菜净料率分别是 70%、80%，马铃薯和胡萝卜的净料率是 85%，虾仁净料率是 40%及以上（每个虾的重量不同，其净料率不同）。猪

腿肉净肉率在 23%以上，一般猪肉净肉率约占 54%等。净料率计算公式为

$$净料率=\frac{净料重量}{毛料重量}\times 100\%$$

$$折损率=\frac{折损重量}{毛料重量}\times 100\%$$

$$净料总成本=毛料总成本$$

$$单位净料成本=\frac{毛料总值}{净料重量}$$

（3）食品熟制率核算。食品熟制率是指宴会生产中的食品原料经烹调后得到的菜肴重量与它在烹调前的原料重量比。通常，菜点烹调时间越长，食品原料中的水分蒸发越多，食品原料熟制率越低（见图 6-4）。此外，菜点在烹制中使用的火候也会影响菜点的熟制率。许多宴会运营企业都制定了食品原料熟制率。例如，油炸虾的熟制率约是 65%，酱牛肉的熟制率约是 55%等。控制食品原料熟制率的关键是加强对厨师的技术培训，使他们熟练地掌握烹调技术并重视原料的熟制率。食品原料熟制率计算公式为

$$食品原料熟制率=\frac{成熟后的菜肴重量}{烹调前的原料重量}\times 100\%$$

$$食品原料折损率=1-食品原料熟制率$$

图 6-4　菜点熟制中的重量损失

2）人工成本控制

人工成本控制是指对宴会运营中的工资总额、职工数量、工资率等的控制。所谓宴会职工数量是指负责宴会运营的全体职工数量。实际上是对宴会运营的工作时间控制。因此，做好宴会运营中的用工数量控制，减少缺勤工时、停工工时、非生产（服务）工时等非常必要。提高职工出勤率、劳动生产率及工时利用率并严格执行职务（岗位）定额是控制宴会人工成本的基础。工资率是指宴会运营全体职工的工资总额除以运营的工时总数。为了有效地控制宴会人工成本，宴会部管理人员首先应当控制全体职工的工资总额，并逐日按照每人每班的工作情况，进行实际工作时间与标准工作时间的比较和分析并做出总结和报告。现代宴会成本管理以宴会实际运营需要为基础，充分挖掘职工潜力，合理地进行定员编制，控制职工业务素质、控制非生产和非运营用工，防止人浮于事，以合理的定员为依据控制所有参与运营的职工总数，使工资总额稳定在合理的水平上，提高宴会运营效果。此外，实施人本管理，建立良好的企业文化，制定合理的薪酬制度，正确处理运营效率与职工工资的关系，充分调动职工的积极性和创造性是宴会人工成本控制的一个重要举措。加强职工的业务和技术培训，提高其业务素质和技术水平，制定考评制度和职工激励策略是宴会成本管理的重要手段。

（1）工作效率核算。通常，饭店宴会部的工作效率主要考查职工的工作效率和人工成本率。核算方法如下。

① 职工工作效率

$$职工工作效率=\frac{营业收入-食品原料成本}{职工人数}$$

② 人工成本率

$$人工成本率=\frac{工资总额}{营业收入}\times100\%$$

例 1　某饭店宴会部有职工 42 名，2017 年销售总额为 2 200 万元，原料成本额为 700 万元，计算该饭店宴会部工作效率。上述饭店宴会部每月职工工资总额为 26 万元，分析该部门的人工成本率。

$$职工工作效率（年）=\frac{2\ 200-700}{42}=35.714（万元）$$

$$人工成本率=\frac{26\times12}{2\ 200}\times100\%\approx14.182\%$$

（2）人工成本率比较。在饭店宴会运营中，人工成本率是动态变化的，有多种因素影响人工成本率，包括职工的流动、营业额的变化、职工的工资和福利变动等。此外，运营不同的宴会产品，人工成本率也不同。通常，生产和服务技术含量高或新开发的宴会产品，人工成本率相对较高。因此，通过不同会计期、不同宴会人工成本率的比较，可找出人工成本差异的原因并提出改进措施。通常，在同样的工资总额前提下，营业收入越高，人工成本率越低（见表 6-1 和表 6-2）。

表 6-1　不同会计期人工成本率比较

日期	本期（2017 年 10 月）	上期（2017 年 9 月）
营业收入总额/万元	280	235
人工总成本/万元	51.2	51.2
人工成本率	18.29%	21.79%

表 6-2　某著名的商务饭店 2017 年宴会部各宴会厅人工成本概况

宴会厅名称	上海厅	广东厅	四川厅
销售收入/万元	3 648	4 784	2 484
顾客人数/人次	76 000	92 000	69 000
消费水平/元	480	520	360
人工成本/万元	670	930	420
人工成本率	18.37%	19.44%	16.91%
宴会部平均人工成本率			18.24%

3）运营费用控制

在宴会运营中，除了食品成本和人工成本外，其他的成本称为运营费用，包括能源费、设备折旧费、保养维修费、餐具、用具和低值易耗品费、排污费、绿化费及因采购、销售和管理发生的各项费用等。这些费用都是宴会运营必要的成本。这些费用控制方法主要靠宴会部日常严格运营管理实现。

（1）运营费用核算。运营费用包括管理费，能源费，设备折旧费，保养和维修费，餐具、用具与低值易耗品费，排污费，绿化费及因销售和管理发生的各项费用。运营费用率是指宴会运营费用总额与宴会营业收入总额的比。

$$运营费用率=\frac{运营费用总额}{营业收入总额}\times 100\%$$

6.3 食品原料采购管理

食品原料采购管理是宴会成本控制的首要环节，它直接影响宴会运营效益和宴会成本的形成。所谓食品原料采购是指根据饭店的宴会运营需求，在饭店规定的食品原料价格范围内购得符合企业质量标准的食品原料。

6.3.1 食品采购员素质控制

食品采购员是负责采购食品原料的工作人员，在我国许多饭店都设专职食品采购员。合格的食品采购员应认识到采购食品原料的目标是为了宴会产品生产和销售，所采购的原料应符合本企业宴会运营的实际需要。采购员应熟悉采购业务，熟悉各类食品原料名称、规格、质量标准和产地，重视食品原料价格和供应渠道，善于市场调查和研究，关心各种食品原料贮存情况，具备良好的英语阅读能力，能阅读进口食品原料说明书。例如，各种奶酪、香料和酒水等，严守企业财务纪律，遵守职业道德，不以职务之便假公济私。

6.3.2 食品采购部门确定

在宴会成本控制中，饭店确定宴会食品原料的采购部门非常重要。根据需要，不同等级、不同规模和不同管理模式的饭店，负责宴会食品采购工作的部门不同。

1. 餐饮部负责食品采购

在中小型饭店，宴会食品采购工作常由餐饮部负责，餐饮部负责宴会食品采购工作有利于采购员、保管员和宴会厨师之间的沟通。同时，餐饮部熟悉食品原料的质量标准，方便原料购买，可节省采购时间与费用。但是，其缺点是餐饮部作为宴会食品原料的使用部门负责食品原料验收，不利于宴会成本控制。

2. 餐饮部和财务部合作管理

某些饭店宴会食品采购员由餐饮部门选派并受财务部管理，这种管理方法的优点是，财务部负责食品采购工作，易于成本监督和控制，餐饮部选派采购员熟悉食品采购业务。

3. 宴会部负责食品采购

一些大型饭店宴会食品原料采购工作由宴会部采购和管理。这种管理模式利于宴会管理人员控制食品成本，也可获得优惠的价格。但是，饭店宴会部、采购部及餐饮部的沟通常出现问题。

6.3.3 食品质量和规格控制

食品原料质量是指食品的新鲜度、成熟度、纯度、质地、颜色等标准。食品原料规格是指原料种类、等级、大小、重量、份额和包装等。食品原料质量和规格常根据本企业宴会运营需要和某一主题宴会菜单的实际需要做出规定。由于食品原料品种与规格繁多，其市场形态也各不相同（新鲜、罐装、脱水、冷冻）。因此，宴会部必须按照自己的运营范围和运营目标，制定食品原料规格，以达到预期的使用目的，也作为供应商供货的依据。为了使宴会部制定的食品原料规格符合市场供应又能满足本企业需求，食品原料标准应写明原料名称、质量标准、规格要求、产地与品种、类型与式样、等级、商标、大小、稠密度、比重、净重、含水量、包装物、容器、可食量、添加剂含量及成熟程度等标准，文字应简明。

6.3.4 食品采购数量控制

食品原料采购数量是宴会食品原料采购控制的重要环节，由于采购数量直接影响宴会成本构成和成本数额。因此，必须根据饭店宴会运营成本制定合理的采购数量。通常食品原料采购数量受许多因素影响，包括菜点销售量、食品原料特点、宴会运营企业食品原料贮存策略与贮存条件、原料市场供应情况和企业库存量标准等。通常，当宴会销售量增加时，食品原料的采购量必然增加。此外，各种食品原料都有自己的特点，保质期也不相同。水果、蔬菜、鸡蛋和奶制品贮存期很短。各种粮食、香料和干货贮存期较长，某些冷冻食品可以贮存数天至数月。同时，还应根据货源情况决定各种食品采购量，旺季食品原料价格比淡季低且容易购买。此外，考虑到宴会的准时生产方式（just in time，JIT），饭店应尽量减少食品原料的库存量。

1. 鲜活原料采购量

许多宴会部对鲜活原料的采购策略是每天购进新鲜的奶制品、蔬菜、水果及水产品。这样，可保持食品原料的新鲜度，减少损耗。通常，鲜活原料的采购方法是根据实际原料的使用量采购，要求采购员每日检查库存余量或根据宴会生产量进行采购。当然，每日食品库存量的检查可采用实物清点与观察估计相结合的方法，对价格高的食品原料要实际清点，对价格较低的原料只要估计数。为了方便食品原料的采购，采购员将每日要采购的鲜活原料制成采购单，采购单上列出原料的名称、规格、采购量和价格范围，交与供应商。在鲜活原料中，一些本身价值不高且消耗量比较稳定的原料，没有必要每天填写采购单，可采用长期订货法与供应商签订合同，以比较固定的市场价格，由固定的供应商每天送货。

鲜活原料采购量=当日需要量-上日剩余量

2. 干货及冷冻原料采购量

干货原料属于不容易变质的食品原料，它包括干海货（海参、鱼肚、鱼骨等）、粮食、香料、调味品和罐头食品等。冷冻原料包括各种肉类等。许多宴会运营企业为减少食品采购成本，将干货原料采购量规定为每周或每月的使用量；将冷冻原料采购量规定为1至2周的使用量，干货原料和冷冻原料一次采购数量和定期采购时间均因宴会运营情况和采购策略而定。通常采用最低贮存量采购法。最低贮存量采购法是指采购员对达到或接近最低贮存量的原料进行采购。这种方法要求仓库管理员掌握每种食品原料的数量、单价和金额。一般而言，宴会运营企业对干货及冷冻原料的库存应有一套有效的检查制度，及时发现那些已经达到或接近最低贮存量的原料，并发出采购通知单及确定采购数量。

最低贮存量=日需要量×发货天数+保险贮存量

采购量=标准贮存量-最低贮存量+日需要量×送货天数

标准贮存量=日需要量×采购间隔天数+保险贮存量

1）最低贮存量

宴会部根据需求，对干货和冷冻食品原料有一定的标准贮存量，当某种食品原料使用后，其数量降至必须采购而又能维持至新原料到来的时候，这个数量称为最低贮存量。

2）保险贮存量

保险贮存量是防止市场供货和采购运输出现问题所预留的食品原料数量。宴会部确定某种原料的保险贮存量时，通常考虑其市场供应情况和采购运输方便程度。

3）日需要量

日需要量是宴会部或宴会厨房每天对某种食品原料需求的平均数量。

6.3.5 食品采购程序控制

饭店宴会部必须为食品原料采购工作规定工作程序，从而使采购员、采购部门及有关人员明确自己的职责。不同饭店的宴会部食品原料采购程序不同，这主要是根据宴会运营规模和管理模式而定。

1. 大型饭店采购程序

在大型饭店，当食品保管员发现库存的某种原料达到采购点或最低贮存量时，要立即填写采购单交与采购员或采购部门，采购员或采购部门根据仓库申请填写订购单并向供应商订货。同时，将订货单中的一联交与仓库保管员（或验收员），以备验货时使用。当保管员接到货物时，应将货物、采购单和发货票一起进行核对，经检查合格后，将干货和冷冻原料送至仓库贮存，将蔬菜和水果等鲜活原料发送至宴会厨房并办理出库手续。保管员在验货时应做好收货记录并在发货票上盖验收章，将发货票交于采购员或采购部门，采购员或采购部门在发货票上签字与盖章后交与财务部，发货票经财务负责人审核并签字后向供应商付款（见图6-5）。

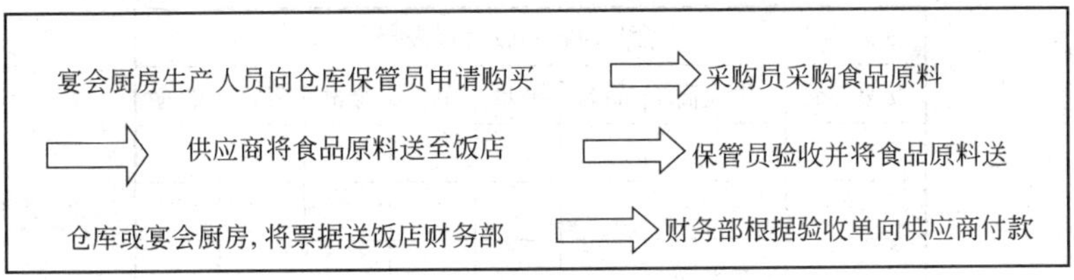

图6-5 食品原料采购程序图

2. 中小型饭店采购程序

中小型饭店采购程序简单，采购员仅根据餐饮部或宴会厨师长的安排和计划进行采购。

6.3.6 食品原料验收控制

食品原料验收控制是指食品保管员（验收员）根据饭店宴会部制定的验收程序与食品质量标准检验供应商发送或采购员购来的食品原料质量、数量、规格、单价和总额，并将检验合格的各种食品原料送到仓库或宴会厨房并记录检验结果。

1. 选择优秀的验收员

食品原料验收通常由专职验收员负责，验收员既要掌握财务知识，又要有丰富的食品原料知识。验收员应是诚实、细心、秉公办事的人。在中小型饭店，验收员可由仓库保管员等兼任，宴会部经理或宴会厨师长不适合做兼职的食品原料验收员。

2. 严格验收程序

在食品原料验收中，为了达到验收效果，验收员必须按照饭店宴会部制定的程序进行检验。通常，验收员根据食品订购单核对供应商送来或饭店采购员采购的货物，防止接收饭店或本企业未订购的货物。验收员应根据订单的食品原料质量和规格标准接收食品原料，防止接收质量或规格与订单不符的任何原料。验收员应认真对发货票上的货物名称、数量、产地、规格、单价和总额与本企业订购单及收到的原料进行核对，防止向供应商支付过高的货款。在货物包装或肉类食品原料标签上注明收货日期、重量和单价等有关数据以方便计算食品成本和执行先入库先使用的原则。食品原料验收合格后，验收员应在发货票盖上验收合格章（见图 6-6），并将验收的内容和结果记录在每日验收报告单上，将验收合格的货物送至仓库。

3. 食品原料日报表

验收员每日应当填写食品原料日报表，该表内容应包括发货票号、供应商名称、货物名称、数量、单价、总金额、接收部门、贮存地点、验收人等（见图 6-7）。

验收日期	________
数量或重量核对	________
价格核对	________
总计核对	________
批准付款	________
批准付款日期	________

图 6-6　食品原料验收合格章

食品原料验收日报表

发票号码	供应商	品名	数量	单价	金额	发送	贮存

日期________验收员________

图 6-7　食品原料验收日报表

6.4　食品贮存管理

6.4.1　食品贮存管理概述

食品贮存是指仓库管理人员通过科学的管理方法，保证各种宴会食品原料数量和质量，减少自然损耗，防止原料流失，及时接收和贮存及发放各种食品原料以满足宴会运营需要。同时，宴会部应制定有效的防火、防盗、防潮和防虫害等措施，掌握各种食品原料日常使用量及其发展趋势，合理控制食品原料库存量，减少资金占用，加速资金周转，建立完备的货物验收、领用、发放、盘点和卫生制度。科学地存放食品原料，使其整齐清洁，存放有序，便于收发和盘点。此外根据需要，宴会食品仓库的前台应设立货物验收台以减少食品原料入库和发放时间。

6.4.2 设立食品仓库

根据宴会业务需要，宴会食品原料仓库可设立（通常设立）干货库、冷藏库和冷冻库。干货库存放各种罐头食品、干海鲜、干果、粮食、香料及其他干性食品原料。冷藏库存放蔬菜、水果、鸡蛋、黄油、牛奶及需要保鲜或当天使用的畜肉、家禽和海鲜等。冷冻库将近期使用的畜肉、禽肉和其他需要冷冻的食品，通过冷冻贮存起来。此外，各食品原料仓库应有照明和通风装置并规定各自的温度和湿度及其他管理规范等。

6.4.3 食品贮存记录制度

在食品贮存管理中，除了保持食品质量和数量外，还应执行食品原料的贮存记录制度。通常当某一食品原料入库时，应记录它的名称、规格、单价、供应商名称、进货日期、订购单编号。当某一原料被领用后，要记录领用部门、原料名称、领用数量、结存数量甚至包括原料单价和总额等。同时，应保持原料的贮存记录，可随时了解存货数量、金额，了解货架上食品原料与记录之间的差异情况。这样，有助于控制采购食品原料的数量和质量。

6.4.4 原料发放控制

原料发放控制是食品原料贮存控制中的最后一项工作，它是指仓库管理员根据宴会厨师长（宴会厨师领班）签发的领料单中的原料品种、数量和规格发放给厨房的过程。食品原料发放控制工作的关键环节是工作认真，发放的原料应根据领料单中的品名、数量和规格的标准执行。通常，仓库管理员使用两种发放原料方法：直接发放控制和贮存后发放控制。

1. 直接发放控制

食品原料直接发放控制是指验收员把刚验收过的新鲜蔬菜、水果、牛奶、面包和水产品等直接发放给宴会厨房，由厨师长等验收并签字。由于饭店常使用新鲜蔬菜、水果和其他鲜活原料，而且这些原料每天使用。因此，饭店业每天将采购的鲜活食品以直接发放形式向宴会厨房发放。

2. 贮存后发放控制

干货和冷冻食品原料不需每天采购，可根据饭店采购管理策略一次购买数天的使用量并将它们贮存在仓库中，待宴会厨房需要时，根据领料单的品种、数量和规格发放至厨房。

3. 食品原料领料单

宴会厨房向饭店或餐饮部保管的食品仓库领用任何食品原料必须填写领料单。领料单既是宴会厨房与食品仓库的沟通媒介，又是宴会成本控制的一项重要工具。通常，食品原料领料单一式三联。厨师长根据宴会生产需要填写后，一联交与仓库作为发放原料凭证，一联由宴会厨房保存，用以核对领到的食品原料，第三联交财务部工作人员。领料单的内容应包括领用部门、原料品种、数量、规格、单价和总额、领料日期和领料人等内容。宴会厨房领用各种食品原料必须经宴会厨师长或宴会厨师领班在领料单上签字才能生效，尤其是较为贵重的食品原料，而领取日常食品原料只要宴会厨师领班签字即可。领料单不仅作为领料凭证，还是食品成本控制的核心资料。

4. 食品原料计价方法

由于食品原料采购渠道、时间及其他原因，某种相同原料购入的单价不一定完全相同。

因此，餐饮部或宴会部在发放食品原料时，需要采用某一计价方法。为了提高工作效率，管理人员常选用一种适合本企业的计价方法以保证食品成本核算的精确性、一致性和可比性。常采用的计价方法有，

1）先进先出法

先进先出法是指先购买的食品原料先使用，由此将每次购进的食品原料单价作为食品发放的计价依据。这种计价方法需要分辨每一批购进的食品原料。先进先出法是宴会食品原料最基本的计价方法。由于饭店业和餐饮业与工业不同，每次购买的原材料数量有限并且食品原料单价差别小。这样，除了价格较高的燕窝和海参等干制品和进口酒以外，其他原材料在仓库的贮存周期很短。

2）平均单价法

平均单价法是在盘存周期，如 1 个月为 1 个周期，将不同时间购买的同一种食品原料的单价，平均后作为计价基础，这样乘以 1 周期领用的总数量，计算出各类食品原料的发放总额的方法。计算公式为

$$\text{食品原料平均单价}=\frac{\text{期初结存金额}+\text{本期收入金额}}{\text{期初结存数量}+\text{本期收入数量}}$$

3）后进先出法

当食品价格呈增长趋势时，一些饭店把最后入库的食品原料单价作为先发出使用的食品原料单价方法，而将前一批购进的、价格较低的食品原料单价作为该类食品原料的仓库贮存单价的方法。当然，发出的实际原料并不是最后一批，仍然是最先购买的那批原料。使用这一计价方法可及时反映宴会食品原料的价格变化，减少仓库食品贮存总额，并避免饭店的经济损失。

例如，某饭店在 2017 年 12 月购进数次海虾（规格为每千克 22~25 个），由于采购时间不同，购入的单价不同，使用先进先出法、平均单价法计算 2017 年 12 月该饭店带皮海虾仓库贮存额。

2017 年 12 月 日期	凭证编号	摘要	收入元/斤			发出元/斤			结存元/斤		
			数量	单价	金额	数量	单价	金额	数量	单价	金额
1		月初原存							41	45	1 845
2		购入	160	43	6 880				201		
4		发出				56			145		
8		发出				62			83		
11		发出				59			24		
12		购入	155	49	7 595				179		
15		发出				61			118		
18		发出				63			55		
21		发出				55			0		
21		购入	163	47	7 661				163		
24		发出				58			105		
27		发出				56			49		
31	本月发生额及月末结存		519		23 981	470			49		

（1）以先进先出法计算，月末结存：47.00×49＝2 303（元）

（2）以平均单价法计算，食品原料平均单价＝$\frac{1\ 845+6\ 880+7\ 595+7\ 661}{41+160+155+163}$＝46.21（元）

月末结存：46.21×49＝2 264.29（元）

6.4.5 食品原料定期盘存制度

食品原料定期盘存制度是饭店或宴会运营企业按照一定的时间周期，例如，一个月，通过对各种食品原料的清点、称重或其他计量方法确定存货数量。采用这种方法可定期了解宴会运营中的实际食品成本，掌握实际食品成本率。然后，通过与饭店的宴会标准成本率比较，找出成本差异及其原因，采取措施，从而有效地控制食品成本。通常，宴会食品仓库的定期盘存工作由宴会部成本控制员或餐饮部专人负责，与食品仓库管理人员一起完成这项工作。盘存工作的关键原则是真实和精确。尽管宴会部采用科学的贮存方法，保证宴会食品原料的数量和质量，减少自然损耗，防止原料流失，然而由于各种原因，食品原料自然损耗不可避免。某些食品原料通过存储后，由于水分蒸发，会损失重量。一些原料属于易变质的原料，如果使用不及时也会造成损失。因此，饭店宴会部等通过食品定期盘存制度可了解食品仓库的实际库存额与账面库存额之间的差异，从而了解库存食品原料的库存短缺率，及时采取措施，减少库存食品的损失。食品原料库存短缺额可通过食品原料账面库存额与食品仓库的实际库存额进行比较后得出。

月末账面库存食品原料总额＝月初库存额+本月采购额－本月发料额

库存短缺额＝账面库存额－实际库存额

$$库存短缺率=\frac{库存短缺额}{仓库发放原料总额}\times 100\%$$

6.4.6 食品原料库存额控制

饭店或宴会运营企业要进行正常的宴会运营活动，必然要保持一定数量的库存食品原料。对饭店而言，在不耽误正常运营的基础上，食品原料库存额越少越好，以便减少因存货而占压的资金。通常，宴会食品原料贮存需要饭店付出贮存成本。这些贮存成本主要包括固定成本和变动成本两个部分。固定成本包括食品原料占用资金所付出的利息、贮存设备折旧费和大修理费、管理人员工资和支出等；变动成本包括贮存设备消耗的能源费等。此外，食品原料占用空间的机会成本也是饭店宴会管理人员应考虑的重要因素。

6.4.7 库存食品原料周转率控制

库存食品原料周转率是库存食品原料发出额与月食品原料平均库存额的比率。这一周转率说明一定时期内宴会食品原料存货周转次数，用来测定宴会食品原料存货的变现速度，衡量饭店销售宴会能力及存货是否过量等。宴会库存食品原料周转率反映了饭店销售宴会效率和存货使用效率。在正常情况下，如果宴会运营良好，食品原料的存货周转率比较高，宴会利润率也就相应较高。但是，宴会库存食品周转率过高，可能说明宴会食品原料的采购与库存管理存在一些问题。例如，宴会食品原料经常短缺或采购次数过于频繁等问题。存货周转率过低，通常是宴会库存管理不利、存货积压、资金沉淀、销售不利等。

$$库存食品原料周转率=\frac{食品原料发出额}{食品原料平均库存额}=\frac{月初库存额+本月采购总额-月末库存额}{(月初库存额+月末库存额)/2}$$

6.5 宴会成本分析

6.5.1 宴会成本分析含义

宴会成本分析是宴会成本控制的重要组成部分，其目的是在保证宴会产品销售的基础上，使成本达到理想的水平。通常，宴会成本分析按照一定的原则，采用一定的方法，利用成本计划、成本核算和其他有关资料，分析成本目标的执行情况，查明成本偏差的原因，寻求成本控制的有效途径，达到最大的经济效益。宴会成本的形成是多种因素引起的综合效果。其中，少数因素起着关键作用，因此应在全面分析成本的基础上，重点分析其中的关键因素，做到全面分析和重点分析相结合。宴会成本分析不仅要对宴会前期与后期的成本数据进行对比分析，还应加强企业之间的成本数据对比分析，以便寻找差距、发现问题、挖掘潜力及指明方向。

6.5.2 影响宴会成本的因素

宴会成本分析，首先要明确影响宴会成本的主要因素。根据调查，影响宴会成本的主要因素包括三个方面：固有因素、宏观因素和微观因素等。

1. 固有因素

影响宴会成本的固有因素包括饭店的地理位置、地区食品原料状况、地区能源状况、交通的便利程度、饭店种类与级别、饭店宴会运营设施等。

2. 宏观因素

影响宴会成本的宏观因素包括国家与地区经济政策、目标顾客的宴会需求、饭店所在区域的价格水平及企业竞争状况等。

3. 微观因素

影响宴会成本的微观因素包括宴会部人力资源、宴会生产和营销、食品原料与燃料、宴会生产效率、宴会成本管理水平、企业文化与伦理、宴会设备的保养与维修等。

6.5.3 宴会成本分析方法

宴会成本分析方法主要有对比分析法和比率分析法。这些方法可针对同一问题的不同角度分析宴会成本的执行情况。

1. 对比分析法

对比分析法是宴会成本分析最基本的方法，它是通过成本指标数量上的比较，揭示成本指标的数量关系和数量差异的方法。对比分析法可将宴会实际成本指标与计划成本指标进行对比，将本期成本指标与历史同期成本指标进行对比，将本企业成本指标与行业成本指标进行对比，以便了解宴会成本之间的差距与不足，进一步查明原因，挖掘潜力，指明方向。采用对比分析法应注意指标的可比性，要求所对比的指标在同一饭店或宴会运营企业的前后各

期一致，同类型和同级别饭店的同一时期所包含的内容一致。根据对比分析法的目的和要求主要有三种形式，

（1）将计划成本指标与标准成本指标进行对比，可以揭示实际成本指标与计划成本指标之间的差异，了解该项指标完成情况。

（2）将本期实际成本指标与上期成本指标或历史最佳水平进行比较，可确定不同时期有关指标的变动情况，了解宴会成本发展趋势和成本管理的改进情况。

（3）将本饭店指标与国内外同行业成本指标进行对比，可以发现本企业与先进企业之间的成本差距，从而推动本企业宴会成本管理意识与方法。

2. 比率分析法

比率分析法是通过计算成本指标的比率，揭示和对比宴会成本变动程度。比率分析法主要包括相关比率分析法、构成比率分析法和趋势比率分析法。采用比率分析法，比率中的指标应有相关性，采用的指标应有对比的标准。

（1）相关比率分析法。这种分析方法是指将性质不同，但又相关的指标进行对比，求出比率，反映其中的联系。例如，将宴会毛利额与宴会销售额进行对比，反映宴会毛利率。

（2）构成比例分析法。这种分析方法是将某项经济指标的组成部分与总体指标进行对比，反映部分与总体的关系。例如，将宴会食品成本、人工成本、运营费用分别与宴会成本总额进行对比，可反映出宴会食品成本率、人工成本率和运营费用率。

（3）趋势分析法。这种分析方法是将两期或连续数期宴会成本报告中的相同指标或比率进行对比，从中发现它们数额和幅度的增减及变动方向的方法。采用这一方法可提示宴会成本执行情况的变化，并可分析引起变化的原因及预测未来的发展趋势。

6.6 宴会精益成本管理

6.6.1 宴会精益成本管理含义

宴会成本的精益管理，简称宴会精益成本管理，是饭店宴会运营的一种全方位与全过程的成本管理。其目标是充分发挥成本的效能，尽可能避免无效的成本支出，实现宴会各项成本的最大效益。实际上，宴会精益成本管理是指在宴会运营中，将精益管理理论与成本管理理论相结合并融合了市场环境、企业组织等因素，运用运筹学、系统工程和计算机等技术使宴会成本管理向着预测、决策和控制等方面的深化管理。宴会精益成本管理的内涵主要包括宴会成本规划、宴会成本控制和宴会成本改善。现代旅游业和酒店业的成本管理目标不再由利润最大化这一短期的直接动因所决定，而是赋予更加广度和深度的含义。从广度上分析，宴会成本已从饭店宴会内部运营的成本管理，发展到宴会运营中的供应链管理。从深度上分析，已从传统的成本管理内涵，发展到精益成本管理。

6.6.2 宴会精益成本管理特点

宴会精益成本管理的特点是以顾客价值为导向，使宴会供应链的各项成本达到最优化的管理理念。这种成本管理理念突破了传统的以利润为主要导向的成本管理理念。宴会精益成本管理从食品原料的采购和库存、菜单筹划与设计、菜点生产与服务等全方位管理宴会供应

链的各项成本，以达到饭店宴会供应链中各项成本最优。从而使饭店宴会业务获得较强的市场竞争优势。从本质上看，宴会精益成本管理是指从企业所处的竞争环境出发，使饭店制定的宴会成本能够在市场竞争中获得长远的成本优势。同时，宴会精益成本管理是对宴会运营过程进行成本细分管理或分层管理。宴会精益成本管理是以有针对性地维持、改善与创新为特点的成本管理。其中，精益成本管理通常与宴会精益生产紧密相关，而宴会精益生产是指将宴会运营中的一切资源达到最有效的运用。从而，杜绝宴会运营供应链中各项不合理的成本。

6.6.3 宴会精益成本管理措施

自21世纪以来，许多饭店为适应新的经济环境调整了传统的宴会成本管理理念，积极采用一些新的成本管理方法。例如，作业成本法、零存货、全面质量管理、价值链和供应链管理方法。这些方法的实施不仅具有必然性，而且是紧密联系的统一体。在当今技术与互联网蓬勃发展的前提下，人工智能工具、电脑辅助生产等在宴会运营中得到广泛的应用，传统的宴会生产方式与产品成本管理方法已显示出一些问题。由于许多饭店从传统的劳动密集型运营方式转变为知识密集型和技术密集型的方式，宴会的食品原料成本在总成本中的比例由20世纪90年代至今呈现出下降的趋势。这样，人工成本和间接运营成本的比例不断提高。同时，宴会成本的构成也愈加复杂。这就要求宴会成本管理人员必须更深入地了解宴会间接运营成本的成本动因，为宴会成本管理提供更加适用的方法与手段。

1. 宴会价值链分析

在现代宴会成本管理中，价值链分析是必不可少的方法。一般而言，基于宴会运营的价值链用来描述宴会产品的开发、设计、生产和销售及人力资源管理和企业基础设施等环节。这样，在宴会价值链分析中，饭店必须区分其中的增值的宴会运营活动和不增值的宴会运营活动。饭店应尽量减少不增值的宴会运营活动，从而减少宴会运营不必要的成本。例如，库存或存货在宴会运营中只起到有备无患的作用。众所周知，宴会的食品原料库存并不能使宴会运营价值增加。因此，宴会运营中应尽量减少库存成本。同时，半成品在宴会运营中也不会增加宴会运营价值。因此，科学的厨房布局，实施合理的运营流程，减少不必要的半成品及其库存，可以优化宴会运营中的成本。

2. 库存与生产分析

由于存货管理是不增值的运营活动，目前许多宴会趋于少存货。当然，宴会零存货会给运营带来一定的风险和不便。一旦由于天气、交通或供应商出现一些断货问题会给企业带来相当大的损失。许多饭店在宴会运营中，都保留必要的存货，又尽量减少存货。同时，采用及时生产的方法。在这种运营理念的指导下，饭店在接到宴会订单时，才开始采购和准时生产。因此，这种宴会运营模式要求饭店能及时并有序地获得宴会订单，而且要及时筹划好菜单。此外，必须与讲究信誉的供应商进行合作以保证及时得到食品原料且是高质量的。此外，宴会厨房必须装备优质的生产设备而且生产人员要技能熟练。总而言之，在这种宴会运营方式下，饭店要具有快速、灵活的生产和运营能力。

3. 宴会作业成本分析

作业成本分析是指以宴会运营为基础，通过对运营各成本动因来分析宴会成本。同时，要为宴会成本管理提供准确的成本信息。所谓作业成本是饭店为提供一定量的宴会产品和服务所消耗的原材料、技术、方法和环境等资源或成本的集合体。通常，饭店每完成一个宴会产品都要消耗一定的资源，而宴会运营中的每一项成果又形成一定的价值。最终将宴会产品提供给顾客。因此，饭店宴会运营过程就是宴会作业成本的支出过程，也是宴会价值形成的过程。然而，并非所有的宴会作业活动都是增加价值的。因此，宴会作业成本分析的目标就是最大限度地消除不增值的各项作业活动。同时，尽可能地提高宴会作业各阶段的效益与效率，减少资源消耗以减少不必要的成本。饭店运用作业成本管理的最大难点在于成本动因分析。实际上，成本动因就是影响宴会作业的各种成本因素。由于各饭店生产和销售的宴会产品各不相同、生产方式各异，成本支出也不相同。所以，各个饭店宴会成本动因也各不相同。这样，宴会作业成本就不存在统一的标准，只能根据宴会具体生产和服务的成本需求进行支出。所以，作业成本分析必须结合不同的宴会主题和规模，不同的环境和设施，准确地分析成本动因。这就是作业成本管理的关键。

4. 宴会质量管理分析

许多饭店管理人员认为，质量管理虽然是宴会运营管理不可缺少的手段。然而，其重要性还在于对成本的管理。目前，一些饭店的管理理念是"质量是免费的（Quality is free）"，也就是说高质量的宴会产品所获得的收益远大于出现质量问题产品所获得的收益。因为，宴会产品出现质量问题会造成顾客流失及企业的声誉下降。这样，饭店会付出较高的营销成本。

实际上，质量管理的起点是基于顾客的具体需求而设计。其终点是保证顾客对宴会产品的满意度。所以，宴会质量管理是宴会成本管理的前提。高质量的宴会产品意味着减少库存原料，提高宴会生产与服务质量。综上所述，严格的宴会质量管理是宴会成本管理的前提与基础。

本章小结

宴会成本管理是指饭店或宴会运营企业对宴会运营过程中的各项成本进行成本预测和成本决策，制定成本目标，实施成本控制、成本核算、成本分析和成本考核等的管理活动。根据宴会成本的构成，宴会成本种类可分为食品成本、人工成本和运营费用。根据宴会成本的不同特点，可分为固定成本、变动成本和混合成本。根据宴会成本的控制程度，可分为可控成本和不可控成本。根据宴会成本发生的时间顺序，可以分为标准成本和实际成本。标准成本是在宴会实际成本发生前的计划成本或预计成本，而实际成本是在宴会成本发生后的实际支出。

宴会成本管理关系到宴会产品的质量和价格、营业收入和利润、顾客的利益和需求等。成功的宴会成本管理可获得成本竞争优势，使企业与顾客达成双方都满意的质量与价格协议，达到维护和巩固现有宴会市场占有率，提高产品的质量和特色、增加宴会市场的吸引力，从竞争对手中夺取市场、扩大本企业的宴会销售量等。同时，饭店或宴会运营企业采用较低的宴会成本可防止潜在的进入者进入饭店所选定的宴会细分市场，维持本企业现有的市场地位。因此，宴会成本管理在饭店运营管理中有着举足轻重的作用。

练习题

1. 名词解释

宴会成本、宴会精益成本管理

2. 判断对错题

（1）食品成本是指制作宴会的各种食品原料成本，它包括主料成本、配料成本和调料成本。（ ）

（2）固定成本是指随宴会营业额或生产量的变化成正比例变化的成本。当宴会销售量增加时，其成本总量与销售量或其营业额成正比例。（ ）

（3）应保持原料的贮存记录并随时了解存货数量与金额；了解货架上食品原料与记录之间的差异情况。这样，有助于控制采购食品原料的数量和质量。（ ）

（4）影响宴会成本的宏观因素包括宴会部人力资源、食品原料与燃料、宴会生产效率、宴会营销与成本管理、企业文化与伦理、设备的保养与维修等。（ ）

（5）宴会成本管理程序主要包括成本预测、成本决策、成本目标、成本控制、成本核算、成本分析和成本考核等。（ ）

（6）比率分析法是通过计算成本指标的比率，揭示和对比宴会成本变动程度。比率分析法主要包括相关比率分析法、构成比率分析法和趋势比率分析法。采用比率分析法，比率中的指标应有相关性，采用的指标应有对比的标准。（ ）

（7）做好宴会运营中的用工数量控制，减少缺勤工时、停工工时、非生产（服务）工时等非常必要。提高职工出勤率、劳动生产率及工时利用率并严格执行食品原料定额是控制宴会人工成本的基础。（ ）

（8）在现代宴会成本管理中，价值链分析是必不可少的方法。一般而言，基于宴会运营的价值链是用来描述宴会产品开发、设计、生产和销售及人力资源管理和企业基础设施等环节。（ ）

3. 简答题

（1）简述宴会成本控制特点。

（2）简述宴会成本控制要素。

（3）简述食品原料计价方法。

（4）简述影响宴会成本的因素。

4. 论述题

（1）论述宴会成本种类及其特点。

（2）论述宴会成本控制要素。

（3）论述食品采购数量控制。

参考文献

[1] 王永刚．管理成本［M］．北京：机械工业出版社，2013.

[2] 高立法，曹云虎，殷子谦．现代企业成本控制实务［M］．北京：经济管理出版社，2008.

[3] 李惠．成本会计教程［M］．上海：立信出版社，2012.

[4] 胥辉．成本会计学［M］．上海：上海理工大学出版社，2013.

[5] 亨格瑞．管理会计教程．［M］．潘飞，译．15 版．北京：机械工业出版社，2012.

[6] 翟学改．管理会计［M］．北京：清华大学出版社，2009.

[7] 杨世忠．成本管理会计［M］．北京：首都经济贸易大学出版社，2009.
[8] 李惟莊．管理会计［M］.4版．上海：立信会计出版社，2009.
[9] 李连燕．成本会计［M］．北京：经济科学出版社，2009.
[10] 武生均．成本管理学．北京：科学出版社，2010.
[11] 骆品亮．定价策略［M］．上海：上海财经大学出版社，2008.
[12] 温卫娟．采购管理．北京：清华大学出版社，2013.
[13] 本顿．采购和供应管理［M］．穆东，译．大连：东北财经大学出版社，2009.
[14] 任月君．成本会计学［M］．上海：上海财经大学出版社，2013.
[15] 胥兴军，杨洛新．成本会计学［M］.2版．武汉：武汉理工大学出版社，2013.
[16] 冯巧根．成本管理会计［M］．北京：中国人民大学出版社，2012.
[17] DOPSON L R. Food & beverage cost control [M]. 4th ed. New Jersey: John Wiley & Sons, Inc., 2008.
[18] VAN DERBECK E J. Cost accounting [M]. OH: Thomson Higher Education, 2008.
[19] BROOKS A. Contemporary management accounting [M]. Milton: John Wiley & Sons Australia, Ltd., 2008.
[20] WALKEN G R. The restaurant from concept to operation [M]. 5th ed. New Jersey: John Wiley & Sons, Inc., 2008.
[21] DOPSON L R. Food & beverage cost control [M]. 4th ed. New Jersey: John wiley & Sons, Inc., 2008.
[22] BARROWS C W. Introduction to management in the hospitality industry [M]. 9th ed. New Jersey: John & Sons Inc., 2009.
[23] FEINSTEIN A H. Purchasing selection and procurement for hospitality industry [M]. 7th ed. New Jersey: John Wiley & Sons, Inc., 2008.
[24] JCKSON S. Managerial accounting [M]. Mason: Thomson Higher Education, 2008.
[25] STICE W K. Financial Accounting [M]. Mason: Thomson Higher Education, 2008.
[26] BRAGG S M. The Controller's function. The Work of the Managerial Accountant [M]. 4th ed. New Jersey: Wiley & Sons INC., 2011.
[27] BROOKS A. Cotemporary management accounting [M]. QLD: Wiley & Sons INC., 2008.
[28] VAN DERBECK E J. Principles of cost accounting. [M]. 14th ed. OH: Thomson Higher Education, 2008.
[29] ASCH A B. Hospitality cost control [M]. New Jersey: Pearson Education LTD., 2006.
[30] CARLOPIO J. Strategy by design. a process of strategy innovation [M]. New York: Palgrave Macmillan, 2010.
[31] DAVIS B, LOCKWOOD A. Food and beverage management [M]. 5th ed. New York: Routledge Taylor & Francis Groups, 2013.
[32] WALKER J R. Introduction of hospitality management [M]. 4th ed. New Jersey: Pearson Education Inc., 2013.
[33] DOPSON L R, HAYES D K. Food & beverage cost control [M]. 6th ed. New Jersey: Wiley & Sons INC., 2016.

第7章

宴会产品质量管理

本章导读

宴会产品质量管理是饭店运营管理的一个重要组成部分，其首要任务是制定宴会产品质量方针和质量目标并使之贯彻和实现。宴会产品质量不仅指菜点和酒水的质量，还指其生产和服务质量以及用餐环境质量。由于科学技术的进步，社会经济的发展，会展业与旅游业的发达，人们生活水平的提高，顾客对宴会产品质量需求和期望不断地变化和提高。通过本章学习，可了解宴会产品的含义和组成、宴会产品质量管理，掌握宴会产品质量保证的原则与方法。

7.1 宴会产品质量概述

7.1.1 宴会产品质量含义

宴会产品质量是指宴会产品本质和数量规定的原则与标准。质是宴会产品所固有的、特点方面的规定性，量则是关于宴会产品的范围和程度的规定性。例如，宴会菜点原材料和生产工艺的规定标准、宴会服务效率与程序、宴会服务设施安全与舒适、企业信誉与伦理等方面的原则。当今，宴会产品质量的测量必须满足特定顾客的需求，顾客是宴会产品质量的鉴定人。现代宴会产品质量标准以顾客满意的质量或是适度的质量为标准。饭店与消费者对宴会产品质量的要求由原来的尽可能完美发展到适度质量要求，超过顾客需求的产品质量水平不被顾客认可，因为它会造成不必要的资源与成本的浪费，而产品质量水平标准过低则达不到顾客对质量的需求。同时，宴会产品质量还是动态和发展的。当经济环境和宴会需求随着时间而发生变化时，顾客的价值观、需求也随之变化。因此，当前能够满足顾客质量水平的宴会产品，经过一段时间后可能被顾客认为是不符合质量标准的产品。

7.1.2 宴会产品组成

现代宴会产品由满足顾客需求的物质实体和非物质形态服务构成。物质实体包括服务设施、宴会家具与餐具、菜肴和酒水等，称作有形产品。非物质形态服务包括服务效率、服务方法、礼节礼貌、餐饮温度，环境与气氛甚至企业声誉等，称作无形产品。有形产品从产品外观可以看到，无形产品从外观看不到，然而顾客可以感受到。对于宴会产品的价值而言，有形产品和无形产品同等重要，不能互相代替。现代宴会产品主要由三个部分组成：核心产品、实际产品和外部产品。核心产品是指宴会餐饮产品的功能和效用；实际产品包括环境与设施、食品安全与卫生、宴会家具与用具、生产与服务技术和服务效率等的质量水平。宴会外部产品是指饭店或宴会运营企业的级别与声誉、企业伦理、宴会产品特色及方便的交通等。从而，组成完整的宴会产品（见图7-1）。

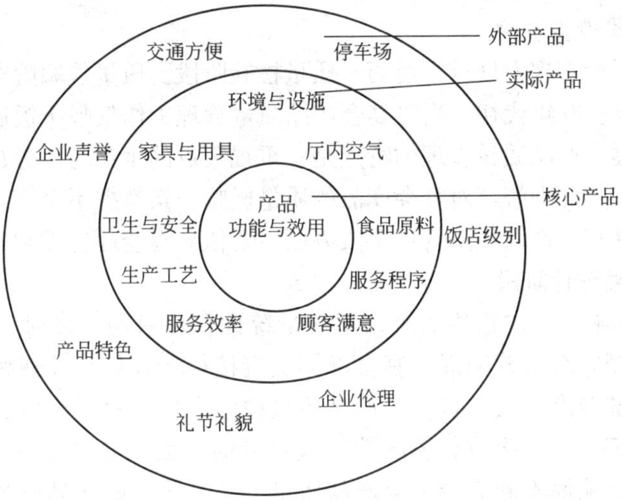

图7-1 完整的宴会产品

7.1.3 宴会产品质量特点

当今由于科学技术的进步，社会经济的发展，会展业与旅游业的发展，人们生活水平的提高，顾客对宴会产品质量需求和期望不断地变化和提高；而不同顾客对宴会产品质量的要求也不同。因此，宴会产品，简称宴会，其质量具有相对性、时间性、动态性和空间性等特点。所谓相对性是指宴会产品质量适应顾客需求的程度因人而异。例如，我国东部地区与西部地区、经济发达城市与欠发达地区等的商务、旅游、休闲和日常生活等方式及餐饮风俗习惯各不同，对宴会产品的内涵、质量和特色要求也不同。

7.1.4 宴会产品质量的影响因素

所谓宴会产品质量不仅指菜点和酒水的质量，还指其生产和服务过程的质量和用餐环境的质量；宴会生产和服务过程由若干个工作程序组成。其中每一因素都会影响宴会产品的质量。对于宴会中的餐饮而言，主要包括宴会食品原料的采购、保管、初加工、切配和烹调等。同时，影响宴会产品质量的服务因素包括宴会预订、宴会服务和宴会结账等。当然，宴会服务设施是影响宴会产品质量的关键因素之一，包括宴会服务环境、停车场、休息室、卫生间、茶歇环境等。在影响宴会产品质量的因素中更为重要的是企业信誉、企业伦理、职工素质与知识、职工技术与管理能力等。

现代宴会产品质量建立在满足顾客需求的基础上，使产品性能和特征的总体具有满足特定顾客需求的能力。宴会产品质量高低的实质是宴会产品满足特定顾客需求的程度，顾客的需要是确定宴会产品质量的标准。现代宴会产品质量的表达常使用需求和特色将顾客与宴会产品联系在一起。宴会产品质量不仅代表企业的运营管理水平，而且还反映饭店或宴会运营企业的信誉和形象。因此，宴会产品质量是饭店或宴会运营企业运营管理的核心。

7.1.5　宴会产品质量管理发展

回顾宴会产品质量管理，可以归纳为3个阶段：宴会产品质量检验阶段、宴会产品质量统计阶段和宴会产品全面质量管理阶段。

1. 宴会产品质量检验阶段

我国宴会产品质量管理发展首先经历了质量检验阶段。质量检验阶段是质量管理的早期阶段，大约在20世纪90年代初，当时宴会产品质量管理工作仅限于饭店餐饮部内部的质量管理，这一阶段的宴会产品质量管理的特点是：重视菜点的生产与服务技术质量，对宴会产品内涵和需求没有深刻的理解，对宴会产品的质量影响因素掌握不全面，对宴会产品质量标准化管理程度差，在宴会产品质量管理手段方面主要依靠宴会厅经理和厨房长把关。

2. 宴会产品质量统计阶段

21世纪90年代末，我国饭店业进入了质量统计管理时期，那时，在餐桌上到处可看到顾客意见单。大型宴会由营销部、宴会部等负责接待、收集和处理顾客投诉。同时一些饭店还成立了宴会部及有专人负责宴会产品质量检验工作，对不合格和存在问题的宴会产品质量进行统计和记录。饭店或餐饮部管理人员及时了解出现宴会产品质量问题的原因，及时制定解决策略，从而不断完善宴会产品质量。这一阶段的产品质量管理实际上是由生产和服务技术管理发展到宴会产品质量的标准化管理及走向宴会产品的全面质量管理的过程。

3. 宴会产品全面质量管理阶段

21世纪我国宴会产品质量管理进入全面质量管理阶段。这一阶段，全体职工的质量意识不断增强，并以满足顾客需求为前提，注重产品的适用性和产品形成的全过程质量管理。特别是近年来，由于我国及国际市场的宴会产品需求不断增长，宴会组织者对宴会主题的体现和宴会产品的功能及特色的需求不断细化。因此，各饭店集团及宴会运营企业制定了宴会工作标准和产品质量标准并严格执行标准。一些饭店成立了宴会部，其全体工作人员都参与了质量管理工作。宴会部管理人员的管理理念均以预防为主，防检结合，运用多种方法提高工作质量，保证产品质量及注重宴会产品质量管理的经济效益。

当今，我国的饭店或宴会运营企业改变了传统的宴会产品质量理念，重视宴会产品的开发与创新，重视宴会文化建设并提供有特色的优质宴会产品。随着我国进入WTO，著名的国际饭店集团不断地进入我国，他们为我们带来新的宴会质量管理理念、新的服务和生产技术、新的营销和管理技术，对国内宴会运营管理带来一定的影响。在这种前提下，顾客对国内宴会产品质量的要求也不断地提高。许多饭店及宴会运营企业管理人员认为，当今国内企业应把宴会运营管理作为一种投资，使其产品质量不断地提高和升华。在当前激烈的宴会市场竞争中，我国饭店的宴会产品质量不应停留在原有的水平，不应仅停留在菜点或餐饮服务的狭隘质量管理理念，不应停留在传统的菜点生产与服务，应当加强宴会产品开发与设计，实施宴会的全面质量管理。

7.1.6 宴会产品质量管理观念

随着市场和宴会组织者对宴会产品需求的发展与变化，管理人员对宴会产品质量管理观念发生了根本性的变化，即从传统的狭义质量管理观念发展至现代的全面质量管理观念。

1. 宴会产品狭义质量管理观

宴会产品狭义质量管理者从局部影响因素考虑产品的质量管理，对宴会产品质量形成过程，对顾客的定义，对质量问题产生，对质量达到的目标，对质量管理的认识及对质量评价与全面质量管理观有着不同的观念。宴会产品狭义质量管理观念主要是符合型质量管理观和适用型质量管理观。①符合型质量管理观认为宴会产品应符合政府主管部门或饭店要求的质量标准。随着时间的推移，经济的发展和消费需求的变化，原来的宴会质量合格产品，可能已不被市场接受和需求。②适用型产品质量管理观认为宴会产品应适合顾客需求的程度，是从需求角度定义产品质量。这一发展表明饭店已认识到宴会细分市场，认识到不同的顾客对宴会产品需求不同。

2. 宴会产品全面质量管理观

宴会产品全面质量管理观认为宴会产品质量不仅包括菜点质量与服务本身质量，还应包含服务环境质量、服务设施质量、宴会生产过程质量、企业声誉与伦理、职工素质和能力等，是多项维度的产品质量管理观念。其中，宴会生产过程质量包括宴会预定过程质量、食品原料采购质量、厨房生产过程质量、菜单筹划与设计质量、员工培训与教育质量、宴会服务过程质量。宴会产品全面质量观认为，其中任何一个工作过程都是影响宴会产品质量的关键因素。此外，顾客的含义不仅是购买宴会产品的顾客、还包括宴会生产和服务人员及与运营管理部门和供应商等（见表7-1）。

表7-1 宴会产品狭义质量管理观与全面质量管理观对比

比较主题	狭义质量管理观	全面质量管理观
产品质量	单项维度概念，仅由菜肴、酒水或服务质量构成	多项维度概念。由环境、设施、人员、菜肴、酒水和服务等质量构成
过程	直接与产品生产有关的过程	不仅包括直接与产品生产有关的过程，还包括间接过程，例如，食品原料采购，工作人员的招聘和培训，宴会产品市场调查与预测及宴会服务等
顾客	购买产品的顾客	不仅包括购买宴会产品的顾客，还包括宴会运营人员、饭店管理人员、相关政府管理部门、供应商及其他相关组织
质量问题原因	原料问题、生产技术问题	不仅是原料问题和生产技术问题，还包括营销问题、人员素质和管理问题等
质量目标	基于宴会部门	基于饭店整体战略目标和质量目标

续表

比较主题	狭义质量管理观	全面质量管理观
质量管理	由饭店质量管理部负责，基于国家、地区、行业和企业的规范、程序和标准。质量管理部门是指宴会部或餐饮部及饭店质检部	由饭店总经理负责，基于国家、地区、行业和企业规范、程序和标准，并根据市场变化和需求，持续开发与创新，动态管理。质量管理部门是饭店的质量管理组织
质量评价	宴会部、餐饮部或质检部负责	饭店或宴会运营企业负责

7.2 宴会产品全面质量管理

宴会产品全面质量管理是指用经济和其他有效的手段对宴会产品进行开发、设计、生产和服务的全面管理以达到顾客最满意的产品运营活动。宴会产品全面质量管理是饭店运营管理的一个重要组成部分。

7.2.1 宴会产品全面质量管理含义

宴会产品全面质量管理是指以产品质量为中心，以全员参与为基础，从市场调查、运营决策到产品的设计、生产和服务等全过程进行有效的控制，把专业技术、管理技术和质检技术有效地结合，建立起一套科学的、严密的宴会产品质量管理体系，以优质的工作、科学的方法、生产出满足顾客需求的宴会产品，使本饭店或宴会运营企业职工和全社会获得利益而达到长期运营成功的管理途径。

7.2.2 宴会产品全面质量管理内容

宴会产品全面质量管理包括企业内部对宴会产品质量管理和国家及地区对宴会产品质量管理的外部影响因素。企业内部管理内容包括制定宴会产品质量政策，确定宴会产品质量水平，制定宴会产品质量保证措施和制定宴会产品质量控制措施并实施宴会产品质量控制等。宴会产品质量的外部影响因素包括国家主管部门和地区对宴会产品的质量政策、质量审核和质量监督以及颁发经营许可证等。作为饭店或宴会运营企业，要保证宴会产品的质量，就应把宴会生产和服务各阶段工作有机地结合在一起并维护顾客的利益，以取得顾客对饭店或宴会运营企业的信誉。根据研究，基于宴会产品质量形成的过程，宴会产品全面质量管理内容如下。

1. 市场调查

饭店或宴会运营企业应通过市场调查了解顾客对宴会产品的食品原料、生产工艺、菜点口味和营养及宴会服务和宴会环境等的要求。在市场调查的基础上，认真分析，选择适合的产品类型。根据运营实践，只有高质量的市场调查研究，才可能有高质量的宴会产品开发与设计及生产满足顾客需要的宴会产品。

2. 产品设计

产品设计是宴会产品质量形成的起点，顾客对宴会产品质量的需求首先通过设计来满足。在宴会产品设计阶段，运营管理人员、厨房生产人员和宴会服务人员要根据宴会市场调查的信息，针对顾客的各项要求，确定适宜的宴会产品质量标准，严格按照科学程序进行宴会产品的设计和研制，确保宴会产品的质量水平。

3. 原料与设施选择

新鲜和符合质量标准的食品原材料是保证宴会产品质量的基础，所有宴会菜点的味道首先来自原料的新鲜度，其次来自调味品的质量；对于宴会产品质量而言，宴会生产与服务设施是宴会产品质量的基础。因此，饭店或宴会运营企业必须根据宴会产品质量标准来选择原材料、生产设施、服务设施、餐具和酒具等。

4. 生产与服务过程

菜点生产与服务过程是宴会产品形成的关键，也是实现宴会产品质量的具体过程。宴会产品生产和形成过程中包括两个部分：餐饮生产过程和餐饮服务过程。因此，在宴会产品形成过程中，必须制定和执行宴会菜点生产和宴会服务的标准和规范，严格和有效地控制宴会产品形成的各因素和各环节的质量（见图7-2）。

5. 产品检验

产品检验是保证宴会产品质量的必要手段，是对宴会产品质量进行有效控制的重要措施，可防止不合格的宴会产品流入下道工序或传递给顾客。宴会产品的质检首先是工作人员对上一道工序质量的检查。然后，对本部门所有工作进行质量的检查。最后，由饭店宴会部或质检部对宴会产品进行质量检查。此外，饭店或宴会运营企业常聘用外部专家对宴会产品进行匿名检查。

图 7-2 宴会菜点生产过程

6. 宴会销售

宴会销售是宴会产品质量形成的最后一个程序，是宴会产品质量管理不可忽视的一环。尽管，饭店宴会销售人员可能与宴会产品质量管理直接联系较少。然而，顾客对宴会产品质量需求和顾客满意度等信息都是通过销售人员对企业的反馈而获得。进而，使饭店或宴会运营企业及时改进和调整菜点的质量和特色，调整服务环境与服务设施等。此外，宴会产品质量还受宴会销售人员的影响。

7.2.3 宴会产品全面质量管理原则

所谓宴会产品全面质量管理是以保证产品质量为中心，对所有影响宴会产品质量的因素进行管理。宴会产品全面质量管理涉及宴会部全体职工的工作质量，饭店或宴会运营企业与供应商的协调，顾客对宴会产品质量的反馈、政府和社会对宴会产品质量的引导等。综上所述，宴会产品全面质量管理的原则主要包括以下方面。

1. 追求完整的产品质量

传统宴会产品质量观认为只要产品符合饭店或本企业规定的产品质量标准即为合格产品或宴会产品质量标准越高表明宴会产品质量越好。现代宴会产品质量观将宴会的服务环境、生产与服务设施、菜点与酒水、宴会服务技术与过程等的质量有机结合，形成完整的宴会产品质量观。当今，饭店管理者认为，宴会产品质量不能简单地以烹调技术和服务技术指标来评价产品质量水平，只有当宴会产品质量所有的影响因素都符合顾客需要时才可称作满意的宴会产品或合格产品。同时，宴会产品质量必须考虑到所有受益者的期望和需要，损害其中任何一方利益，饭店的长久发展都会受到影响。现代宴会产品质量观体现了顾客至上的理念，体现了所有宴会生产和服务部门在质量运营中的责任。现代饭店宴会产品全面质量管理包括产品中的各因素和各环节的管理，从而形成一个综合型的产品质量管理体系。因此，饭店要做好宴会产品全面质量管理必须调动全体职工来关心宴会产品质量，并对自己担任的工作高度负责。当然，饭店或宴会运营企业应做好质量培训工作，使用有效的激励手段并做好宴会产品质量管理的基础工作。

2. 强调较高的产品使用价值

传统宴会产品质量观认为，宴会产品质量指标是评价宴会产品质量水平的主要依据。因此，一些饭店或宴会运营企业在没有对顾客需求进行详细调查和产品定位的前提下，主观确定宴会产品的各项质量指标，片面认为质量标准越高越好，造成产品质量定义不明确或由于不能满足顾客的需求而运营不善。一些企业由于质量标准过高而导致宴会成本和价格上升，失去企业在宴会市场的竞争力或者技术力量和设施质量不能保证宴会产品质量的标准，最终无法有效运营。现代产品质量观认为，宴会产品质量由消费者定义并非质量标准越高越受顾客的欢迎。因此，饭店或宴会运营企业应保持适宜的和较高的宴会产品使用价值，能充分满足目标顾客的质量需求。实践证明，多数顾客在购买宴会产品时，考虑的是宴会价值和功能。从社会角度看，功能的剩余必然带来资源的浪费。所以，适当的宴会产品质量标准是最理想的，而满足顾客实际需求的产品质量是最好的质量。在市场经济下，饭店或宴会运营企业的生存和发展离不开市场和顾客。尽管企业面对相同的宴会市场和营销环境，然而因企业自身的资源、素质和能力各不相同，在角色扮演中也应各不相同。综上所述，每个饭店或宴会运营企业都应明确自己的宴会消费群体，明确竞争对手及其资源，做好市场定位，确定宴会产品质量标准以利营销。

3. 完善产品质量保证能力

传统宴会产品质量观认为，宴会产品通过检验，符合饭店或宴会运营企业规定的标准就是合格的产品质量。因此，应采取措施，增加检验环节、督促职工认真工作等。但是，根据实践，这种方法不能保证宴会产品质量问题的发生，其产品质量仍存在较大的波动，成本费用仍然较高。现代宴会产品质量管理认为，企业在准确定义质量水平的基础上必须完善质量保证能力，这是保持饭店或宴会运营企业竞争力的关键。根据实践，影响宴会产品质量的因素很多，并且在不断地变化。所以，首先宴会管理人员必须建立完善的宴会产品质量保证体系，从而对影响宴会产品质量的各种因素进行系统和有效的控制。实际上，系统工程是宴会产品全面质量管理理论基础之一。在宴会产品质量管理中，管理人员应遵循管理原因保证结果的管理理念。首先，应做好宴会产品的生产质量和服务质量，在此基础上保证宴会产品质量。当然，做好宴会开业前的准备工作保证宴会运营高峰时的质量也是日常的必要工作。

4. 关注全社会整体利益

传统宴会产品质量观认为，宴会服务对象只是购买宴会的顾客，饭店的任务是满足顾客的需求，为企业带来利润。因此，一些饭店或宴会运营企业不顾宴会生产过程中对社会的影响及企业的可持续发展问题。宴会产品全面质量管理强调饭店必须全面关注生态质量、环境质量和社会效益。饭店或宴会运营企业作为社会经济的细胞，要对全社会有所贡献，不仅要为社会创造物质财富、解决就业问题、对社区生活和社会公益事业提供支持，而且应确保在运营中不对环境造成伤害，不造成资源的浪费。现代宴会产品质量观不仅谋求消费者的利益和企业的营业收入，还要认真对待自然生态的平衡及社会环境，积极保护自己的品牌、商誉以及搞好公共关系。

5. 明确和追究管理者责任

传统宴会产品质量观认为，宴会产品质量事故主要由职工造成。因此，产品质量的责任应由职工来承担。因此，在宴会运营中，一旦发生质量问题就将责任归咎于宴会厨师、宴会厅经理和领班、宴会服务员。全面质量观认为，宴会产品质量问题必须追究管理者的责任，职工作为企业人力资源的一部分，其责任与操作规范应当由标准文件加以规定，管理人员应对职工进行必要的培训。在确定产品质量问题的责任或根本原因时，要明确管理者有没有对宴会产品质量体系进行策划和管理。实际上，一些企业的宴会产品质量体系存在严重的缺陷或问题。其中，宴会菜点没有严格的原料标准和工艺标准，宴会服务随意性强。这样，可直接导致宴会产品质量失控。在这样的环境下，职工不可能有效地控制宴会产品质量。当然，管理者是否明确宴会生产和服务中的岗位职责和操作规范并提供充分的设备和工具，信息和培训等也是影响产品质量的原因。根据调查，80%以上的宴会产品质量事故由管理者造成，另外20%的责任事故也与饭店和宴会运营企业的总监和部门经理管理水平有间接的关系。

6. 争取零缺陷宴会服务

传统宴会产品质量观强调，宴会产品必须通过质量检验。现代宴会产品质量观强调宴会产品质量应以预防为主，追求零缺陷和一次成功。零缺陷反映了在市场经济下正确的宴会产品质量管理理念。饭店或宴会运营企业要以顾客为核心，顾客至上并使顾客100%的满意，而100%的满意意味着宴会产品应当是零缺陷。这种宴会产品质量管理理念的转变是当今宴会市场竞争的需要，是经济全球化时代的要求。此外，宴会产品全面质量管理是以企业获得更多的经济效益为目的，失去了经济效益而造成企业亏损的质量管理当然没有任何意义。

7. 做到全员和全过程管理

传统宴会产品质量观认为，宴会产品的质量水平是通过生产和服务体现的，也是通过饭店质检部门检查出来的，是宴会厨房和宴会厅职工的工作结果反映。因此，宴会产品质量反映生产和服务过程的工作质量。当今，随着我国旅游业和饭店业的发展及饭店管理理念的变化，一些饭店或宴会运营企业管理人员逐步认识到宴会产品质量管理在设计阶段已经开始，其重要性甚至超过了生产和服务阶段。根据研究，许多宴会产品质量缺陷在其设计阶段已经存在，而且影响其生产和服务的全过程。因此，宴会产品质量问题不一定是某个部门或某个岗位的问题，它涉及饭店或宴会运营企业所有的相关部门，涉及宴会产品生产和服务的全过程及全体有关人员。例如，食品原料或生产及服务设施的采购等。宴会产品全面质量管理必须树立宴会产品形成中的全面服务意识。这种意识主要表现在3个方面：①上一道工序为下一道工序服务；②管理部门为业务部门服务，为服务人员服务；③饭店或宴会运营企业要为顾客服务。这样，宴会产品全面质量管理要求前一道工序质量必须满足下一道工序质量标准的要求，每项程序都必须为下一项程序打基础。此外，宴会产品全面质量管理认为，宴会运营策略要符合宴会产品形成的规律和市场竞争规律，在生产和服务数量与质量的关系中，质量永远第一。在产品质量控制和质量预防的关系中，永远是预防第一。在近期和长期的运营关系中，永远是长期运营第一的观点。

7.2.4 宴会产品全面质量管理核心工作

1. 严格宴会产品工艺纪律

众所周知，宴会产品质量与宴会工作人员的素质和职业道德、生产技艺、设施和设备、服务程序与方法及食品原料的质量紧密相关。在这些质量因素中，人的因素第一。因此，在宴会产品全面质量管理中，首要核心工作是招聘和选拔优秀的管理人员、厨师和服务员，聘用那些有良好的素质和职业道德，有专业知识和业务专长且工作认真负责的管理人员。这是保证宴会产品质量的前提。

2. 掌握宴会产品质量工作动态

宴会产品全面质量管理的核心工作之二是及时掌握本饭店或宴会运营企业、本部门和本职务负责的宴会产品质量工作动态及国内与国际市场宴会产品质量工作动态。同时，将不合格的、落后于市场的宴会产品消灭在萌芽中。

3. 严格宴会产品质量检验

在宴会产品全面质量管理中，所有工作人员应严格控制生产与服务设施的质量，控制食品原料的质量，制定食品原料质量标准，制定宴会产品生产和服务工艺标准，制定宴会菜点的标准食谱和标准酒谱。同时，饭店或宴会运营企业应成立质检部并任命质量检查人员，控制好本企业宴会产品的质量。

4. 掌握宴会产品工序质量管理

宴会产品全面质量管理必须做好宴会生产和服务的工序质量管理，保证宴会产品每个生产和服务环节的质量，及时发现不合格的工序质量并及时纠正。例如，在生产沙拉时，选择好蔬菜后，用清水洗涤，然后用过滤水冲洗，用专用滤水器滤去水分，用制作沙拉的专用刀具和面板切割沙拉蔬菜，然后将切好的蔬菜放入干净和无毒的薄膜中，用夹子或其他工具将薄膜封好，防止病菌污染并放入冷藏箱。约 1 个小时后，待蔬菜脆嫩时，才可以使用。

5. 加强对不合格宴会产品的质量管理

宴会产品全面质量管理必须加强对不符合饭店或宴会运营企业质量标准的产品进行管理并找出原因和责任人，采取措施，及时改正。

6. 加强宴会部内外的协调工作

宴会产品全面质量管理应协调好宴会产品的各生产和服务部门及外部的相关部门，为贯彻和执行饭店或企业制定的宴会产品质量标准而努力，使之完成各自的质量管理目标。

7. 组织全体职工参与产品质量管理

宴会产品全面质量管理必须得到宴会部或餐饮部全体职工的支持和参与。因此，动员与组织部门全体职工积极参与宴会产品质量管理是宴会产品全面质量管理的基础。其中，包括宴会部的全体职工质量培训和技术培训工作。

8. 不断提高和改进宴会产品质量

宴会产品质量随社会经济发展而提高，随饭店经营目标的调整而变化。高质量的宴会产品从来不是持久不变的。饭店或宴会运营企业必须持续地提高和改进产品质量。因此，宴会产品全面质量管理是长期和持久的，应作为企业经营的战略之一。

7.2.5 宴会产品全面质量管理基础工作

1. 标准化工作

为保证宴会产品的质量达到饭店或企业规定的标准并保证宴会产品质量的稳定性，宴会管理人员必须努力将宴会产品中的各质量影响因素达到目标顾客理想的标准。同时，对宴会产品和服务细节制定标准并严格执行。主要内容如下。

（1）环境与设施质量标准。包括环境布局与装饰、服务设施、家具和用具、餐具与酒具、厨房布局、生产设施等达到既定的标准。

（2）标准食谱和标准酒谱。标准食谱和标准酒谱是对饭店所销售的各种宴会菜肴和酒水所规定的质量标准文件。一份高质量的食谱或酒谱，菜点和酒水名称必须真实，名称必须符合原料的品种和质量标准，符合该产品的工艺标准，符合该产品的味道和特色。英语或法语名称必须准确无误。此外，菜肴和酒水的温度控制是保证菜肴和酒水质量的重要手段，热菜肴和热汤、咖啡和茶水通常在 80 ℃以上，白葡萄酒的温度在 8 ℃至 12 ℃之间，香槟酒和葡萄汽酒的温度在 4 ℃和 8 ℃之间，红葡萄酒的温度常在 16 ℃至 24 ℃之间（见表 7-2 和表 7-3）。

表 7-2 标准酒谱

Margarita（玛格丽特）生产标准	
用料标准	特吉拉酒 40 毫升，无色橙味利口酒 15 毫升，青柠檬汁 15 毫升，鲜柠檬 1 块，细盐适量，冰块 4 至 5 块
制作程序与标准	1. 用柠檬擦湿杯口，将杯口放在细盐上转动，沾上细盐，成为白色环形。注意不要擦湿杯子内侧，不要使细盐进入鸡尾酒杯中。 2. 将冰块、特吉拉酒、无色橙味酒和青柠檬汁放入摇酒器内，用力摇动 7 周，直至摇匀。 3. 过滤，将摇酒器中的酒倒入玛格丽特杯或鸡尾酒杯内

表 7-3 标准食谱

菜肴名称：厨师沙拉（Chef' s Salad）　　　　生产份数：25
菜肴重量：

食品原料品种	数量	制作程序与标准
1. 3 种以上的沙拉生菜。洗涤，去掉老叶和根茎，撕成 3 厘米的正方形，沥去水分，放在无毒塑料薄膜袋，放入冷藏箱中，30 分钟后使用。 2. 煮熟的火鸡肉，切成条。 3. 熟制的意大利火腿肉，切成条（pullman ham）。 4. 瑞士奶酪，切成条（Swiss cheese）。 5. 樱桃西红柿 6. 煮熟并去皮的鸡蛋，每个鸡蛋纵向切成 4 块。 7. 小红圆水萝卜（radishes） 8. 胡萝卜条 9. 绿色甜柿椒，去籽，去蒂，横向切成圈	2.8 公斤 700 克 700 克 700 克 50 个 100 块 25 个 230 克 25	1. 将沙拉生菜放入冷的沙拉盘中，每份约 110 克。 2. 将火鸡肉、火腿肉、奶酪各自摆放整齐，放在生菜上。 3. 将其他原料整齐地放在沙拉上。 4. 用食品塑料薄膜分别将沙拉覆盖，放在冷藏箱内或凉爽的备餐间。 5. 上桌时，将沙拉酱放在容器内，与沙拉同时上桌

（3）服务质量标准化。宴会部制定的服务质量标准化文件，内容包括各服务种类、服务名称、服务内容、服务程序和服务方法等。服务标准文件不仅可以控制宴会各服务程序，还可以控制服务标准。此外，饭店或宴会运营企业应建立用餐环境的标准，包括空间标准、停

车场标准、宴会厅通道标准、宴会环境的清洁标准、照明标准和温度标准等。宴会厅的标准温度，通常控制在 23 ℃至 26 ℃，并可根据顾客需求进行调节。

2. 计量工作

计量工作是宴会产品质量管理的基础，由于所有菜点和酒水都应达到标准食谱和酒谱规定的重量和容量标准。因此，宴会菜点质量管理之一是完善各种量具，包括各种温度计、重量量具和容量量具。在菜点与酒水生产和服务中，菜点主料和配料可通过称重控制重量标准，调料可通过量杯和量匙控制重量和容量标准；酒水可通过量杯等控制容量标准。宴会菜点生产常使用的量具有秤磅（scale），测量杯（measuring cup），测量匙（measuring spoon）等。常使用的重量单位有公制（metric measure）和英制（english measure）两种。公制计量单位包括：克（gram）、千克（kilogram）、毫升（milliliter）、升（liter），英制计量单位包括：盎司（ounce）、磅（pound）、茶匙（teaspoon）、餐匙（tablespoon）、杯（cup）、品脱（pint）、夸脱（quart）、加仑（gallon）等。根据需要，宴会菜点生产常使用一些专业的温度计。例如，肉类温度计（meat thermometer）、油温温度计（fat thermometer）和快速测温计（instant read thermometer）等。

3. 质量培训

宴会产品质量受宴会生产和服务设施、菜肴和酒水制作技术、服务方法与技巧、服务礼节礼貌、语言表达能力等影响与制约。因此，饭店或宴会运营企业必须重视职工培训及培训管理工作。宴会产品质量培训中，理论应联系实际。通常培训的内容有宴会预订培训、宴会环境布置培训、菜单筹划与设计培训、菜点生产技术培训、餐桌摆台培训、宴会服务培训及专项业务培训和宴会质量标准培训等。宴会培训工作应认真规划、精心组织。饭店培训部或人力资源部应协调餐饮部和宴会部等，对宴会运营整体培训需求进行调查分析，根据培训目标和任务、培训对象、职务范围及职工素质等因素制定培训计划和实施方案，避免盲目和随意，使培训内容与职位需求相一致。在培训中应使用案例教学、演示教学、培养职工实践管理能力，坚持专业知识和技能培训与企业文化相结合原则，使职工成为有理想、有职业道德、有文化的宴会运营者。同时，坚持部门整体和重点培训相结合原则，部门整体培训是指对宴会部全体职工按管理职能和职务特点进行有计划的培训，这是全面提高职工业务素质和技能的有效策略。但是，还应根据宴会市场需求的变化、宴会需求发展趋势和宴会业务需求，集中力量有重点地培训相应的技术和管理人才。

4. 信息管理

信息管理是宴会产品质量管理的基础内容之一。饭店或宴会运营企业应不断地调查和分析国际和国内宴会市场及宴会产品发展趋势，及时掌握宴会产品质量动态和本企业宴会产品质量水平。由于现代传播媒介和信息技术的发展，要求饭店或宴会运营企业提高信息处理能力，保证宴会产品的开拓与创新。随着宴会市场的细分化，新的产品不断地增加，这需要饭店等经常对本企业宴会产品的种类及质量标准进行决策。由于现代宴会产品生命周期不断地缩短，顾客对宴会消费需求不断更新，这就要求饭店等必须获得及时、准确和适用的宴会产品质量信息。当然，对于过时的产品质量信息。例如，落后的宴会主题、呆板的宴会菜单、失实的宴会产品质量、个人偏见和传统经验及不适用本地区的宴会产品质量标准都会导致饭店或宴会运营企业的经营失败。此外，收集宴会产品质量信息的方法可通过互联网、报纸、专业杂志及定期到同行业运营现场等，也可聘请专家进行讲座。

5. 质量责任制度

完善质量责任制度是宴会产品的质量保证工作的前提，宴会产品质量责任必须落实到宴会运营管理相关人员和部门及宴会部各种职务或岗位。当出现宴会产品质量问题时，管理人员可分析宴会产品质量问题产生的原因，找出产品质量责任人并对责任人进行培训或处罚。宴会运营管理人员应定时对宴会部职工质量工作做出评估，奖优罚劣。宴会产品质量责任人主要包括以下责任。

（1）分管宴会产品质量的部门经理对宴会产品质量管理负有责任。

（2）采购部对宴会生产和服务设施和用品、酒水和食品原料采购质量负有责任。

（3）食品保管员对宴会酒水和食品原料保管质量负有责任。

（4）宴会厨房对菜点生产质量负有责任。

（5）宴会服务人员对菜肴和酒水服务质量负有责任。

（6）工程部对宴会生产设施和设备的正常运行和保养负有责任。

（7）保安部对参加宴会的顾客和宴会部职工的财产安全质量负有责任。

6. 质量检验

质量检验是宴会产品质量管理不可缺少的程序和手段。宴会产品质量检验强调产品生产和服务中各阶段和各环节的质量检验。宴会部管理人员应控制好宴会菜点生产和宴会服务各环节的质量。通常，宴会产品需要通过 3 个阶段的质量检验。首先对环境、设施、用品和原料质量进行检验。其次，对宴会菜点和酒水的生产质量进行检验。再次，对宴会服务的质量进行检验。

7.3 宴会产品质量保证

7.3.1 宴会产品质量保证体系类型

宴会产品质量保证体系是指宴会部以保证宴会产品质量为目标，运用系统的方法，依靠组织机构，把宴会生产和服务的各环节质量管理严密地组织起来，形成一个有明确任务、职责、权限、互相协调、互相促进的质量管理体系。宴会产品质量保证体系类型如下。

1. 根据宴会产品生产过程分类

根据宴会产品的生产过程分类，可分为宴会设计过程质量保证体系、宴会菜点生产过程质量保证体系、宴会服务过程质量保证体系。

2. 根据管理层次和工作范围分类

有效的宴会产品质量保证体系必须系统化管理。首先，班组先保证自己的产品质量。部门有自己的质量保证管理系统。根据管理层次和工作范围，宴会产品质量保证体系可分为岗位质量保证体系、班组质量保证体系和部门质量保证体系。

7.3.2 宴会产品质量保证体系运转方法

宴会产品质量保证体系作为宴会全面质量管理的一个工作体系，是一个动态体系，包括计划阶段（plan）、实施阶段（do）、检查阶段（check）和处理阶段（action）。这 4 个阶段的管理工作程序简称 PDCA 循环。它反映了宴会产品质量保证体系运转中应遵循的科学程序。其来源是美国质量管理专家戴明（W. E. Deming）的质量管理循环体系。根据宴会产品质量管理体系运转原理，PDCA 循环中每运动一周，宴会产品质量就会提高一步，如此循环，宴会产品质量将持续地改进和提高（见图 7-3，图 7-4 和图 7-5）。PDCA 循环的 4 个工作程序中包括 8 个步骤。

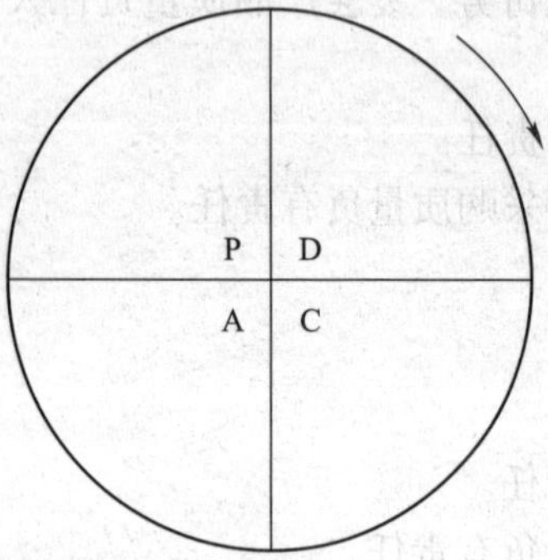

图 7-3　PDCA 循环

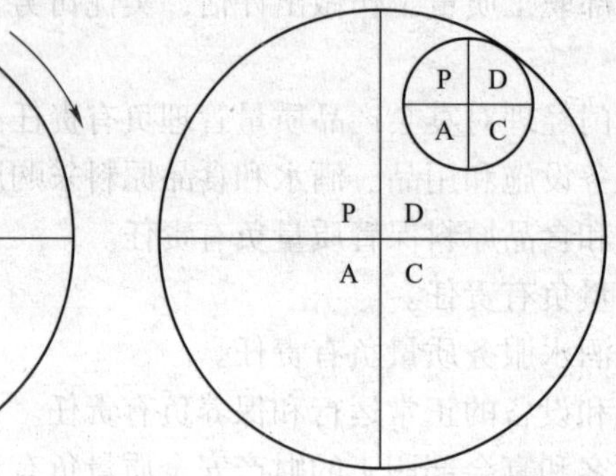

图 7-4　逐级质量保证体系

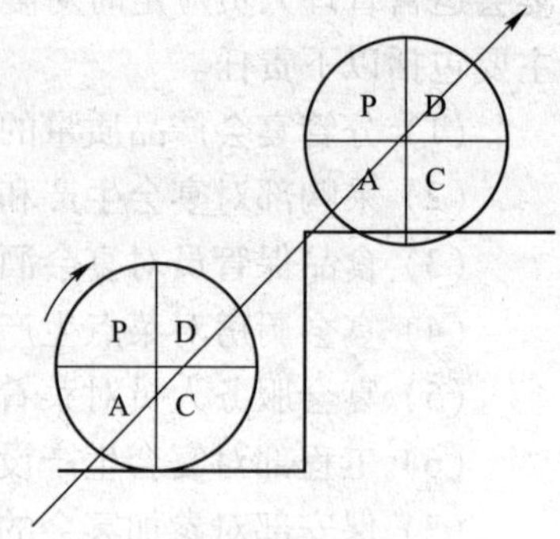

图 7-5　质量循环上升

1. 计划阶段

该阶段制定宴会产品质量目标、活动计划、管理措施和实施方案。包括：

- 分析现状，找出存在的质量问题。
- 分析产生质量问题的原因。
- 从各种原因中找出主要原因。
- 针对主要原因制定改正或调整措施和计划，确定目标。

2. 执行阶段

- 组织实施制定的计划和措施。

3. 检查阶段

- 把实际工作结果与预期目标进行对比，检查执行的情况和存在的问题。

4. 处理阶段

- 总结经验，巩固成绩，指出目前存在的质量问题。
- 将未解决的质量问题转入下一个循环解决。

7.3.3　宴会产品质量保证体系内容

建立和健全宴会产品质量保证体系是保证宴会全面质量取得长期稳定和扩大成果的关键，其内容如下。

1. 建立综合的质量管理机构

建立宴会部内部的专职或兼职质检员，在部门经理领导下行使质量管理职能，包括组织、计划、协调产品质量保证体系的活动，检查和监督各岗位的工作质量，组织部门外的质量信息反馈，掌握宴会产品质量保证体系活动的动态。

2. 制定质量计划和质量责任制

质量计划包括质量目标计划、质量指标计划和质量改进措施计划。宴会产品质量目标计划，也称作宴会产品质量发展计划，它是指导和组织宴会产品质量保证体系的战略目标，是向全体职工提出的长远质量奋斗方向。例如，宴会产品的更新换代、产品质量升级等计划目标等。宴会产品质量指标计划是根据宴会产品质量发展目标，分别按其制定的年度计划或季度计划进行。质量改进措施计划是实现宴会产品质量指标的物质与技术基础。它根据具体项目制定。每一项目又包括若干个工作内容，计划规定每一项目完成的时间进度、负责执行的部门或执行者、预计成本及预期效果等。质量责任制是明确宴会生产与服务的各岗位和每一职工在质量管理方面的职责、具体任务和权限，使质量工作事事有人管，人人有专责，把与宴会产品质量有关的各项工作和全体职工的岗位职责相结合，形成一个严密的质量管理责任系统。

3. 实现管理业务标准化和程序化

管理业务标准化是指把重复出现的宴会产品质量管理工作，按其客观性质分类归纳，制定相应的标准并纳入规章制度，形成质量规范及作为全体职工处理同类质量问题的共同准则。管理程序化是把宴会产品质量形成的全过程，各环节、各岗位及其具体工作程序等记录下来，经分析和改进，使之合理化。

4. 建立高效的质量信息反馈系统

宴会产品质量信息反馈系统是指宴会产品质量保证体系的各环节、各工序之间，按照工作顺序输送质量信息，作为质量管理的依据。宴会产品质量信息反馈按其来源及从信息流动方向，可分为内部信息反馈和外部信息反馈。

5. 开展质量管理小组活动

质量管理小组是由班组职工组织，围绕班组的工作质量目标、产品形成的质量关键或薄弱环节，运用质量管理的理论和方法，开展现场质量管理的一种质量保证基层组织。它是职工参加宴会产品质量管理活动的有效形式，是宴会产品质量保证体系的基础。

6. 保证供应链企业的质量措施

在全面宴会产品质量管理中，除了保证宴会部内部各部门、各环节、各工序的质量管理措施外，还要保证供应链企业的产品质量。例如，供货商的产品质量保证。

7.3.4 宴会产品质量控制与分析

通常，饭店和宴会运营企业对宴会产品质量的工作控制与分析方法有排列图法、因果分析法和层次分析法。

1. 排列图法

排列图全称为主次因素排列图或帕累托图（pareto diagram）。该方法是寻找和总结影响宴会产品质量主要因素的有效方法。排列图最早由意大利经济学家帕累托（Pareto）用来分析社会财富分布状况。他发现社会大部分财富掌握在少数人手里，即所谓“关键的少数和次要的多数”关系。后来，美国质量管理学家朱兰把这一原理应用到质量管理中，作为改善质量活动，寻找主要质量问题的一种有效工具。排列图由两个纵坐标、一个横坐标、几个直方图和一条曲线组成。排列图的横坐标表示影响宴会产品质量的因素或项目，按其影响程度的大小，从左到右依次排列。排列图左边的纵坐标表示发生质量问题的频数（次数或件数），右边的纵坐标表示频率，即百分比。直方图的高度表示某一因素或项目的影响大小，从高到低，从左到右，顺序排列。同时，将各影响因素或项目发生的累积百分比连接起来，从左到右逐渐上升，形成一条曲线，称为帕累托曲线。帕累托曲线所对应的累积百分数划分为3个区域：累积百分数从0%至80%为A区，累积百分数从80%至90%为B区，累积百分数从

90%至100%为C区（见表7-4和图7-6）。

表7-4　某饭店宴会部2018年8月不合格产品统计表

项目 （1）	不合格件数 （2）	累计件 （3）	比例/% （4）	累计比例/% （5）
服务效率	22	22	41%	41%
菜点特色	17	39	32%	73%
环境布局	9	48	17%	90%
礼节礼貌	3	51	6%	96%
宴会厅温度	2	53	4%	100%
合计	53		100 %	

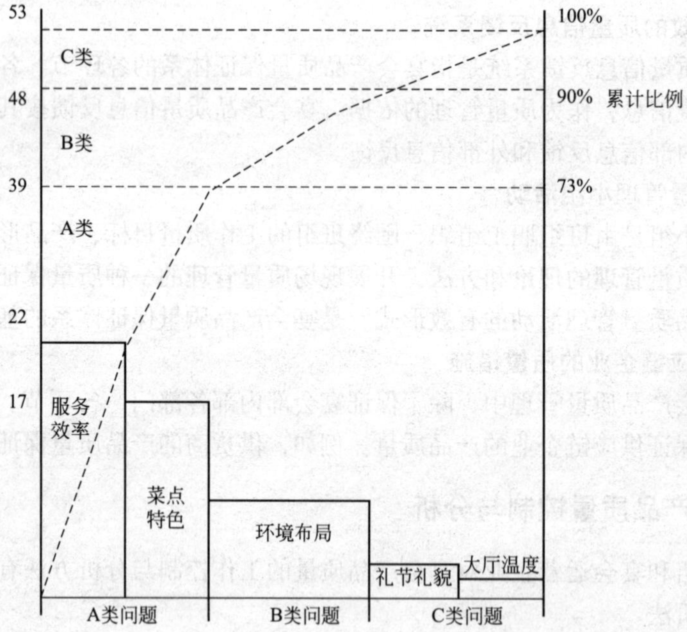

图7-6　排列图法

排列图制作步骤如下。

（1）制作排列图，首先应确定要调查的主要质量问题、不合格的项目或频数、计划调查期间（从×月×日至×月×日）、收集数据方法（顾客投诉单、质检部记录、顾客意见单），制成数据记录表，表中有各项不合格的项目、累计不合格数、各项质量问题的百分比及累计百分比。

（2）在排列图中，将影响宴会产品质量的因素分为A、B、C共3类。A类因素所占频数应高于50%，如果项目少时，应该高于70%或80%，否则，失去寻找主要问题的意义。

（3）不重要的项目较多时，为了避免横坐标过长，可将它们合并，列入其他项目中。

2. 因果分析法

因果分析法是宴会质量分析常用的方法，使用这一方法，先找出那些较大的影响宴会产品质量的原因，再从大原因中找出中原因，从中原因中找出小原因，直至找出具体解决问题的方法。应用因果分析法分析宴会产品质量时，应采用民主方法，广泛听取宴会部一线职工意见，把大家的意见记录和整理出来。在宴会运营中，产生质量问题主要的原因来自6个方面：人员、设备、环境、技术、菜点和服务。每一个方面可细化为中原因和小原因（见图7-7）。通过逐步分析，可发现具体的质量问题原因并采取适当的改进措施，

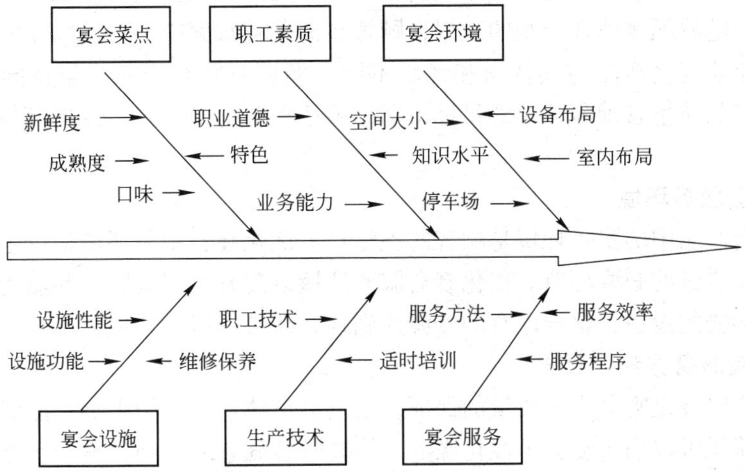

图7-7　因果分析法

3. 层次分析法

层次分析法是把收集的数据，按照不同目的和要求分类，把性质和条件相同的数据归纳在一起进行分析，通过分析可使杂乱无章的数据和错综复杂的因素系统化和条理化，以便找出主要的质量问题。从而，采取措施，解决问题。通常，根据下列原则将数据进行分层分析。

（1）根据宴会主题分层：商务宴会、休闲宴会、家庭宴会、庆贺宴会。

（2）根据宴会厅分层：北京厅、上海厅、杭州厅。

（3）根据工作人员分层：新职工、老职工；男职工、女职工；不同技术等级的职工。

（4）根据职务分层：部门经理、厨师长、采购员、厨师、宴会厅经理、服务员。

（5）根据管理层次分层：宴会总监宴会部经理、业务主管、领班、职工。

（6）根据原材料分层：海鲜、畜肉、蔬菜、粮食（可根据不同的供应商）。

（7）根据菜肴种类分层：冷开胃菜、热开胃菜、汤、主菜和甜点。

（8）其他分层方法：不同季节（淡季与旺季）、散客与团队、会议团队、旅游团队等。

7.3.5　宴会产品质量优化策略

1. 关注宴会产品的实用性

菜点常作为宴会产品的基础产品，其产品质量是衡量和评价宴会质量的关键指标之一。面对目前宴会产品存在着注重菜点外观漂亮，原料与工艺不严谨等问题，饭店或宴会运营企

业需要关注宴会产品的实用性，重视宴会菜点食品原料的采购与配制及生产工艺的质量。

2. 注重宴会产品质量的内涵

对于宴会产品质量而言，其内涵不仅要通过产品外在包装表现，更要注重的是宴会主题文化的体现。因此，提高宴会产品质量，必须关注宴会产品质量的内涵，构建宴会主题文化，包括宴会环境文化、宴会餐台文化、宴会菜单文化、宴会服务程序与方法内涵等。

3. 提高顾客对宴会产品质量的认同度

根据研究，不同的顾客对宴会产品质量存在着不同的认识。这种认识影响顾客对宴会产品的价值体验。随着顾客消费经验的积累，顾客在消费前常偏向于自己以往的经验，形成期望值。一旦本企业宴会产品与其认识和经验不同，顾客对宴会产品质量认同就会降低。因此，全面宴会产品质量管理深入了解目标市场，关注顾客价值的差异并制定与之相应的宴会质量标准。

4. 优化宴会服务环境

通常，宴会产品中的服务环境是顾客的关注点。优化宴会服务环境是饭店或宴会运营企业优化宴会产品质量的必要环节。优化宴会服务环境以现有的宴会服务环境为基础，通过环境改造，购置必要的设备，整合原有的资源达到顾客认可的服务环境。

5. 细化宴会服务方法与流程

优秀的宴会服务是宴会产品质量的保证，是宴会整体产品中的无形产品。因此，细化宴会服务方法与流程可以满足宴会个性化服务，提高顾客满意度。细化宴会服务方法与流程包括宴会预订、宴会迎宾、宴会摆台、餐中服务等的服务流程和服务方法。同时，服务中的礼节礼貌、服务效率、服务技巧和职业道德等也是十分重要的内容（见图 7-8）。

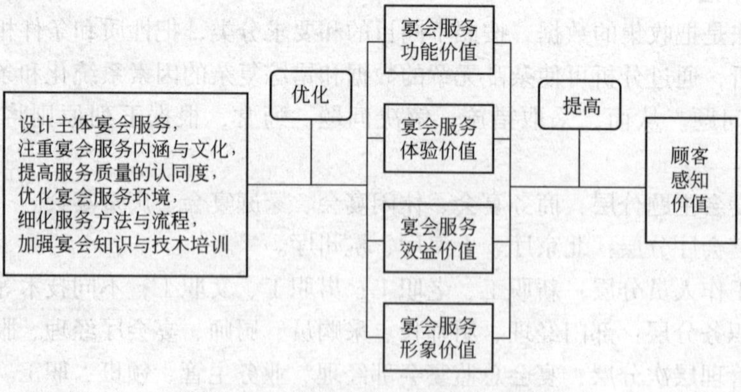

图 7-8 宴会服务质量优化策略

6. 加强宴会知识与技术培训

加强员工对宴会知识与技术的培训是宴会产品质量保证的前提。通常，宴会部的管理人员可作为宴会部的培训教师。根据宴会运营的基本知识和技术的需要，管理人员做出培训员工的计划并按计划实施。当然，在宴会知识与技术培训中，宴会产品质量的影响因素和质量标准也是职工培训的重点内容。

本章小结

宴会产品质量是指宴会产品本质和数量规定的原则与标准。质是宴会产品所固有的、特点方面的规定性，量则是关于宴会产品的范围和程度的规定性。现代宴会产品由满足顾客需求的物质实体和非物质形态服务构成。物质实体包括服务设施、宴会家具与餐具、菜肴和酒水等，称作有形产品。非物质形态服务包括服务效率、服务方法、礼节礼貌、餐饮温度，环境与气氛甚至企业声誉等，称作无形产品。有形产品从产品外观可以看到，无形产品从产品外观看不到，然而顾客可以感受到。现代宴会产品质量建立在满足顾客的需求上，使产品性能和特征的总体具有满足特定顾客的需求能力。宴会产品质量高低的实质是宴会产品满足特定顾客需求的程度，顾客的需要是确定宴会产品质量的标准。宴会产品质量与宴会工作人员的素质和职业道德、生产技艺，设施和设备、服务程序与方法及食品原料的质量紧密相关。在这些质量因素中，人的因素第一。因此，在宴会产品全面质量管理中，首先应招聘和选拔优秀的管理人员、厨师和服务员，聘用那些有良好的素质和职业道德，有专业知识和业务专长且工作认真负责的管理人员。

练习题

1. 名词解释

宴会产品质量、层次分析法

2. 判断对错题

(1) 宴会质量保证体系是指宴会部以保证宴会产品质量为目标，运用系统方法，依靠组织机构，把宴会生产和服务的各环节产品质量管理严密地组织起来，形成一个有明确任务、职责、权限、互相协调、互相促进的质量管理体系。 ( )

(2) 根据研究，不同的顾客对宴会产品质量存在着相同的认识。这种认识影响顾客对宴会产品的价值体验。 ( )

(3) 质量保证体系作为宴会全面质量管理的一个工作体系，是一个动态体系，包括计划阶段（plan）、实施阶段（do）、检查阶段（check）和处理阶段（action）。这 4 个阶段的管理工作程序简称 PDCA 循环。 ( )

(4) 因果分析法是宴会质量分析常用的方法，使用这一方法，先找出那些较小的影响宴会产品质量的原因，再从小原因中找出中原因，从中原因中找出大原因，直至找出具体解决问题的方法。 ( )

(5) 通常，宴会产品中的服务环境是顾客的关注点。优化宴会服务环境是饭店或宴会运营企业优化宴会产品质量的必要环节。 ( )

(6) 菜点质量常作为宴会产品的附加产品，然而，也是衡量和评价宴会产品质量的关键指标之一。 ( )

(7) 做好宴会运营中的用工数量控制，减少缺勤工时、停工工时、非生产（服务）工时

等非常必要。提高职工出勤率、劳动生产率及工时利用率并严格执行食品原料定额是控制宴会人工成本的基础。（ ）

（8）质量管理小组是由班组职工组织，围绕班组的工作质量目标、产品形成的质量关键或薄弱环节，运用质量管理的理论和方法，开展现场质量管理的一种质量保证基层组织。（ ）

3. 简答题

（1）简述宴会产品质量管理发展。

（2）简述宴会产品质量优化策略。

4. 论述题

（1）论述宴会产品全面质量管理核心工作。

（2）论述宴会产品全面质量管理基础工作。

参考文献

［1］李适时．中华人民共和国产品质量法释义［M］．北京：中国法制出版社，2000.

［2］韩福荣．现代质量管理学［M］.4 版．北京：机械工业出版社，2018.

［3］朱兰，戈弗雷．朱兰质量手册［M］．焦叔斌，译.5 版．北京：中国人民大学出版社，2003.

［4］薛秀芬，刘艳．饭店服务质量管理［M］．上海：上海交通大学出版社，2012.

［5］刘宇．现代质量管理学［M］．北京：社会科学文献出版社，2009.

［6］陈国华．现场管理［M］．北京：北京大学出版社，2013.

［7］王景峰．质量管理流程设计与工作标准［M］.2 版．北京：人民邮电出版社，2012.

［8］郭斌．创造价值的质量管理．北京：机械工业出版社，2013.

［9］赖朝安．新产品开发［M］．北京：清华大学出版社，2014.

［10］克劳福德，贝尼迪托．新产品管理［M］．王彬，徐瑾，翟琳阳，译.9 版．大连：东北财经大学出版社，2012.

［11］陆力斌．生产与运营管理［M］．北京：高等教育出版社，2013.

［12］刘宇．现代质量管理学［M］．北京：社会文献出版社，2009.

［13］陈国华．现场管理［M］．北京：北京大学出版社，2013.

［14］王景峰．质量管理流程设计与工作标准［M］.2 版．北京：人民邮电出版社，2012.

［15］郭斌．创造价值的质量管理［M］．北京：机械工业出版社，2013.

［16］赖朝安．新产品开发［M］．北京：清华大学出版社，2014.

［17］埃文斯，迪安．全方位质量管理．［M］．吴蓉，译.3 版．北京：机械工业出版社，2004.

［18］COOPER R G. Winning at new products：creating value through innovation［M］.4th ed. New York：The Perseus Books Group，2011.

［19］GITLOW H S. Quality management［M］.3rd ed. NY：Mcgraw- Hill Inc.，2004.

［20］Roberta S. Russell. Operations management［M］.4th ed. New Jersey：Prentice Hall, Inc，2003.

［21］DAVIS B，LOCKWOOD A. Food and beverage management［M］.5th ed. New York：Routledge Taylor & Francis Groups, 2013.

[22] WALKER J R. Introduction of hospitality management [M]. 4th ed. NJ: Pearson Education Inc., 2013.

[23] COOPER R G. Winning at new products: creating value through innovation [M]. 4th ed. New York: The Perseus Books Group, 2011.

第 8 章

宴会菜单筹划

本章导读

宴会菜单是饭店为顾客提供的宴会餐饮产品说明书，是运营企业销售宴会产品的工具。在现代宴会销售中，菜单的作用至关重要。由于宴会产品核心之一是餐饮产品，而餐饮产品不宜贮存，消费者只能通过菜单了解宴会的菜点原料、工艺、造型和菜点特色等。因此，菜单已成为顾客购买宴会的主要工具。通过本章学习，可了解宴会菜单的含义与作用、菜单种类及其特点，掌握宴会菜单的筹划与制作及价格策略。

8.1　宴会菜单概念

8.1.1　宴会菜单的含义

菜单是饭店为顾客提供的宴会菜点说明书，是沟通顾客与企业的媒介，是宴会产品的无声推销员。一份有营销力的菜单应反映不同主题宴会产品的特色，衬托饭店与宴会厅的气氛，为饭店或宴会运营企业带来理想的利润。同时，宴会菜单作为一种艺术品应为顾客留下美好的印象。美国餐饮协会理事可翰（Khan）认为："饭店宴会运营的关键之一在菜单。"综上所述，菜单是宴会主要的销售工具和说明书。随着宴会需求的变化和发展，宴会菜单愈加强调宴会主题与菜点特色。在现代宴会运营中，宴会菜单设计是宴会营销的基础工作之一。因此，宴会菜单中所有的菜品名称、品种、造型及菜单本身的颜色、形状和文字设计等都应为各种宴会服务，使菜单成为顾客识别各种宴会的标志。

8.1.2　宴会菜单的作用

1. 顾客购买宴会的工具

宴会产品核心之一是餐饮产品，而餐饮产品不宜贮存，通常在顾客购买之前不能制作。

因此，顾客不能在购买宴会产品前看到餐饮产品的质量与特色，只有通过菜单了解宴会的菜点原料、工艺、造型和菜点特色等。因此，当今菜单已成为顾客购买宴会的主要工具。

2. 饭店销售宴会的工具

菜单是饭店或宴会运营企业销售宴会的主要工具。因为企业通过菜单把宴会中的餐饮产品介绍给顾客，通过菜单与顾客沟通，通过菜单了解顾客对宴会餐饮的需求并及时调整菜单以满足顾客的需求。因此，菜单成为企业销售宴会产品的主要工具。

3. 宴会运营管理工具

菜单在宴会运营管理中起着重要的作用，这是因为不论是宴会食品原料采购、成本控制、生产和服务、宴会厨房设计与布局，还是招聘和培养宴会生产和服务人员等都要根据企业的具体宴会业务与发展而定。因此，菜单是宴会运营管理的工具。

8.1.3 宴会菜单的分类

菜单是宴会产品的说明书，是宴会的销售工具。随着宴会市场的需求多样化，国内外饭店为了扩大宴会销售，采用了灵活的运营策略。他们根据宴会的种类及顾客对宴会餐饮产品的原料、工艺、口味及个性化的需求，根据不同的宴会销售环境，筹划和设计各种宴会菜单以促进宴会销售。

1. 根据宴会主题分类

根据宴会主题分类，宴会菜单可分为欢迎宴会菜单（见图 8-1）、答谢宴会菜单、告别宴会菜单、生日宴会菜单、结婚宴会菜单（见图 8-2）、年终宴会菜单、出国宴会菜单、休闲宴会菜单、升学和工作晋升宴会菜单（见图 8-3）、节日宴会菜菜单（见图 8-4）和商务宴会菜单（见图 8-5）等。

菜单

迎宾彩拼
干果小菜
黄油面包

热菜

金汁鱼肚
脆香素卷
糟香鸭脯
龙颈葡鱼
让馅牛尾
清炒芥兰
荷塘秋韵

点心

天津包子
炸南瓜球

水果

图 8-1 中餐欢迎宴会菜单

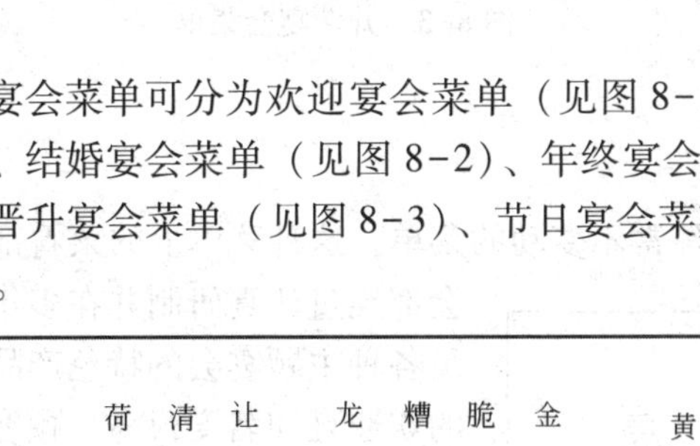

图 8-2 婚宴菜单

欢迎 ×× 先生一行来本饭店举行锦绣前程宴，祝贺 ×× 同学考入 ×× 大学！饭店全体职工共同分享 ××同学成功的喜悦！ 预祝 ×× 同学前途似锦。

×× 饭店宴会部全体职工敬贺

锦绣前程宴

四味迎嘉宾	Four Start Cool Dishes
虫草炖靓鸭	Stewed Duck With Chinese Herbs
青瓜基围虾	Prawns And Cucumber
碧绿鸡肉丸	Boiled Chicken Ball With Vegetable
辣味牛百叶	Stir Fried Tripe With Chili
葱烧海参条	Stewed Sea Cucumber with Green Onion
蒜茸蒸膏蟹	Steamed Crab with Garlic
清蒸石斑鱼	Steamed Fish
干贝四喜丸	Mixed Meatball with Scallops
银芽里脊丝	Stir Fried Steak Tender With Bean Sprout
清炒空心菜	Fried Water Spinach
家乡南瓜饼	Pumpkin Cake
香煎葱油饼	Cake with Green Onions

菜单设计与菜点监制人 厨师长×××

图 8-3 升学宴会菜单

2. 根据运营特点分类

1）固定式宴会菜单

所谓固定式菜单是指经常不变动的菜单，这种菜单上的菜肴都是饭店的代表菜肴，是宴会部经过认真研制并在多年销售中受市场欢迎，可满足各种主题宴会的特色产品。这些宴会菜单深受顾客的欢迎且知名度很高，顾客到某一饭店的主要目的之一就是购买这些宴会菜单中的产品。因此，这些菜单是不经常变换的，只是根据宴会组织者的需求，适时做些调整。实际上，固定宴会菜单是饭店推销宴会产品的一种技术性菜单。这种菜单体现饭店或宴会部的经营特色。菜单上的菜肴都是该饭店或宴会部的著名美味佳肴，并在原料和工艺的协调方面进行了认真的筹划。同时，还根据不同的季节安排了一些时令菜肴。宴会菜单也常根据宴会嘉宾、宴会需求、宴会标准和宴会购买者的意见随时制定或调整。此外，宴会菜单还可推销企业的库存食品原料。根据宴会形式，宴会菜单又可分为传统式宴会菜单、鸡尾酒会菜单、固定菜单、套餐菜单、循环式菜单、自助式宴会菜单。目前，宴会的发展趋势主题化。因此，宴会菜单基本上是主题宴会菜单。

恭贺新禧

万 事 如 意

菜 单

迎宾大花蓝

六 冷 碟

锦 绣 独 盘

福 禄 发 菜

美 极 日 月 蚝

津 沽 烹 大 虾

金 网 托 银 仔

姜 葱 炒 红 鲟

豉 汁 炒 白 鳗

友谊麻花鱼 传统炭烤鸭

烧葫芦鸡翅 鼎湖扒时蔬

酸辣乌鱼蛋汤

友谊水饺 津沽回头

锦绣大果盘

图 8-4 传统节日宴会菜单

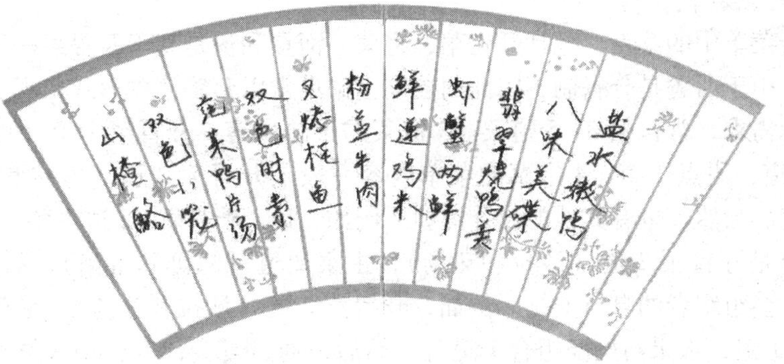

图 8-5　商务宴会菜单

2）点菜式宴会菜单

点菜式宴会菜单是宴会运营中比较灵活的菜单，其特点是顾客可根据菜单中的菜点品种购买他们喜爱的产品并以单个菜点计价。因此，顾客可根据自己的实际需要，以单个菜肴购买，组成自己完整的宴会菜单。点菜式菜单上的菜点是单独定价的，菜单上的产品排列以人们进餐的习惯和顺序为基础。例如，在点菜式西餐宴会菜单中，其排列顺序是开胃菜类、汤类、沙拉类、三明治类、主菜类和甜点类等。一般而言，点菜菜单用于 10 人以内的小型商务宴会或小型的家庭宴会和休闲宴会。

3）套餐式宴会菜单

套餐式宴会菜单是根据顾客的宴会主题需求，将各种不同的营养成分，不同的食品原料、不同的制作方法及不同的菜式、颜色和味道等的菜点合理地搭配在一起，设计成某一主题宴会菜单并制定出每套菜单的价格。套餐式宴会菜单上的菜点品种、数量、价格全是固定的，顾客只能购买固定的一套宴会菜单。套餐式宴会菜单的特点是节省顾客的点菜时间，价格比点菜式宴会菜单更优惠。

4）循环式宴会菜单

循环式菜单，全称为周期循环式菜单，是一套完整的主题宴会菜单，按照一定的时段循环使用，过了一个完整的周期，又开始新的周期。例如，一些休闲宴会菜单的一个周期为一年。宴会部根据一年不同季节的食品原料，设计为春季菜单、夏季菜单、秋季菜单和冬季菜单。这些菜单上的内容可以是部分不相同或完全不相同。通常，宴会厨房根据不同时段的宴会菜单的内容进行生产。周期循环式菜单的特点是满足顾客对特色菜肴的需求，方便宴会部的原料采购及利于成本控制。

3. 根据菜点特色分类

1）中餐宴会菜单

中餐宴会菜单是以符合顾客需要的传统式中餐菜点为基础。特别是那些著名的菜系及具有特色的菜点。同时，关注近年来一些改良和创新的菜点。一些饭店或宴会企业的中餐宴会菜单还包括本企业厨师长的特色菜点等。中餐宴会菜单内容主要包括冷开胃菜、热开胃菜、主菜、面点和汤等。通常，冷开胃菜为 4~6 个品种，热开胃菜为 4~6 个品种，主菜通常是 6 个品种，面点为 2~3 个品种，汤是 1~2 个品种。通常，饭店和宴会运营企业都是根据顾客的具体需求，安排各种菜点的品种和数量。

2）西餐宴会菜单

西餐宴会菜单中的菜点，包括开胃菜、主菜、面点和汤是基于西餐某一菜系或各种西餐菜系的综合。由于西餐是分餐制，因此西餐宴会菜单常以套餐菜单形式出现。一般而言，根据宴会组织者需求，常包括3~5道菜。3道菜的菜单内容：开胃菜1道（可以是沙拉或热汤），主菜1道，甜点1道。4道菜的菜单内容一般是开胃菜2道（沙拉和热汤），主菜1道，甜点1道。当然，也有其他的设计类型。例如，1道开胃菜，2道主菜，1道甜点。5道菜的菜单内容是开胃菜2道（沙拉和热汤），主菜2道（海鲜和畜肉），甜点1道。当然，也可以根据宴会组织者的自行安排。例如，开胃菜2道（沙拉和热汤），主菜1道（海鲜或畜肉），甜点1道，水果与奶酪组合1道等。然后，通过宴会部的营销人员和技术人员根据顾客的需求制定菜单及价格。

4. 根据宴会餐次分类

1）午餐宴会菜单

午餐在一天的中部，它是维持人们正常工作和学习所需热量的一餐。午餐宴会的销售对象主要包括各种商务顾客与休闲团队。一般而言，午餐宴会菜单的特点应突出适中的价格，菜单中常选择一些制作速度快的菜点。西餐午餐宴会菜单常包括开胃菜或沙拉、汤、海鲜、禽肉、畜肉和甜点等菜肴。一般午餐西餐菜单多为套餐菜单。菜单中通常包括3至4个菜点。中餐午餐宴会菜单与正餐宴会（晚餐宴会）菜单基本相同。

2）正餐宴会菜单

人们的习惯是将晚餐作为正餐，因为晚餐是一天中最主要的一餐。通常，晚餐中，人们有比较宽裕的时间。人们在一天的紧张工作和学习之后需要享用一顿丰盛的晚餐。因此，大多数宴会或宴请活动都在晚餐中进行，特别是正式宴会。由于顾客在晚餐中有消费心理准备。所以，饭店为晚餐宴会提供了各种丰富的菜点。正餐宴会菜单通常选择一些有特色及工艺比较复杂的菜点。当然，正餐宴会菜单的价格比午餐宴会菜单要高。不论是中餐宴会，还是西餐宴会都具有以上相同的特点。

3）茶歇菜单

茶歇是会议期间的休息用餐，是一种短时间的非正式宴会。茶歇通常在上午10点至10点30分或下午3点至3点30分进行。茶歇菜单虽然主要包括各种中西小吃和甜点，水果和冷热饮等。然而，中西小吃和甜点的种类，形状和味道等的设计与筹划是非常专业的。

5. 根据服务模式分类

根据服务模式，宴会可分为传统式宴会菜单和自助式服务菜单。传统式宴会菜单是指服务员将菜点和酒水送上餐桌的服务模式而使用的宴会菜单。自助式服务菜单实际上是自助餐宴会菜单。通常，人们认为自助餐宴会没有菜单。实际上，自助餐宴会菜单通常放在自助餐台上，其菜点名称都分布在各餐台菜点的前面。

1）传统式宴会菜单

传统式服务宴会菜单可分为中餐宴会菜单和西餐宴会菜单。中餐宴会基本上是不分餐的。因此，其菜单内容主要包括冷开胃菜、热开胃菜、主菜、面点和汤等。通常，冷开胃菜为4~6个品种，热开胃菜为4~6个品种，主菜通常是6个品种，面点为2~3个品种，汤是1~2个品种。西餐宴会菜单常包括3~5道菜。（分餐制）三道菜的菜单内容：开胃菜一道（可以是沙拉或热汤），主菜一道，甜点一道。四道菜的菜单内容是开胃菜两道（沙拉和热汤)，主菜一道，甜点一道。五道菜的菜单内容是开胃菜两道（沙拉和热汤），主菜两道（海鲜和畜肉)，甜点一道。其他参考西餐宴会菜单。

2）自助式服务菜单

自助式服务菜单实际上是自助餐宴会菜单。根据宴会组织者需求及宴会参加人数等，开胃菜可安排6~12个品种，包括各种热汤、沙拉等；主菜可安排4~8个品种。其中一些主菜可在餐厅中的透明厨房，由厨师现场烹制成熟。甜点6~8个，水果4~6个品种，面包4~6个品种。根据需要，安排一些酸奶与奶酪。此外，安排冷热饮。包括咖啡、热茶、果汁等。

6. 其他分类方法

为了紧跟市场需求，饭店还常筹划节日宴会菜单等。节日宴会菜单是根据地区和民族节日筹划的传统宴会菜单。

8.2 宴会菜单筹划与设计

宴会菜单筹划是饭店宴会部管理人员根据市场需求集思广益、开发和设计最受顾客欢迎的宴会菜点的过程。因此，宴会菜单的筹划工作应将宴会所有的菜点信息，包括菜肴主要原料、制作方法、风味特点、重量和数量、营养成分和价格及其他宴会相关信息都筹划在菜单上。

8.2.1 宴会菜单筹划原则

传统上，宴会部在筹划菜单时，尽量扩大宴会的主题及宴会运营范围以吸引各种类型顾客的消费。现代宴会运营中，为了避免食品原料和人工成本的浪费，降低运营管理费用，把宴会菜单中的菜点限制在一定的市场需求范围，最大限度地满足本企业目标顾客的需求。现代宴会菜点发展趋势向着清淡、特色、简化及富有营养的方向发展。当今，宴会菜单筹划已成为显示企业品牌、宴会特色、厨师才华等的重要领域。根据经验，筹划宴会菜单是一项复杂又细致的工作，它对宴会主题的体现、顾客需求的满意度及宴会推销起着关键的作用。因此，宴会运营管理人员在筹划菜单前，一定要熟悉目标顾客对宴会主题的需求，对宴会菜点及其原材料与工艺的需求等。当然，管理人员还必须清楚本企业宴会生产环境和设施、职工的专业知识和技术水平等，并根据以上的具体条件设计出受顾客欢迎而又为企业获得理想利润的宴会菜单。

1. 突出宴会的主题

宴会菜单与零点菜单的区别之一在于宴会菜单必须突出宴会的主题。因此，宴会菜点的原材料、生产工艺及菜点的名称都要以宴会主题为基础。同时，菜单的外观和色调也要根据宴会的主题来设计，避免菜单的外观过于个性化而与宴会主题不相称。当然，宴会菜单设计必须考虑企业运营中的方便性、可操作性及盈利效果。

2. 体现地域文化内涵

宴会菜单设计应突出饭店或宴会运营企业及其所在地域的特色食品原料、优秀的生产工艺及餐饮文化、特色的菜系与菜点等。这是宴会运营成功的重要因素之一。通过菜单展现饭店及其所在地的著名饮食文化。然后，可以通过宴会参加者的口碑达到营销作用并将能够反映某一地区的特色餐饮文化转换成为消费者的二次消费动机。

3. 保证营养与安全

宴会菜单设计不仅要体现宴会主题的需要，显示菜点文化与特色，更要注重均衡饮食和满足人们的营养需求。因此，菜点的原材料种类及数量的设计与宴会菜单的营养成分紧密相关。同时，还应关注菜点生产工艺中的营养流失及保证食品原料的安全和生产工艺的安全问题。

4. 关注宴会时间安排

一般而言，不同主题的宴会，其服务程序与方法不同。因此，菜单设计应充分考虑到宴会的时间安排，避免顾客长时间等待下一道菜的现象。例如，在中餐宴会，冷开胃菜与热开胃菜的间隔时间，热开胃菜与主菜的间隔时间及每一道菜的间隔时间安排都与宴会的时间安排和宴会的举办节奏紧密相连。这就要求，菜单设计中要考虑每道菜点生产工艺的复杂程度及其设施的生产性能等。

5. 考虑宴会运营效益

在宴会菜单筹划中，食品成本、人工成本和运营费用是影响宴会运营效果的三大因素。因此，饭店或宴会运营企业实施宴会成本控制，使宴会菜单不仅达到顾客的满意，还能保证企业的运营效益。

8.2.2 宴会菜单筹划步骤

为了保证宴会菜单的筹划质量，宴会菜单筹划人员应制定一个合理的计划和步骤，并严格按照计划和步骤筹划菜单。通常宴会菜单的筹划步骤包括以下环节。

（1）明确饭店宴会运营目标、经营战略和运营方式、面向的目标群体、服务方式（传统式或自助式）等。

（2）明确本企业菜单中的菜点品种、数量、质量标准及风味特点，明确食品原料的品种和规格，明确本企业宴会生产环境和设施、生产设备和生产时间等要求。

（3）明确食品原料成本、能源成本、人工成本和运营费用等因素，计算出不同主题与消费水平的宴会成本并根据顾客对宴会价格的承受能力，设计出不同主题和级别的宴会菜单。

8.2.3 宴会菜单筹划内容

宴会菜单筹划内容应根据宴会主题和宴会种类，筹划菜点名称、食品原料结构、生产工艺、菜点价格和其他信息等。一个优秀的宴会菜单，其菜点种类应紧跟宴会目标市场的需求，菜点名称是顾客喜爱的，菜点原料结构符合顾客消费习惯和营养需求，每类菜点应使用不同的食品原料及考虑不同的生产工艺使各种菜点具有本企业的特色并被市场接受。此外，宴会菜单价格应符合本企业目标顾客的需求。普通商务和大众宴会菜单的价格应满足普通顾客的消费能力，高级宴会菜单可反映高消费市场的产品需求。一般而言，中餐宴会菜单上的菜点品种最多不超过 16 个，而西餐宴会菜单上的菜点常常不超过 5 个。宴会菜单的菜点更换可根据不同的季节、不同的节假日、不同的主题和不同的餐次（午餐或晚餐）等。

8.2.4 宴会菜单筹划团队

宴会菜单筹划工作关系到饭店或宴会运营企业的声誉、宴会营业收入、宴会产品的吸引力等。因此，饭店及其宴会部必须重视宴会菜单的筹划工作。通常，宴会菜单筹划由宴会总监、宴会部经理、宴会厨师长、饭店总厨师长和宴会厅经理等具体实施。然而，饭店营销部和饭店的餐饮总监及主管宴会运营的饭店副总经理常作为宴会菜单筹划的管理人员。因此，宴会菜单筹划团队必须了解宴会市场的实际需求和发展趋势，具备广泛的食品原料知识，熟悉食品原料品种、规格、品质、出产地、上市季节和价格等。同时，该团队应有深厚的中西餐烹调知识和较长的工作经历，熟悉菜点生产工艺、生产时间和生产设备；掌握宴会菜点的色、香、味、形、质地、质量、装饰、包装和营养成分等。宴会菜单筹划团队必须了解本饭店宴会生产与服务设施、工作人员的业务水平，善于结合传统菜点的特色与顾客对宴会菜点的需求，有创新意识和构思技巧，有一定美学和艺术修养，善于调配菜点颜色和稠度，善于菜点造型和创新，善于沟通技巧和集体工作，虚心听取有关人员的建议。综上所述，宴会菜单筹划团队必须由那些具备有竞争力的宴会菜单筹划人员组成。

8.2.5 宴会菜单分析

宴会菜单分析是指饭店宴会部定期对宴会菜单的销售情况进行分析和评估，包括对不同的种类和主题与消费级别的宴会菜单及各菜单中的菜点受顾客欢迎情况进行分析、评估和调整工作。常用的宴会菜单分析工具包括宴会菜单分析矩阵等。

宴会菜单分析矩阵是宴会菜单销售分析的常用工具。通常，分析宴会菜单时，应先将各类宴会菜单按不同的种类和主题进行分类。然后，使用宴会菜单分析矩阵（见图 8-6，表 8-1）对同一类别宴会菜单的顾客满意程度和菜单营业收入水平两个纬度进行分析。在宴会菜单分析矩阵中，横轴表示顾客对菜单的满意程度，纵轴表示菜单为宴会带来的营业收入，4 个方框分别将宴会菜单运营状况分为明星类、金牛类、问题类与瘦狗类。

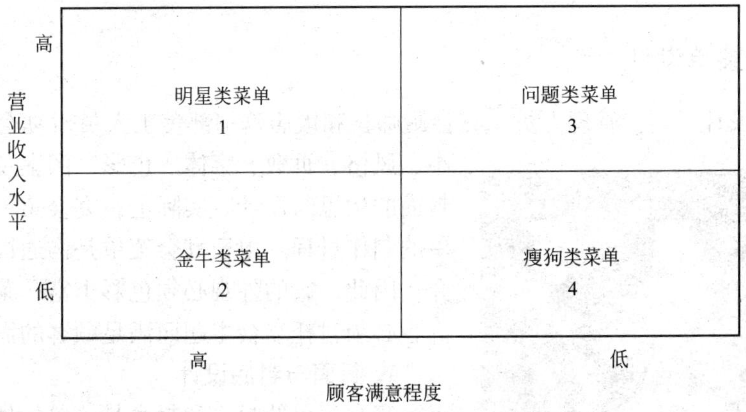

图 8-6 宴会菜单分析矩阵

表 8-1 宴会菜单销售分析与调整

菜肴类别	营业收入水平	顾客满意度	选择策略
明星类菜单	高	高	筹划成功的宴会菜单
金牛类菜单	较低	较高	可调整，吸引更多目标顾客
问题类菜单	较高	较低	可调整，适应更多的消费群体
瘦狗类菜单	低	低	应当被有营销潜力宴会菜单替换

1. 名星类菜单

这类菜单的主题和菜点具有鲜明的特色并完美地衬托了宴会主题，市场吸引力强，顾客满意程度高，市场需求量大并为本企业宴会提供较高的营业收入，是宴会运营最成功的菜单。

2. 金牛类菜单

这类菜单的主题和菜点都具有一定的特色，基本上体现了宴会的主题。同时，有较好的市场吸引力。由于这种宴会菜单的价格较低，为本企业带来的收入有限。这类菜单可用于吸引本企业的主要目标顾客。

3. 问题类菜单

这类菜单常常有鲜明的主题和特色，菜单上的菜点都是经典菜系的菜品。其原材料成本较高且生产工艺比较复杂。因此，其成本和价格都比较高。然而，这类菜单的销售收入不如明星类和金牛类宴会菜单。这类宴会菜单可吸引高消费的商务宴会、节假日宴会和休闲宴会并且它为企业带来了较高的声誉和较高的利润。许多饭店或宴会运营企业将这类宴会菜单作为本企业的特色菜单。当然，将问题类的宴会菜单进行原料、生产工艺等的调整，使其适应消费群体才是明智的选择。

4. 瘦狗类菜单

一般而言，这类菜单不能体现宴会主题，菜点的特色不突出。其原因主要是菜单筹划没有与宴会主题、宴会市场及不同的顾客需求紧密结合。所以，其市场吸引力不强而不受顾客的欢迎。同时这类菜单在原材料和工艺方面都比较传统，缺乏创新。这样，不能为宴会运营带来理想的收入和利润。通常，企业会淘汰这类菜单，重新开发受目标顾客欢迎的宴会菜单。

8.2.6 宴会菜单设计

宴会菜单设计是宴会管理人员、宴会厨师长和饭店营销部美工人员对宴会菜单形状、大小、风格、页数、字体、色彩、图案及菜单的封底与封面的构思与设计。实际上，宴会菜单设计是宴会菜单的制作过程。由于宴会菜单是沟通饭店与顾客的媒介，因此，它的外观必须色彩丰富，菜单的封面及其内容必须衬托宴会主题而满足顾客的需求。

图 8-7 中餐商务宴会菜单封面

1. 封面与封底设计

宴会菜单的封面和封底是菜单的外观和包装，代表着饭店或宴会运营企业及宴会主题的形象，反映宴会的经营特色、风格和等级等，还体现宴会产品的时代特征（见图 8-7）。同时，宴会菜单还常作为饭店或宴会运营企业的醒目标志。因此，宴会菜单必须要精心设计。宴会菜单封面和封底设计原则是，菜单封面的颜色应当与宴会主题和宴会厅的环境相协调。一些宴会营销人员认为，宴会菜单的封面还应与宴会厅的墙壁和地毯的颜色形成反差或协调。一些宴会厅经理或业务主管人员认为，宴会菜单还应成为宴会厅的点缀品而要细心构思。同时，宴会菜单封面必须印有企业的名称。饭店名称常作为宴会产品的标志，也是宴会生产的厂家名称。因此，饭店名称一定要设计在宴会菜单的封面上并且笔画应简单，容易读，容易记忆以增加饭店或宴会运营企业的知名度。宴会菜单封底应印有饭店或宴会运营企业的地址、电话号码、营业时间等。一些饭店的宴会菜单还印有本企业所经营的宴会产品信息以帮助推销其宴会产品。

2. 文字设计

宴会菜单是通过文字向顾客提供宴会餐饮产品和其他经营信息的，文字在宴会菜单设计中起着举足轻重的作用。因此，文字表达的内容一定要清楚和真实，避免使顾客对菜单产生误解，避免把菜名张冠李戴，把菜点的解释泛泛描述或夸大，将外语单词拼写错误及翻译错误等问题，例如，没有将佛跳墙译成“stewed seafoods”，而是从文字表面进行翻译。类似问题的发生都会使顾客对宴会产生不信任感。宴会菜单中的字体应符合宴会主题，包括字体大小、字体形状和字体风格等。根据研究，中文仿宋体容易阅读，适合作为宴会菜点的名称和内容介绍。行书体或草写体有字体风格，但不容易被顾客识别。英语字体包括印刷体和手写体。印刷体比较正规，容易阅读。通常在菜点名称和菜肴解释中使用。手写体流畅自如并有自己的风格，但不容意识别，偶尔将它们用上几处会显示宴会菜单产品的特色。同时，英语字母有大写和小写，大写字母庄重，有气势，适用于菜单中的标题和菜点名称。小写字母容易阅读，适用于菜点的解释。此外，字体大小非常重要，字体太大浪费菜单空间，使宴会菜单内容单调。相反，字体太小，不易阅读，不利于宴会的推销。宴会菜单文字排列密度应适当。通常，文字应占菜单50%至60%的空间。文字排列过密，会使顾客眼花缭乱。宴会菜单空白处过多，给顾客留下宴会菜点种类少及质量差的印象。西餐宴会菜单，其菜点名称应用中文和英文两种文字。法国菜或意大利菜为主题的宴会菜单应有法语或意大利语以突出菜点的真实性。接待国际商务顾客的饭店，其宴会菜单的菜点名称应使用中文和英文两种文字。一般而言，宴会菜单文字种类不要超过 3 种，否则给顾客造成烦琐的印象。在宴会菜单中，菜点名称字体与菜点解释字体应有区别，菜点名称可选用较大的字体，而菜点解释可选用较小的字体。为了加强宴会菜单的易读性，菜单的文字一般采用深色，而纸张可采用浅色。

3. 纸张选择

宴会菜单质量的优劣与菜单所选用的纸张有很大的关联，由于宴会菜单代表了宴会产品质量、产品特色与企业文化等，是宴会的重要推销工具和顾客的纪念品。因此，宴会菜单的光洁度和质地与菜单的推销功能有着正比例的关系，而且菜单纸张的成本占据着宴会总成本的一定比例。因此，在宴会菜单设计中，纸张的选择值得考虑。一般而言，对一般休闲或经济型宴会菜单，应选用成本较低的纸张，只要光洁度和质地达到宴会菜单的基本标准就可以，不考虑其耐用性。对于高规格的和显示企业特色的宴会菜单除了考虑它的光洁度和质地外，还要考虑其营销功能和纪念功能。因此，应选用经压膜处理的纸张。

4. 形状设计

宴会菜单有多种形状。但是，日常使用的宴会菜单形状基本是长方形，便于顾客阅读。当然，不同主题的宴会菜单、节日宴会菜单和休闲宴会菜单常有各式各样的形状以吸引顾客购买。

5. 尺寸设计

宴会菜单有各种尺寸，最小的宴会菜单尺寸为 18 厘米宽，24 厘米长；常用的宴会菜单尺寸约为 21 厘米宽，25 厘米长。通常，各饭店宴会部根据本企业的营销策略和宴会主题与宴会规格确定本企业不同种类宴会菜单的尺寸。

6. 页数设计

宴会菜单的页数一般在 1 页至 3 页纸的范围内。一般而言，各种主题宴会，其宴会菜单会装在专门为宴会菜单设计的包装袋中。其中，再分为 A 菜单、B 菜单和 C 菜单等。一些饭店的宴会菜单另有装订方法。通常，宴会菜单设有封面和封底，中间为 1 页菜单，共计为 3 页纸。由于宴会菜单是饭店或宴会运营企业的销售工具，它的页数与它的销售功能有一定的联系。宴会菜单的内容太多，页数必然多，造成菜单的主题和特色不突出，延长了顾客的购买时间。宴会菜单页数少，使菜单简单化，不利于宴会的销售。

7. 颜色设计

颜色可增加宴会菜单的促销作用，使菜单具有吸引力。然而，菜单颜色应与宴会主题相协调。（见图 8-8）不同的宴会主题，其菜单的颜色设计不同。通常，鲜艳的色彩能反映饭店宴会的产品特色，而柔和清淡的色彩使宴会菜单显得高雅。呆板和单调的颜色不适应现代人的生活规律。相反，宴会菜单上的颜色超过 4 种（不包括图片颜色），会造成华而不实的感觉，不利于宴会销售。

图 8-8　春节宴会菜单封面与封底

8.3　宴会价格制定

宴会价格是宴会菜单筹划的重要内容，宴会价格不论是对顾客选择饭店或宴会，还是对饭店宴会的运营效果都十分重要。宴会价格过高顾客不接受，不能为企业带来利润。宴会价格过低，饭店得不到应有的利润，造成企业亏损。

8.3.1　影响宴会价格的因素

价格是价值的表现形式，价值是价格的基础。宴会价格的构成包括成本、税金和利润，而影响宴会价格的主要因素有成本、需求和竞争。此外，宴会价格还受供求关系、货币价值和顾客心理等的影响。

1. 成本因素

宴会成本是指生产和销售宴会所包括的食品成本、人工成本和运营费用。食品成本是指生产宴会菜点的原材料成本，人工成本包括宴会生产、服务、营销与管理人员的薪酬等。运营费用包括设备折旧费、能源费、采购费、营销费和管理费等。饭店或宴会运营企业在制定宴会价格时，首先要考虑生产和销售成本的补偿，这就要求宴会价格不得低于宴会成本。因此，宴会最低价格取决于该产品的成本。

宴会价格=成本（食品成本+人工成本+运营费用）+税金（增值税+所得税）+利润

2. 需求因素

经济学意义上的需求是指，有支付能力的需求。因此，宴会价格对需求的影响作用至关重要。宴会产品价格和需求存在着一定的关系，当宴会产品价格下降时，会吸引新的需求者加入购买行列，也会刺激其他需求者购买。当宴会价格偏高时，会抑制部分消费者的购买欲望，刺激了宴会生产量的提高，造成生产过剩。

3. 竞争因素

这里的竞争是指竞争者的产品价格，由于顾客在选购宴会产品时总要与同类产品比质比价。因此，饭店或宴会运营企业在制定宴会价格时应当参照竞争者的价格和质量。

4. 分销渠道

一个高效率的分销渠道往往可以带来理想的宴会销售效果。尽管一些顾客感到某一饭店的宴会比其他企业的价格高一些。然而，为了购买方便，他们有时选择这家设有高效率分销渠道的饭店或宴会运营企业。

5. 促销策略

宴会价格通常作为饭店促销的一个有效工具以引起顾客的购买。饭店为了提高宴会的销售效果，常在不同季节、不同的时段、不同的节假日等对不同主题的宴会实施促销策略，包括采用价格优惠、价格打折、会议厅的免费使用，客房打折等措施。

8.3.2 宴会定价原则

1. 价格应反映价值

通常，宴会菜单中的价格制定常以食品原料成本为基础，高价格宴会菜单必须反映出高规格的食品原料和严谨的生产工艺。其次，还应显示优秀的服务环境、服务设施及服务质量等。对于宴会菜单而言，与其销售量最关键的是宴会菜点的食品原料种类与数量、制作工艺和制作人。否则，宴会菜单将不会被顾客信任。一些高星级饭店宴会菜单的价格参照了声望定价法或心理定价法及过分强调饭店的等级等，将菜单的价格上调到一个高度。然而，宴会菜单价格过分的偏离食品成本将失去它应有的意义和营销作用（见表8-2）。

2. 价格应适应消费

根据研究，宴会菜单价格必须与饭店和宴会的级别相协调。同时，还应当考虑企业的目标市场对价格的需求状况。普通宴会菜单价格必须是大众可接受的价格。高消费的商务宴会菜单要选择高规格的食品原料，设计一些精心制作的菜点，宴会环境应当高雅，宴会服务应当周到。这一切说明高消费的商务宴会成本高，所以其价格必然高。宴会菜单价格高可满足一些高消费群体的需求。当然，这种价格必须在目标顾客的接受范围内。一些饭店对宴会的运营管理不善，其部分原因就是宴会价格偏离了食品成本或超过了顾客的接受能力。

表 8-2　生日宴会——西餐自助餐菜单

Appetizers and Salads	冷开胃菜与沙拉
Fresh Shrimp Salad with Mango and Avocado	杧果牛油果虾肉沙拉
Prosciutto with Melon	熏火腿伴蜜瓜
Nicoise Salad	法国尼斯沙律
Garden Greens with Cherry Tomatoes	田园蔬菜沙拉
Soups	汤
Minestrone	意大利蔬菜汤
Cream with broccoli Soup	奶油西蓝花汤
Hot Dishes	主菜与面点
Grilled US Prime Beef Striploin with Mushroom Sauce	扒美式鲜蘑牛柳
Roasted Barbeque Pork with Pineapple Barbeque Sauce	菠萝汁烧猪肉
Braised Garoupa Fillet with Bean Curd in Oyster Sauce	蚝油豆腐鱼块
Thai Green Chicken Curry	泰式咖喱鸡块
Baked Macaroni with Ham and Cheese Sauce	芝士焗火腿意大利面
Stir-fried Seasonal Vegetables	清炒时蔬
Sautéed potato with Herbs and Garlic	香草蒜蓉炒马铃薯
Steamed Rice	蒸米饭
Dessert	甜点
Crème Brulée	法式焦糖蛋糕
Chocolate Cake	巧克力蛋糕
Haagen Dazs Ice Cream	哈根达斯冰激凌
Fruits	各式水果
Coffee and Tea	咖啡或茶
A complimentary Birthday Cake (3 lbs) for Birthday Party	
免费赠送 3 磅生日蛋糕一个	
每位人民币 280 元（自助餐人数最少 30 位顾客）	

3. 价格应保持稳定

宴会菜单价格应保持一定的稳定性，不要随意调价。否则该菜单将不被顾客信任。当食品原料价格上调时，宴会菜单价格可以上调。但是，根据市场调查，宴会菜单价格上调的幅度最好不要超过 10%，应尽力挖掘人工成本和其他运营费用的潜力，减少价格上调的幅度或不上调，尽量保持宴会菜单价格的稳定性。

4. 价格应保持良好的利润和市场份额

所谓良好的利润是指一个合理的利润水平。当今，很多饭店或宴会运营企业不去追求宴会产品的利润最大化，而是尽力使投资者和管理人员感到满意的利润水平以保持其宴会产品市场可持续发展及理想的市场份额。所谓宴会市场份额是指某一饭店，其宴会产品的销售量在其区域行业中的总销售量的百分比。

8.3.3 餐饮定价程序

通常，饭店或宴会运营企业通过6个步骤制定宴会菜单价格，以使宴会菜单更有推销力度。它们是预测价格需求，确定价格目标，确定成本与利润，分析竞争者反映，选择定价方法和确定最终价格。

1. 预测价格需求

不同地区、不同时期、不同消费目的及不同消费能力的顾客对宴会菜单价格需求不同。所谓需求就是在某个特定时期内一种产品按不同价格销售产品的总量。因此，饭店在制定宴会菜单价格前，一定要明确宴会菜单价格需求，制定切实可行的菜单价格。实际上，宴会价格是饭店收入和利润的关键。所谓收入就是饭店或宴会运营企业向顾客收取的最终宴会价格乘以所销售的宴会数量。宴会收入减去宴会运营中的各项成本，包括融资、生产、销售等，剩下的基本是利润。因此，在制定宴会价格时，管理人员会尽量给各种宴会制定一个具有合理利润的价格。通常，宴会管理人员要做好市场调查和评估工作，评估消费者对不同宴会菜单价格的实际需求。通常，饭店宴会管理人员使用宴会需求的价格弹性来衡量顾客对宴会价格变化的敏感程度。价格弹性是指在其他因素不变的前提下，价格的变动对需求数量的作用。一般而言，在宴会运营中，价格与需求常为反比关系，即宴会菜单价格上升，宴会需求量会下降。反之，价格下降，需求量上升。当然，价格变化对各种宴会产品的需求量的影响程度是不同的。根据统计，普通消费的婚宴、生日宴等宴会缺乏需求弹性。

当需求量变动百分数大于价格变动百分数，需求弹性系数大于1时，说明宴会需求富有价格弹性；顾客会通过购买更多的宴会产品对价格下降做出反应。当某些宴会产品价格上升时，消费者就会减少其消费。根据宴会销售统计，高消费的宴会产品富有价格弹性。因此，对于这一类宴会产品可通过降价提高销售量，从而提高宴会销售总额。当需求的价格弹性系数小于1时，说明宴会需求缺乏价格弹性，价格变动对宴会需求量的影响很小。通常，大众化的宴会产品价格弹性小，饭店对于这一类宴会产品通过降价不会提高销售水平。然而，通过小幅度地提高价格及其质量，增加宴会菜点的特色可提高其销售额。当需求弹性系数等于1时，说明宴会价格与宴会需求是等量变化。对于这一类宴会产品可实施市场通行的价格。

$$\text{需求的价格弹性系数}=\frac{\text{需求量变动百分比}}{\text{价格变动百分比}}=\left|\frac{(Q_2-Q_1)/Q_1}{(P_2-P_1)/P_1}\right|$$

式中：Q_1——原需求量；

Q_2——新需求量；

P_1——原价格；

P_2——新价格。

2. 确定价格目标

价格目标是指宴会菜单价格应达到的宴会经营目标。长期以来，饭店或宴会运营企业的宴会价格受到餐饮成本和目标市场承受力等两个基本条件限制。因此，宴会价格范围必须限制在两条边界内。在确定宴会价格时，成本是宴会定价的最低限，而目标市场价格承受力是宴会定价的最高限。不同级别的饭店和不同种类的宴会有不同的目标人群和定价目标。同一宴会运营企业在不同的经营时期，也可能有不同的盈利目标，饭店应权衡利弊后加以选择。

宴会价格目标不应仅仅限制在销售额目标或市场占有率目标，还必须支持饭店的其他业务，使饭店整体运营可持续发展（见图 8-9）。

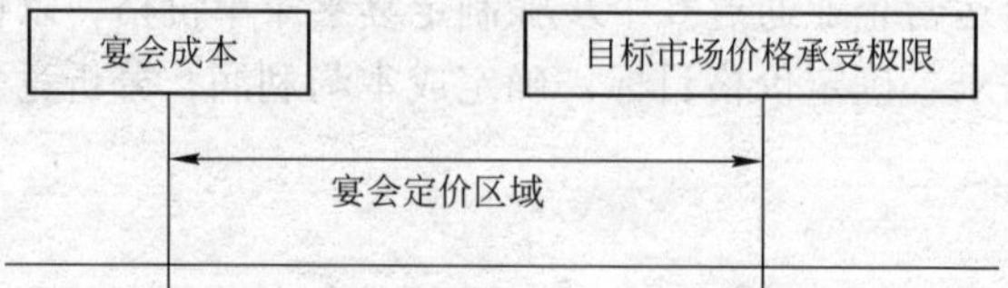

图 8-9　宴会定价区域

3. 确定成本与利润

宴会成本与宴会利润是宴会菜单定价的关键因素。其中，成本是基础，利润是目标。宴会菜单销售取决于市场需求，而市场需求又受宴会菜单的价格制约。因此，制定宴会菜单价格时，一定要明确成本、需求、利润、价格之间的关系。

4. 评估企业环境

宴会菜单价格不仅取决于市场需求和产品成本，还取决于企业的外部环境因素，包括商业周期、通货膨胀、经济增长及消费者信心等。了解这些因素，有助于宴会菜单价格的制定。在经济萧条时期，顾客对价格敏感。其次，饭店所处的竞争环境也是影响宴会菜单价格的重要因素，尤其是那些容易经营、利润可观的宴会菜单更是饭店业和餐饮业竞争的焦点。因此，宴会管理人员在制定菜单价格时，要深入了解竞争对手有关宴会产品、人员水平、设施和设备等情况。此外，顾客消费倾向、餐饮习俗和地区经济发展及人口因素也是影响宴会菜单价格不可忽视的因素。

5. 选择定价方法

宴会菜单价格制定主要受三个方面影响：成本因素、需求因素和竞争因素。因此，宴会菜单定价策略主要有，以成本为中心的定价策略，以需求为中心的定价策略和以竞争为中心的定价策略。宴会管理人员在不同的地区和不同的时期应选择不同的宴会菜单定价策略。其中，以成本为中心的定价策略是这三种定价策略的基础和核心。

6. 确定最终价格

通过分析和确定以上 5 个环节后，宴会管理人员最后要确定宴会菜单的具体价格并在价格制定后，根据宴会菜单的运营情况和需求情况对菜单的价格进行评估和调整。

8.3.4　宴会定价方法

宴会菜单主要遵循 3 种方法：以成本为中心的定价方法、以市场为中心的定价方法和以竞争为中心的定价方法。

1. 以成本为中心的定价方法

任何宴会菜单都要以成本为中心制定其价格，否则，因价格与价值不符，不被顾客信任而导致运营失败。食品成本率定价方法是饭店业常用且有效的宴会菜单定价方法。这种方法简便易行。首先确定本企业的宴会食品成本率，考虑区域经济特点和消费需求。然后，将宴会菜单的价格定为 100%。接着，确定宴会菜单的定价系数，计算方法是将宴会菜单价格除以本企业的标准食品率。最后，计算宴会菜单价格，将食品原料成本乘以宴会定价系数（见

表 8-3)。

$$宴会菜单价格=食品原料成本\times宴会定价系数$$

$$定价系数=\frac{100\%}{食品成本率}$$

$$食品成本=主料成本+配料成本+调料成本$$

$$食品成本率=\frac{食品成本}{销售价格}$$

表 8-3　宴会菜单定价系数

系数	食品成本率/%	系数	食品成本率/%
3.33	30	2.63	38
3.23	31	2.56	39
3.13	32	2.50	40
3.03	33	2.44	41
2.94	34	2.38	42
2.86	35	2.33	43
2.78	36	2.27	44
2.70	37	2.22	45

2. 以需求为中心的定价方法

制定宴会菜单价格，必须要进行市场调查和分析并根据市场对宴会菜单价格的需求制定价格。脱离市场价格的宴会菜单没有推销效果，只会失去市场和竞争力。常用的以需求为中心的宴会菜单定价策略包括需求差异定价法和声望定价法。

1）需求差异定价法

饭店宴会部常以销售对象、销售时间和销售地点等需求差异作为宴会菜单定价的基本依据。例如，根据不同主题宴会的群体，包括商务宴会、休闲团体、家庭宴会等对宴会需求价格的差异。根据节假日宴会、宴会淡季和宴会旺季等的价格差异。

2）声望定价法

一些顾客把价格看作是产品的质量或等级标志。因此，高星级饭店或高级别宴会菜单为满足顾客的求名心理，常常制定较高的价格，这种定价策略称为声望定价法。但是，这种定价方法不适用一般的饭店和普通的宴会，只适于某些高星级饭店和高级别商务宴会等。当然，高价格的宴会菜单，其食品原料和调味品都要经过细心挑选，菜肴制作由受过专业训练的较高级别的厨师担任。同时，有舒适的宴会服务环境和齐全的宴会服务设施。

3. 以竞争为中心的定价方法

通常，饭店参考同行业的宴会菜单价格，使用低于市场价格的方法制定宴会菜单价格称为以价格竞争为中心的定价方法。当然，饭店或宴会运营企业参考同行业的宴会菜单价格时，必须注意企业的类型和级别、坐落地点和运营环境及顾客类型等因素，忽视企业的类型和运营环境及顾客消费习惯和消费能力等因素制定的宴会菜单价格没有营销价值，会导致宴会运营失败。以竞争为中心的定价方法包括薄利多销法和新产品定价法等。

1）薄利多销法

在制定宴会菜单价格时，饭店采用比其他相同类型的企业相对低的价格刺激市场需求，使其宴会业务实现较长时期的最大利润化，称为薄利多销法。例如，在每年的春季与秋季，饭店或宴会运营企业制定婚宴菜单的价格。

2）新产品定价法

根据经验，饭店在制定新宴会菜单时应慎重。如果宴会菜单价格在开始就出现问题，可酿成前功尽弃的营销后果。因此，宴会菜单价格制定应考虑多方面因素，包括投资回报率顾客消费能力、宴会需求弹性、菜单生命周期、竞争者的价格等。常用的新产品定价方法主要包括撇脂定价法和渗透价格法。

（1）撇脂定价法。撇脂定价法也称作高价定价法。饭店在新的主题宴会产品上市时，利用顾客求新心理，制定较高的宴会菜单价格，撇取丰厚的利润，争取在短期内收回投资。当然，这种新的宴会产品或新的主题宴会一定要在宴会环境与设施、宴会原料的品种与规格、宴会菜点工艺技术等方面有所创新。

（2）渗透价格法。饭店在筹划宴会菜单时，把菜单价格定为低于市场同类宴会菜单价格以吸引更多的消费者。通过这种方法打开本企业宴会的销路，使本企业的宴会产品广泛地渗入市场，待有了一定的知名度后再将宴会的价格调到与其他企业相近的市场价格。

本章小结

菜单是饭店为顾客提供宴会菜点的说明书，是沟通顾客与酒店或宴会运营企业的媒介，是宴会产品的无声推销员。一份有营销力的菜单应反映不同种类或主题宴会产品的特色，衬托饭店与宴会厅的气氛，为饭店带来理想的利润。根据宴会主题分类，宴会菜单可分为欢迎宴会菜单、答谢宴会菜单、告别宴会菜单、生日宴会菜单、结婚宴会菜单、年终宴会菜单、出国宴会菜单、休闲宴会菜单、升学和工作晋升宴会菜单、节日宴会菜单和商务宴会菜单等。宴会菜单筹划是饭店宴会部管理人员根据市场需求集思广益、开发和设计最受顾客欢迎的宴会菜点的过程。因此，菜单的筹划工作应将宴会部所有的菜点信息，包括菜肴原料、制作方法、风味特点、重量和数量、营养成分和价格及其他宴会相关信息都筹划在菜单上。宴会菜单设计是宴会管理人员、宴会厨师长和饭店营销部美工人员对宴会菜单形状、大小、风格、页数、字体、色彩、图案及菜单的封底与封面的构思与设计。实际上，宴会菜单设计是宴会菜单的制作过程。由于宴会菜单是沟通饭店与顾客的媒介，因此，它的外观必须整齐，色彩丰富。菜单的封面及其内容必须衬托宴会主题，满足顾客的需求，而引人入胜。

练习题

1. 名词解释

宴会菜单、菜单筹划、菜单设计

2. 判断对错题

（1）不同地区、不同时期、不同消费目的及不同消费能力的顾客对宴会菜单价格需求相同。需求就是在某个特定时期内一种产品按不同价格销售产品的总量。（　）

（2）菜单是饭店为顾客提供的宴会菜点说明书，是沟通顾客与酒店的媒介，是宴会产品的无声推销员。（　）

（3）脱离市场价格的宴会菜单推销效果好，可提高市场竞争力。（　）

（4）一般而言，午餐宴会菜单特点应突出适中的价格，菜单中常选择一些制作速度快的菜点。（　）

（5）根据经验，饭店在制定新宴会菜单时应慎重。如果宴会菜单价格在开始就出现问题，可酿成前功尽弃的营销后果。（　）

（6）宴会菜单筹划工作关系到饭店或宴会运营企业的声誉、宴会营业收入、宴会产品的吸引力等。因此，饭店及其宴会部必须重视宴会菜单的筹划工作。（　）

（7）宴会菜单是通过文字向顾客提供宴会餐饮产品和其他经营信息的，文字在宴会菜单设计中起着举足轻重的作用。因此，文字表达的内容一定要清楚和真实，避免使顾客对菜单产生误解，避免把菜名张冠李戴，把菜点的解释泛泛描述或夸大，将外语单词拼写错误及翻译错误等问题。（　）

（8）高星级饭店或高级别宴会菜单为满足顾客的求名心理，常常制定较高的价格，这种定价策略称为高价定价法。（　）

3. 简答题

（1）根据宴会主题，将宴会分类。

（2）简述宴会菜单分析矩阵。

4. 论述题

（1）论述宴会定价方法。

（2）论述宴会菜单设计。

参考文献

[1] 王天佑．饭店餐饮管理［M］．3 版．北京：北京交通大学出版社，2015.
[2] 王天佑．西餐概论［M］．3 版．北京：旅游教育出版社．2014.
[3] 赖朝安．新产品开发［M］．北京：清华大学出版社，2014.
[4] 克劳福德，贝尼迪托．新产品管理［M］．王彬，徐瑾，翟琳阳，译．9 版．大连：东北财经大学出版社，2012.
[5] 本顿．采购和供应管理［M］．穆东，译．大连：东北财经大学出版社，2009.
[6] 温卫娟．采购管理［M］．北京：清华大学出版社，2013.
[7] 任月君．成本会计学［M］．上海：上海财经大学出版社，2013.
[8] 杨洛新，胥兴军．成本与会计学［M］．2 版．武汉：武汉理工大学出版社，2013.
[9] 冯巧根．成本管理会计［M］．北京：中国人民大学出版社，2012.
[10] 龙建新．企业管理理论与实践［M］．北京：北京师范大学出版社，2009.
[11] 陆力斌．生产与运营管理［M］．北京：高等教育出版社，2013.

[12] 王艳，程艳霞．现代营销理论与实务［M］．北京：人民邮电出版社，2012.
[13] 武铮铮．实用市场营销学［M］．南京：东南大学出版社，2010.
[14] 徐大建．企业伦理学［M］．2 版．北京：北京大学出版社，2009.
[15] 叶陈刚．企业伦理与社会责任［M］．北京：中国人民大学出版社，2012.
[16] 周素平．企业战略管理［M］．北京：清华大学出版社，2012.
[17] WALKER J R. The restaurant from concept to operation［M］. 5th ed. New Jersey：John Wiley & Son，Inc.，2008.
[18] STICE W K. Financial accounting. Mason：Thomson Higher Education，2008.
[19] BRAGG S M. The controller's function. The work of the managerial accountant（4th edition）［M］. New Jersey：John Wiley & Sons INC.，2011.
[20] VAN DERBECK E J. Principles of cost accounting［M］. 14th ed. OH：Thomson Higher Education，2008.
[21] BARROWS C W. Introduction to management in the hospitality industry［M］. 9th ed. New Jersey：John Wiley & Sons Inc.，2009.
[22] POWERS T. Management in the hospitality industry［M］. 18th ed. New Jersey：John Wiley & Sons，Inc.，2006.
[23] FEINSTEIN A H. Purchasing selection and procurement for hospitality industry［M］. 7th ed. New Jersey：John Wiley & Sons，Inc.，2008.
[24] JACKSON S. Managerial accounting［M］. Mason：Thomson Higher Education，2008.
[25] COOPER R G. Winning at new products：creating value through innovation［M］. 4th ed. New York：The Perseus Books Group，2011.
[26] WINER R S. Marketing management. TX：pearson education limited，2013.
[27] DAVIS B，LOCKWOOD A. Food and beverage management［M］. 5th ed. New York Inc.，Routledge Taylor & Francis Group. 2013.

第 9 章

宴会服务管理

本章导读

宴会服务是指饭店或宴会运营企业为顾客提供有关宴会的一系列服务活动及相关设施等。其中包括宴会服务程序、宴会服务方法、宴会服务设施与环境的安排等。宴会服务是宴会中的无形产品。宴会服务具有多个特点。主要包括宴会服务的无形性、宴会服务与消费的同步性、宴会服务不可贮存性及宴会服务的个性化等。通过本章学习，可了解宴会服务含义、种类与特点，国际宴会礼仪，掌握中餐宴会服务程序与方法及西餐宴会服务程序与方法，宴会服务中的菜点表演等。

9.1　宴会服务概述

宴会服务是一种无形活动或无形产品。然而，这种无形产品常常与有形产品关联。因此，饭店或宴会运营企业都非常重视目标顾客对服务的需求而把实现企业的利益与宴会服务管理紧密地结合。

9.1.1　宴会服务含义

宴会服务是指饭店或宴会运营企业为顾客提供有关宴会的一系列服务活动。其中包括宴会服务程序、宴会服务方法、宴会服务时间、宴会服务礼节礼貌等。不仅如此，宴会服务还包括服务环境和服务设施等的安排。宴会服务是宴会中的无形产品。虽然从表面上，顾客看不到宴会服务的实体，然而顾客很容易地感受到宴会服务的质量和特色。著名的营销学家菲利普·科特勒认为，“服务是一方向另一方提供无形的活动或利益并且不导致任何所有权的产生。

9.1.2 宴会服务特点

根据学者和企业家的总结，宴会服务具有多个特点。宴会服务是无形的，宴会服务与消费同步，宴会服务是不可贮存的及宴会服务具有个性化等。

1. 宴会服务的无形特点

宴会服务具有无形性特点，它难以使用观察和触摸的方式来感受，经常依托有形产品体现服务质量与特色。因此，饭店或宴会运营企业在实施宴会服务时，必须通过空间展示、设施展示、环境展示和菜单展示等手段及通过宴会服务的诚实性、准确性、针对性、周到性、及时性和兑现性来体现宴会服务的质量和特色。一般而言，顾客在享受宴会服务的同时，也消费一些实体产品。例如，菜点和酒水等。

2. 宴会服务与消费同步

由于宴会服务人员提供服务时，也正是顾客享用宴会服务的过程。因此，一些学者认为，宴会服务和消费是同步的、不可分割的。因为，有形产品常是事先生产，经过市场批发和零售等一系列的中间环节才传送至消费环节。而宴会服务不同，宴会服务正像举办音乐会一样。消费者聆听和欣赏音乐的时候正是其消费的过程。当音乐会结束时，消费随之结束。

3. 宴会服务不可贮存

根据宴会服务的无形性和服务与消费的同步等特点，使得饭店或宴会运营企业不像工业企业那样生产有形产品后，将其贮存起来以备未来销售。对于宴会运营企业而言，虽然在宴会服务前做了一些准备工作。然而，作为宴会服务的整体产品是不可能贮存的。例如，飞机航班的空座位不能积累和贮存为旺季使用。又如，饭店平时没有出售的客房会造成饭店的经济损失。因此，饭店或宴会运营企业是否充分运用了宴会服务的能力成为宴会运营管理的一大挑战。

4. 宴会服务个性化

宴会服务具有个性化的特点，难于统一标准。所谓个性化主要表现在宴会的主题、宴会的菜单、宴会的时间、宴会的规模、宴会的服务程序与方法需求等。这些需求受到消费者与组织购买者的个人学历、经历、职业和生活习俗、心理因素及情景因素等影响。同时，也受到服务人员的个人知识、技能和职业道德等的影响。综上所述，由于宴会服务的主体和对象都是人，人是宴会服务的核心，而人又具有个性。个性因素又涉及服务方和接受方等两个方面。通常，不同的宴会服务人员会产生不同的宴会服务质量效果，而同一服务人员为不同的宴会消费者服务时，也会产生不同的宴会服务质量水平与特色。当然，顾客的知识、修养、经历等因素也会直接影响宴会服务的感受。因此，宴会服务具有现个性化。

9.1.3 宴会服务种类

通常宴会运营企业或饭店为了达到理想的宴会服务效果，设计和开发了不同的服务方法。这些方法具有不同的服务效果和特色，可用于不同的宴会，包括不同规模的宴会、不同主题的宴会、不同服务特色的宴会。

1. 法式服务

法式服务是宴会服务中最周到的服务方法，多用于小型宴会、高级别宴会。在法式服务中，服务员都是受过专业培训的服务人员。这种服务注重宴会礼仪、宴会文化和宴会服务的表演技巧。法式服务的特点是服务周到，每位顾客都能得到充分的关注和照顾。法式服务常由两名服务员为一组或为一桌宴会顾客服务。服务员在顾客面前常进行一些简单的菜点烹制表演、切割表演或装盘表演。法式服务的服务节奏慢，与其他宴会服务方法比较，需要更多的人力和设备，更多的空间。所以，法式服务成本高，空间利用率低。

2. 俄式服务

俄式服务是宴会常用的服务方法。其餐桌摆台（刀叉摆放）形式与法式餐桌摆台比较相近。俄式宴会服务中，每一个餐桌通常只需要一个服务员，服务方式比法式服务简单而快速，不需要较大的空间。因此，服务效率高，空间利用率也比较高。俄式服务程序的特点是，服务员先用右手从顾客的右边送上空餐盘，待菜点在厨房熟制后，服务员从厨房中将菜肴装在大餐盘上，用肩托着大餐盘将菜点送至宴会厅。然后，服务员用左手在胸前托盘，右手握服务叉与服务匙，从顾客的左侧为每一位顾客分菜。一般而言，以俄式服务方法对宴会进行服务，使用的银器较多，每一位顾客都能得到周到的服务。所以，俄式宴会服务为宴会增添了高雅和庄重的气氛。

3. 美式服务

美式服务是比较简单和快捷的宴会服务方式。目前，在国际宴会中很受欢迎。其特点是，一个服务员可为多个顾客服务，菜点在厨房烹制好，按顾客的人数装好盘，餐厅服务员用手推车或托盘将菜点运送到宴会厅。然后，根据宴会服务程序的需要，服务员在顾客的左侧，用左手从顾客左边送上菜点。在美式服务中，餐具和人工成本都比较低，空间利用率比较高。

4. 英式服务

英式服务又称为家庭式服务，主要用于家庭宴会。服务员从厨房将烹制好的菜点传送到餐厅或宴会厅，由顾客中的主人亲自动手切肉或牛排，装盘和配菜。服务员依次将菜点送给每一位顾客。此外，在英式的服务中，调味品、沙司（调味酱）和配菜都摆放在餐桌上，由顾客自己拿取或相互传递。英式服务的家庭气氛浓，许多服务都是由顾客自己动手，用餐节奏慢。这种宴会服务模式在美国和一些欧洲国家很流行。

5. 中式服务

中式服务也称作中餐服务，是以中国传统餐饮文化和地方餐饮文化为基础，结合法式服务、俄式服务、美式服务和英式服务等方法组成的宴会服务方法。这种服务方法用于以中餐宴会为基础的各种主题宴会。由于中国地域广大，民族多。因此，各地中式服务各有特色。这些特色主要表现在餐具、摆台和服务程序及服务方法等方面的不同。

6. 综合式服务

综合式服务是融合了法式服务、俄式服务和美式服务等方法的宴会服务方式。许多国际宴会采用这种服务方法。一些宴会以美式服务上开胃菜，用俄式服务上主菜，用法式服务上甜点等。不同的主题宴会选用的服务方法组合方式不同。这与宴会的主题，顾客的消费水平，企业常用的服务方法和顾客的需求等有紧密的联系。

7. 自助式服务

自助式服务是将事先准备好的菜点摆在餐台上，顾客自己到餐台选择菜点。然后，拿到餐桌上用餐。这种服务方法可用于各种主题宴会。在自助式服务中，宴会服务人员主要负责餐前布置和餐桌摆台，餐中撤掉用过的餐具和酒杯，补充餐台上的菜肴等服务。

9.1.4 宴会服务环境

现代宴会服务环境常根据宴会业务的整体需要，合理地规划宴会服务空间，服务设施，服务人员，服务流动线路，服务环境的光线、色调、温度和湿度等。此外，宴会服务还特别关注宴会厅的周围环境。宴会厅中的家具式样与其摆放、餐具和用品文化和特色等。同时，为烘托宴会服务气氛，应重视宴会服务环境的吸引力。宴会服务环境应适当地点缀和装饰。宴会背景墙应使用烘托宴会主题的大屏幕，采用先进的虚拟技术及可变换的背景，使参加宴会的顾客感觉身临其境。

1. 人员流动线路

宴会厅的服务人员流动线路是指参加宴会的顾客和服务人员在宴会服务环境中的安全和方便的流动线路或通道。通常，顾客流动线路应以宴会服务区域门口至餐桌之间的畅通为前提，采用直线型，避免迂回绕道；而迂回曲折的通道会使顾客产生环境混乱的感觉。顾客流动通道尽可能的宽敞，以方便顾客通行。然而，服务人员的流动线路的长度对服务效率有很大的影响。因此，不宜过长。同时，宴会服务环境的人员流动线路不要太集中，应尽可能去掉不必要的曲折。此外，宴会服务环境必须设置区域服务台。区域服务台内部可存放必要的餐具以方便服务。从而，缩短服务人员行走的路线。

2. 光线与色调

光线与色调与宴会服务质量和效果紧密相关，合理的照明是创造宴会主题气氛的重要手段。现代宴会服务环境用各种照明设施并根据宴会主题和宴会服务程序和手段进行调节。光线是宴会服务现场设计的重要因素之一。由于光线可体现宴会的风格，影响宴会的气氛。因此，在宴会服务环境设计中，合理巧妙地配合各种光源营造一种温馨的宴会环境是宴会环境设计的重要内容之一。例如，在晚宴中，多采用柔和的烛光。同时，在宴会进行中，服务人员调节灯光的颜色和强弱可形成不同的宴会气氛。此外，宴会服务环境选用的照明方式和灯具要与饭店整体装修风格和环境气氛相协调以创造良好的宴会服务环境。一些饭店的宴会厅建在饭店建筑物的高层，可以使顾客享受自然的阳光及产生明亮宽广的感觉；而宴会厅建在饭店建筑物的中部，可借助一些灯光，摆设艺术品或花卉，使光线与色调相协调。此外，宴会厅入口处的照明设施很重要，可使顾客看到宴会厅的名字，方便顾客进入宴会厅。色调是宴会服务环境设计的重要因素之一。色调的运用对宴会服务的举办起着重要的意义。宴会服务环境的色调与饭店种类和文化紧密相关，与宴会主题相协调。色调是宴会服务环境中可突出质量与特色的一个因素，它通过人们的视觉感受形成丰富的联想、深刻的寓意和象征。在宴会服务环境中也是对宴会主题的一个营造因素。宴会服务空间的色调通常采用暖色调。这种色调可使环境呈现温馨，衬托菜点的色彩。例如，在中国传统的节日或喜庆的宴会常将红色为主要色调。宴会服务环境色调的设计受多方面影响，主要从宴会厅的台布、椅套、窗帘、家具、花束、地毯、灯光、服务员的服装等颜色组合来体现宴会的气氛（见图 9-1）。此外，宴会服务环境色调的设计还与季节有关。通常在寒冷的冬季，宴会厅使用暖色可给顾客一种

图 9-1　宴会厅环境设计

温暖的感觉；炎热的夏季，冷色调给顾客以凉爽的感受。

3. 温度与湿度

根据调查，顾客都希望能在四季如春的舒适空间中享受宴会服务。因此，宴会服务环境内的温度调节与宴会服务效果紧密相关。宴会服务空间温度通常受地理位置、季节和空间等因素制约。地处热带的宴会服务空间必须有凉爽宜人的室内环境，适当的湿度。因此，空气调节系统是不可缺少的服务设施。根据调查，宴会服务环境的室内温度与湿度是：冬天温度为20 ℃至26 ℃，湿度为40%至60%。

4. 辅助设施与音响

宴会服务环境常设有辅助设施以方便顾客活动与用餐。其内容主要包括接待区、衣帽间、结账处和洗手间等。接待区常摆放电视机、报刊和杂志。有时接待区设立酒吧以方便等待宴会开始的顾客。衣帽间和结账处应设在靠近宴会厅的入口处。洗手间常被顾客作为评价宴会服务水平的标志。洗手间应与宴会厅在同一层楼，标记清晰，中英文对照。根据宴会服务需要，宴会厅应有音响和多媒体设施。音响和多媒体可带来适宜的音乐而愉悦宴会参加者的心情，增强食欲，帮助消化。一个高质量的宴会，优雅和舒适的环境及轻松和愉快的音乐，可给予宴会参加者美的享受；而多媒体在宴会服务中可给顾客提供深刻的视听效果，特别是有关宴会的主题图形、图像和文字等方面。

5. 卫生与清洁

宴会服务场所代表饭店的形象，其清洁卫生很重要。首先应保持宴会服务环境地面的清洁。每天清扫地面，并根据具体材质定期打蜡。每天将地毯吸尘2至3次并用清洁剂和清水及时擦干地毯上的汤汁等。其次，应保持墙壁和天花板的清洁。每天清洁1.8米以下的墙壁一次，每月或定期清洁1.8米以上的墙壁和天花板一次。保持宴会厅门窗及玻璃的清洁，每三天清洁门窗玻璃一次，雨天和风天要及时将门窗及其玻璃擦干净。每月清洁宴会服务场所的灯饰和通风口一次。每餐后认真清洁餐台、餐椅、服务桌和各种服务车。每天整理和擦拭餐具柜和洗碗机并保持花瓶、花篮和各种调料瓶的卫生。每天，更换调料瓶中的各种调料，每天更换花瓶中的水。最后，保持备餐间的卫生（见图9-2）。

图9-2　宴会厅清洁

9.1.5　宴会服务设备与用具

宴会服务设备是指用于宴会服务的家具、服务车、展示柜和酒精炉等。宴会服务设备、用具和餐具既是宴会经营和服务的必要工具，又是宴会成本控制的内容之一。通常，餐桌和餐椅应根据饭店的级别和宴会运营特色进行选择和采购。

1. 家具与服务车

宴会家具主要是指餐桌、餐椅、酒水柜和服务柜等。餐桌有圆形和长方形，长方形餐桌适用于西餐宴会，圆形餐桌适用于中餐宴会和西餐宴会。餐椅有不同的式样、尺寸和颜色。然而，宴会餐椅必须与宴会形式等紧密结合。酒柜是陈列和销售酒水的重要设施，而服务柜主要用于存放宴会服务用品和餐具。

宴会家具应防潮与防止暴晒。木质家具受潮后容易膨胀。所以，家具不要靠近暖气片摆放，应定期为家具上光打蜡，保持宴会服务场所内的通风很有必要。家具应轻拿轻放，服务车是宴会服务不可缺少的设施，有多个种类，主要包括运输车、开胃菜车、切割车、牛排车、甜点车、烹调车、酒水车和送餐车等（见图9-3）。宴会服务车不能装载过重的物品，使用速度不能过快。每次使用完要用洗涤剂认真擦洗，镀银的车辆应定期用银粉擦净。

图 9-3　酒水服务车

2. 台布与棉织品

宴会服务的棉织品是指台布、餐巾、毛巾、台裙和窗帘等。棉织品是宴会服务的必需品，使用后必须及时清洗，妥善保管，切忌以台布当包裹在地板上拖拉。通常，换下来的潮湿布件应及时送走并洗涤，如果来不及送至洗衣房，应晾干过夜。否则，易于损坏。一些宴会厅铺设的地毯必须定期清洁，定期洗涤。

9.1.6　宴会餐具与酒具

餐具和酒具是宴会服务的必备用具，其种类包括瓷器餐具、玻璃餐具和金属餐具（也称为银器餐具）等。

1. 瓷器餐具

瓷器是宴会服务常用的器皿，瓷器可以衬托和反映菜点的特色。通常，瓷器餐具都有完整的釉光层，餐盘和菜盘的边缘都有一道服务线以方便服务。瓷器必须和餐桌的其他物品相衬托并与宴会主题相协调。当今，顾客愈加关注宴会瓷器餐具的造型与色彩。其中，骨瓷是一种优质和坚硬的瓷器，价格较高。骨瓷的图案基本都在釉面，宴会使用的骨瓷餐具通常是根据企业宴会服务的具体需要而定制的。通常，瓷器餐具可放在橱柜中或摆放在储物架上，便于放入和取出。瓷器可用台布覆盖，避免落入灰尘，每次使用完毕要洗净消毒，用专用布巾擦干水渍。搬运瓷器时，要装稳托平，防止碰撞。

（1）中餐宴会瓷器已经成为中国宴会文化的重要组成部分。中餐宴会常用的瓷器包括直径 15 厘米的圆形瓷盘或骨盘（吃盘）、直径 18 厘米至 25 厘米的圆形菜盘、长约 20 厘米椭圆形鱼盘，其他瓷器有羹匙、羹匙垫、饭碗和调料碗等。

（2）西餐宴会瓷器有沙拉碗（salad bowl）、黄油盘（butter plate）、面包盘（toast plate）、带垫盘的咖啡杯（coffee cup with saucer）、带垫盘的汤杯（soup cup with saucer）、带垫盘的茶杯（tea cup with saucer）、主菜盘，25 厘米直径（main course plate）、甜点盘，直径 18 厘米（dessert plate）、鱼盘，18 厘米长的椭圆形（fish plate）。

2. 玻璃餐具

中餐与西餐宴会常用的玻璃餐具主要包括各种酒杯、水杯、沙拉盘、甜点盘和水果盘等。例如，啤酒杯（Beer）、香槟酒杯（Champagne）、各种葡萄酒杯（Wines）、老式杯（Old-Fashioned）、海波杯（high-ball）、白兰地酒杯（Brandy）、利口酒杯（Liqueur）、威士忌酒杯

(Whisky) 和中国烈性酒杯等 (见图9-4)。

3. 银器餐具

银器餐具是指金属餐具和金属服务用具。宴会常用的金属餐具和服务用具有各种餐刀、餐叉、餐匙、热菜盘的盖子、热水壶、糖缸、酒桶和服务用的刀、叉和匙等 (见图9-5)。包括: 黄油刀 (butter knife)、沙拉刀 (salad knife)、鱼刀 (fish knife)、主菜刀 (table knife)、甜点刀 (dessert knife)、水果刀 (fruit knife)、鸡尾菜叉 (cocktail fork)、沙拉叉 (salad fork)、鱼叉 (fish fork)、银器餐具 (table fork)、甜点叉 (dessert fork)、汤匙 (soup spoon) 甜点匙 (dessert spoon)、茶匙 (tea spoon) 和各种宴会服务工具。各种银器餐具使用完毕必须擦洗和保养。贵重的金属餐具, 由宴会后勤管理人员负责保管, 应分出种类并登记造册。宴会使用的银器需要每天清点。大型的宴会使用的银器数量较大, 种类多, 更需要认真清点。在营业结束时, 尤其在倒剩菜时, 防止把小的银器餐具倒进杂物桶里。

图9-4 玻璃酒杯

图9-5 银器餐具

9.2 宴会的服务管理

9.2.1 宴会预订服务

宴会通常要预订, 尤其是大型宴会更需要提前一定的时间预订。这是宴会组织者为了保证自己在理想的时间和地点举行宴会采取的必要措施, 而饭店或宴会运营企业则需要根据宴会组织者的需求保证宴会服务质量的准备时间。宴会预订接待工作通常由饭店餐饮部或饭店宴会部等的销售人员负责。宴会预订通常通过电话、传真或通信网络进行, 然后双方通过宴会合同书将宴会的具体事宜进行确定。宴会销售人员或负责宴会的工作人员通常将宴会的时间、地点、人数、费用、菜单、酒水、服务设施、宴会布置等要求及宴会名称、预订单位名称、联系人名称和电话号码等信息填写在宴会订单上。通过双方确认后, 宴会销售部人员通常要求顾客预付30%至50%及以上的定金。同时, 所有宴会费用在宴会结束时一次付清。通常, 宴会合同应规定客户取消宴会预订的时间和其他条件。许多饭店规定大型宴会应提前一个月通知饭店, 中小型宴会通常的取消预订时间应提前15天至7天。如果超过饭店规定的时间取消宴会预订，宴会定金将不退还给顾客。宴会预订确认后，预订员将宴会预订单向饭店相关部门发送，使各部门都能根据预订单上的业务要求做好准备工作。宴会预订单内容的准确度和预订单传递的及时性十分重要。

9.2.2 宴会服务准备

根据宴会主题、级别和规模，宴会服务的现场应有不同级别的业务指导人员负责协调餐厅与厨房的生产与服务，协调宴会举办单位和餐厅服务工作，指导和监督宴会服务的质量，及时处理顾客意见。同时，宴会开始前，服务人员应认真检查照明、空调和音响等设施及宴会使用的桌椅和餐车等以保证宴会服务设施符合宴会的服务质量和标准。如果发现宴会设施和设备有问题应立即通知工程部维修并做好跟踪检查。

宴会应在优雅的气氛中进行，服务员的服务要反应灵敏，注意举止，走路要轻快，动作要敏捷。同时，与顾客讲话时，声音要适中，以顾客能听清楚为准。宴会服务时服务员应挺胸收腹，不倚靠它物，呼吸均匀。宴会厅在放背景音乐时，声音要适中，应为宴会创造美好的气氛和高雅的情调。当今，不论任何主题宴会，其菜点的道数和服务程序向着简单化方向发展，而每道菜点的内容更加丰富。此外，一些宴会服务，还增加现场音乐或舞蹈表演等。

9.2.3 中餐宴会服务

1. 餐具和酒水准备

首先准备骨盘（吃碟或称为吃盘）、垫盘、味碟、茶杯、饭碗、汤碗、水果刀、银匙、甜点叉、服务叉、匙、筷子架和筷子等。餐具数量是，菜肴道数×顾客人数×1.2。根据需要，准备水杯和棉织品，包括红葡萄酒杯、白葡萄酒杯、中国烈性酒杯、香槟酒杯、白兰地酒杯、台布、餐巾和小毛巾等。酒具数量为顾客的人数×1.2；台布数量是餐台数×1.2；餐巾数量一般为顾客人数×1.2。当然，高级宴会可根据需求增加。小毛巾的数量是顾客人数×2×1.2。此外，准备胡椒瓶、牙签、席次牌、冰桶、冰夹和托盘等。然后，把宴会使用的各种餐具整齐地摆放在餐台上。不同的主题宴会，餐台摆放方法不同。因此，准备的餐具也不同。通常，根据宴会服务设计和计划的餐台图，摆好餐桌，餐桌边围上台裙（见图 9-6）。餐具摆放前服务人员应洗手，按照铺台布的标准铺好台布，放好转台。按摆台标准和程序将餐具摆放好，叠好的餐巾花放在水杯里或骨盘内。根据宴会通知单，填写领料单，从仓库领出酒和饮料，将酒水外包装（瓶子或啤酒罐）擦拭干净，将需要冷藏的酒水存入冷藏箱。宴会前 30 分钟取出相应的酒品饮料，摆放在服务台上。

图 9-6 中餐宴会摆台（餐具摆放）

2. 餐前服务准备

搞好备餐间卫生，按规定时间到洗涤部把干净的棉制品领回，入柜。清洁食品保温柜、茶水柜、服务车、洗手池和消毒设备等。准备宴会所用的一切餐具和用具。开餐前 30 分钟完成各种调料的准备工作。准备好休息室的茶具，将消毒的毛巾叠好，放入保温箱备用。大型宴会厅提前 30 分钟打开空调，小型宴会厅提前 15 分钟打开空调。提前 30 分钟开启宴会厅必要的照明设施。宴会前 10 至 15 分钟摆好冷菜，将各种冷菜交叉摆放。大型宴会在宴会开始前10分钟将第一杯酒斟倒好，小型宴会在宴会开始后斟倒，斟酒时应做到不滴不洒。广东餐厅宴会前15分钟上小菜，斟倒酱油和调味酱，将小毛巾摆在餐台上。宴会前，主管人员对环境、餐台及其他准备工作进行全面检查。宴会前10分钟，服务员站在各自的岗位，面向宴会厅门口，迎接顾客。

3. 宴会迎宾服务

顾客到达宴会厅时，服务员要热情地使用欢迎语和问候语向顾客问好，态度和蔼，语言亲切并引导顾客到休息室或宴会厅就座。顾客进入休息室时，服务员应主动接过衣帽，斟倒茶水或饮料，送上热毛巾，将顾客衣服挂在衣架上，提醒顾客保管好衣物里的贵重物品。顾客进入宴会厅时，迎宾员应主动为顾客引座并安排顾客入座，为顾客拉椅，打开餐巾并铺在顾客的膝上或放在骨盘下，从筷子套中取出筷子，摆放好。

4. 席面服务管理

1）宴会开始

宴会开始时，宾主讲话，服务员应站在服务桌旁静候。对大型宴会，服务员要列队站好，以示礼貌。讲话结束时，服务员根据宴会的酒水安排，向讲话人送上一杯酒。根据宴会服务的安排，服务员应为自己管辖区域的杯中无酒的顾客或少酒的顾客斟酒以供顾客祝酒之用。大型宴会应设有服务员并为主人和主宾进行斟酒服务。

2）斟酒水

一般而言，待顾客坐好，服务员为顾客斟倒酒水。通常，先斟倒饮料，再斟倒葡萄酒。如果宴会准备了烈性酒，必须问讯顾客后，根据顾客的需要，斟倒烈性酒。当顾客要求啤酒与汽水同斟一杯时，要先倒汽水，后斟啤酒。因为啤酒、汽水都带有泡沫。斟酒时，将瓶口与杯子的距离保持在1厘米左右，慢慢斟倒，避免泡沫溢出杯外。服务员每斟倒酒时，都要站在顾客的右侧，切忌站在一个位置为左右两位顾客斟倒酒水。斟酒水的顺序通常是先女士，后男士；先主宾，后主人。通常为顺时针方向依次斟倒。

3）上菜

当宴会主人宣布宴会开始时，服务员根据菜单的菜点顺序依次上菜。通常，先上开胃菜，再上主菜、汤和甜点，最后上水果。有时中餐宴会也会将汤作为热开胃菜，放在冷菜之后上。在宴会中，有时，面点可适当地安排在菜与菜之间。上菜的间隔时间可根据宴会进程或主办人的需要而定。根据国际宴会的服务惯例和标准，热菜应趁热上并使用热菜的盖子将热菜盖好，待菜点上桌后再取下盖子，带回备餐间。大型宴会上菜速度要以主桌为准，全场统一。通常根据宴会厅服务主管人员的信号或根据音乐顺序上菜。

4）分菜

根据宴会的服务要求，服务员可为每一个顾客分菜，并提供相应的餐饮服务。服务员应熟悉去鱼骨技术和分菜技术等。服务员分菜时动作要轻稳并掌握好份数。同时，分菜前应先上配料和调料，然后上菜。对带有骨头和刺的菜肴，应先去骨，去刺，再分菜。

5）巡台

在顾客进餐中，服务员应为顾客撤换餐具。根据宴会的需要或提前商定的程序，顾客每用完一道菜或两道菜时，服务员为每一个顾客撤换一次骨盘。有时，餐中服务员要为每一个顾客换一次小毛巾。一般而言，为了突出菜肴风味，宴会中服务员撤换的餐具不少于2~3次；重要的宴会要求每一道菜撤换一次骨盘。宴会进行中，主宾起身敬酒时，服务员应帮助主宾向后拉椅子，当主宾离开座位去其他餐桌敬酒时，服务员要将其餐巾叠好，放在筷子旁边。当顾客用完主菜后，服务员应清理桌面，上甜点，上水果。宴会进行中。当餐台水果用完后，可撤掉水果盘、骨盘和水果刀叉并在餐台上摆好花篮，表示宴会结束。

5. 宴会结束

当顾客起身离座时，服务员要为顾客拉开椅子，方便顾客行走，并提醒顾客带齐个人物品。大型宴会，服务人员应列队站在宴会厅门口两侧，热情地欢送顾客。当顾客主动与服务员握手表示感谢时，服务员应与顾客握手并且与顾客道别。顾客离开后，服务员发现顾客有遗留物品时，要立即送还顾客或交与上级主管人员。同时，收拾餐具和用具，清理宴会场地，将餐桌餐椅按规定的位置摆放整齐，关好门窗，关掉所有电源。

9.2.4 西餐宴会服务

1. 准备工作

西餐宴会服务前，宴会服务主管人员应掌握宴会的类型、名称、规模、菜单、参加人数和其他要求，制定宴会的服务程序，布置宴会厅，做好服务员的分派工作。然后摆台。对宴会前各项准备工作进行一次全面检查，包括卫生、安全、设备、器皿、摆台等。然后，服务人员再次整理自己的仪表和仪容，做到服装整齐、仪容大方。

1）摆放餐具与酒具

在装饰盘右侧，从左到右依次摆放餐刀、鱼刀、汤匙、刀刃向左，刀把和匙把距餐桌1.5厘米，从左向右摆放。在装饰盘的左侧从右向左依次摆放餐叉、沙拉叉（中叉），叉口向上，叉柄距餐桌边1.5厘米。（摆放的程序也可根据本企业规定的程序和方法）在装饰盘上方从下至上依次摆放甜品叉和甜品匙，叉把向左，叉口朝右；匙柄向右，匙面朝上。如果摆放甜点刀，刀把向右，刀刃向装饰盘。在沙拉叉的左侧摆上面包盘，距沙拉叉1厘米，距桌边1.5厘米，将黄油刀摆在面包盘的右侧1/3位置上。将水杯摆在餐刀正前方，与刀尖相距2厘米。红葡萄酒杯摆在水杯右下方，与水杯相距1厘米。白葡萄酒杯摆在红葡萄酒杯右下方，与白葡萄酒杯相距1厘米（见图9-7和图9-8）。

2）摆放餐巾与菜单

将餐巾叠成花，摆在装饰盘正中。将调味架和牙签筒按四人一套标准摆放在餐桌中线位置上。长台上摆花瓶或花篮1至4个，如仅摆放一个花篮，应摆于餐桌的中心位置，摆放4个花篮时，应将花篮摆放的距离相等。摆放鲜花时，其高度不可高于用餐顾客的视平线。每个席位摆一份菜单。人数较多时，可两个席位摆一份菜单。

3）摆放面包与黄油

摆放面包和黄油，准备酒水。大型宴会在顾客到达餐厅5~10分钟前，把黄油、面包摆放在黄油盘和面包盘上，每个顾客的面包数量应当相同。为顾客杯中斟好矿泉水。小型宴会在顾客入座后再斟水及摆放面包和黄油。

2. 迎宾

顾客到达时，宴会服务员应热情礼貌地向顾客问候并表示欢迎。为顾客保存衣物，向顾客递送衣物寄存卡。引领顾客入席。一些大型宴会先引领顾客到休息厅作短暂休息，为顾客送上饮品。当顾客表示可以入席时，引领顾客入席。在为顾客拉椅让座服务时，先女士、重要宾客、行动不便的顾客，再一般男士。待顾客入座后，为顾客打开餐巾，然后将各种饮料送至顾客面前（左手托盘），逐一说明，并请顾客选用。

图 9-7　西餐宴会餐具摆放

图 9-8　西餐宴会厅摆台

3. 席面服务

1）上菜与斟酒

以开胃菜、汤、主菜、甜点为顺序上菜。上开胃菜时，斟倒白葡萄酒，当顾客用完开胃菜时撤盘，从主宾或女士位置开始。服务员在顾客的右边，用右手撤下餐盘和刀叉，从顾客的右边把汤放到顾客面前，先女宾后男宾再主人。上海鲜类菜肴前，先撤下汤盅或汤盘，为顾客斟倒白葡萄酒。服务员在服务红色畜肉类菜肴前，应先为顾客斟倒红葡萄酒。服务员斟倒红葡萄酒时应谨慎，应预防酒中的沉淀物上浮，优质红葡萄酒中均有沉淀物。为了使葡萄酒中的细小颗粒沉淀，通常葡萄酒瓶底都有上凸的结构，凹下的部分是刻意设计的，使沉淀物沉于其间。

2）撤换餐具

当顾客每用完一道菜，就应当撤换餐具。撤换餐具时，服务员要等待全桌的顾客把刀叉放在餐盘里或把汤匙放在汤盘里方可进行。如果有顾客不使用这种表示方法，服务员可有礼貌地询问一下，征得顾客同意后再撤餐具。撤餐具时要用右手撤盘，左手托盘。撤餐盘时，应将食用这道菜肴的刀叉一起撤下。不要在餐桌上刮盘或堆盘，也不能一次撤餐具过多，过多会可能导致意外事故的发生。撤下的餐具应立即放到服务车内或附近的服务桌上，经整理后送至洗碗间。

3）上甜点与斟倒饮料

甜点是宴会中最后一道菜。吃甜点前，服务员应撤掉所有的餐具，仅保留甜点餐具和水杯或咖啡具或茶具。宴会中的甜点餐具应根据甜点的品种而定，热甜点一般使用甜点匙或中叉，食用烩水果使用茶匙。上冰淇淋时放冰淇淋匙。有些西餐宴会在餐中不服务咖啡，只服务冰水和果汁。

4）咖啡或茶水服务

一些欧美人喜欢在餐中饮用咖啡或茶。因此，咖啡或茶水的服务方法应根据宴会订单安排。从顾客右边摆上咖啡具或茶具，随时为顾客添加咖啡或茶，直至顾客表示不饮用为止。作为宴会服务人员，特别是要具备咖啡文化和服务的知识，了解牛奶与糖在咖啡中的作用与比例；糖可以缓解咖啡的苦味，牛奶可缓和咖啡的酸味。常用的比例是糖占咖啡的8%，牛奶占咖啡的6%。当然，也可以根据饮用者的口味添加糖和牛奶。

4. 宴会结束

宴会结束时，服务员应立即上前为顾客拉椅，热情欢送顾客并欢迎顾客下次光临。顾客离开后及时收拾餐厅，检查台面及地毯有无顾客遗忘的物品。按顺序收拾餐桌，整理宴会厅，关好门窗、关掉所有电灯和空调等。

9.2.5 自助餐宴会服务

自助餐宴会服务也称为自助式宴会服务，是指将宴会设计的全部菜点摆放在设计好的餐台上。一般而言，自助餐宴会餐台至少包括冷开胃菜台、热开胃菜台与热主菜台、甜点和水果台、酒水台等。参加自助餐宴会的顾客自己拿取自己喜爱的菜点和酒水到餐桌上（见图9-9）。宴会厅管理人员及迎宾员在宴会厅门口迎接顾客并向顾客问好。某些重要的自助餐宴会，宴会厅经理或更高级职务的管理人员亲自带领迎宾员在餐厅门口迎接顾客。顾客进入宴会厅后，服务员用托盘送上酒水，向顾客问好并请顾客自选酒水。服务员左手托着酒水穿行于顾客中间，随时为顾客提供酒水并及时撤走顾客用过的杯子。当然，有些自助餐宴会，将准备好的酒水摆放在酒水台上，由顾客自取。宴会开始时，宾主致辞讲话时，服务员托上酒水站在讲台附近，准备为讲话人敬酒服务。宴会进行中，服务员随时撤走餐桌上顾客用过的餐具，送交洗碗机房清洗并及时向餐厅补充需要的餐具。此外，自助餐宴会常设有贵宾席位。这一席位应由专职服务员为其选送餐台上的各种菜点并提供上菜服务。自助餐宴会结束时，宴会厅经理征求主办单位的意见并带领服务员欢送顾客，请顾客再次光临。

图9-9 自助宴会餐台

9.3 国际宴会礼仪

9.3.1 仪表与仪态

仪表是指人的容貌、姿态、穿着和风度等，仪表反映人的精神面貌。仪态是指人的姿势，举止和动作。仪表的基本要求是面部干净、头发整齐，衣服整齐并要扣好纽扣。英国人认为秀雅的动作高于美丽的相貌。因此，走路时，人要头正，肩平，胸略挺。在宴会中，表情非常重要。表情应亲切自然，切忌做作。通常，人们的感情表达由7%的言辞+38%的声音+55%的表情组成。在人的表情中，眼睛表情最重要，最丰富，称为“眼语”。服饰体现尊重和礼貌，参加宴会人员的服装应与时间、地点及仪式内容等相符。参加宴会人员的服装应考虑地区所处的地理位置、气候条件、民族风格及宴会仪式等。鞋袜应与整体服装搭配，参加正式宴会的男士应穿黑色或深咖啡色皮鞋。穿西装不能穿布鞋、旅游鞋或凉鞋，应保持鞋面清洁，以表示对他人的尊重。领带是西装的灵魂，系领带不能过长或过短，站立时其下端触及腰带。在任何时候，不要松开领带，使用的腰带以黑色或深棕色为宜，宽度不超过3厘米。在宴会中称呼很重要。男子通常称为先生，女子称为女士。对国外华人，不可称为老某、小某。握手礼是最常见的见面礼和告别礼。双方各自伸出右手，手掌均成垂直状态，五指并用。握手时，抓住对方的手来回晃动，用力过重或过轻都是不礼貌的。握手时，男士、晚辈、下级和客人见到女士、长辈、上级和年长者，应先行问候，待后者伸出手来，再向前握手。顺序应该是：先女士后男士，先长辈后晚辈，先上级后下级。男士握手时不要戴帽子和手套，与女士握手时间短一些，轻一些。握手时眼睛要看着对方。遇到身份较高的职位，应有礼貌地点头和微笑，或鼓掌表示欢迎，不要自己主动要求握手。

9.3.2 餐前礼节

在欧洲国家，判断人们礼貌行为的一个重要渠道是通过宴会礼仪。通常，宴会组织者在宴会举办前应提前预订。饭店或宴会运营企业都有宴会预订部门及专用电话或网络预订系统。预定时，宴会组织者应当明确宴会的主题、宴会举办日期与时间、宴会菜单、宴会人数、宴会费用、宴会预订人姓名和通信方式等。通常，参加宴会的人员应在宴会前约15分钟进入宴会厅，应由迎宾员引领入座。一般而言，参加宴会的人员只要说明有关信息，迎宾员便直接将顾客领到预订区域。进入宴会厅前，所有参加宴会的人员应将大衣和帽子等物品存放在衣帽间或听从服务人员的安排（根据实际服务设施），女士皮包可随身携带，可放在自己的背部与椅背之间。当全桌用餐人坐定后才可使用餐巾，等大家都坐稳后才开始将餐巾摊于膝上，这是最普通的礼貌。通常，女士先入座，男士后入座。女士尚未坐妥，男士不要自己先坐下，否则有失风度。女士尚未入座时，男士最好站在椅子后面等待。为了不让男士久等，已安排好座位的女士应及时入座。入座后，参加宴会者的上身应与餐桌保持两拳宽的距离，目的是用餐人能舒服地进餐。

9.3.3 点菜礼节

通常，参加宴会的人员不需要点菜。因为，宴会的菜单都是在宴会前已经由组织者与宴会运营企业商定。但是，一些家庭小型休闲宴会在进入餐厅并入座后才开始点菜。当餐厅服务员奉上菜单时，如果组织者对该餐厅风味不熟悉，最好将菜单看得仔细一些，有疑问时可随时请教服务员。这样，虽然费了点时间，但是为了更完善地用餐，不妨慎重些。宴会组织者对服务员应有礼貌地询问菜点。被邀请人点菜时，不应选择极端高价的菜点。尽管有时主人竭力招待并请客人自己挑选爱吃的菜点。然而，如果挑选昂贵的菜肴，被邀请者的点菜行为欠妥。除非是宴会主人极力推荐某道具有特色的菜点，否则高价格的菜点或写着“时价”的菜，最好不要挑选。不论宴会组织者还是被邀请的客人点菜时，都不可指着其他餐桌上的菜点进行点菜。

9.3.4 饮酒礼节

欧美人的餐饮文化和习俗及参加宴会时，讲究菜肴与酒水的搭配，讲究酒水饮用顺序，讲究酒水与酒具和水杯的搭配。一般而言，冷藏的酒应当使用高脚杯盛装。为了增加食欲，餐前酒常要冷藏后饮用。喝鸡尾酒、白葡萄酒和香槟酒，要使用高脚杯。饮酒时，手持酒杯的柄部，避免触摸酒杯的上半部，保持酒水的凉爽和特色。女士在宴会中，宜喝清淡的酒和含少量乙醇的鸡尾酒，对于不太喝酒的人而言，偶尔喝一点清淡的酒可以促进食欲。女士拒绝饮用餐前酒不算失礼，但是礼貌上仍应浅尝一点。在宴会，饮用2种以上的同类酒时，应从较低级别的酒饮用。饮用2种以上的葡萄酒时，应从味道清淡的酒开始。宴会饮用同样品牌的酒，先由年代较近的酒开始，然后饮用陈年酒。在欧美人的酒文化中，喝不同的酒应使用不同的酒杯，这体现了对顾客的尊重。酒杯的式样与菜肴的色香味具有同样的效果，同样可以刺激人们的食欲，还增加了宴会特色。因此，许多宴会运营企业为此费尽心机设计了各种酒杯。这样，酒杯的种类因使用目的而各有不同。白兰地杯的杯口比它的杯身小，欧美人称作它为嗅杯（snifter）。老式杯（old-fashioned）是大杯口平底的浅玻璃杯，这种酒杯适合饮用带有冰块的威士忌酒。在宴会中，品酒应当由男士担任。主宾如果是女士应当请同席的男士代劳。饮用红葡萄酒时，应当使酒液与空气接触。根据经验，一旦红葡萄酒接触空气，酒液立刻充满活力。在欧美人看来，将酒杯凑近对方是不礼貌的。因此，敬酒时不要将酒杯凑近对方。饮酒前应先以餐巾擦唇。由于用餐时，嘴边沾有油污或肉汁，所以喝酒前轻擦嘴唇是必要的，不但喝酒如此，喝饮料也应如此。

9.3.5 用餐礼仪

欧美人很重视宴会用餐礼仪，尤其参加正式的晚宴或宴会。通常，不要戴帽子进入宴会厅。参加宴会应穿正式服装，不要松领带。用餐时应避免小动作，一些无意识的小动作在他人眼中都是不礼貌的坏习惯。例如，边吃边摸头发，用手指搓嘴、抓耳挠鼻等小动作都违反宴会礼仪。进餐中应注意自己的举止行为，不要把脸凑到桌面，不要把手或手肘放在餐桌上。用刀叉时不可将胳膊肘及手腕放在餐桌上，最好是左手放在餐桌上稳住盘子，右手以工具进食。同时，用餐时跷腿或把脚伸成大八字均违反宴会礼仪。此外，进餐时，伸懒腰，松裤带，摇头晃脑都是非常失礼的行为。宴会用餐讲究刀叉食用顺序，应根据上菜顺序，使用刀叉。在宴会厅，餐具的摆放顺序从里到外是主菜的刀叉，开胃菜的刀叉，汤匙。而用餐时使用刀叉应先外后里。餐具一旦在餐桌上摆好，就不可随意移动。由于宴会中，人们将餐桌、餐盘、酒杯或刀叉视为一个整体。同时，使用餐具既要讲究礼节礼貌又要讲究方便和安全。因此，同时使用餐刀和餐叉时，应左手持叉，右手持刀。仅使用叉子或匙时，应当用右手，尽量让右手取食。不要将刀叉竖起来拿着。与人交谈或咀嚼食物时，应将刀叉放在餐盘上。用餐完毕应将刀叉并拢并放在餐盘的右斜下方。进餐时，将刀叉整齐地排列在餐盘上，等于告诉服务员这道菜已经使用完毕，可以撤掉。刀叉掉在地上，顾客自己不必忙着将它们捡起来，原则上由餐厅服务员负责捡起。但是作为宴会的礼节礼貌，男士应为同桌女士捡起掉在地上的刀叉，并应代替该女士向服务员另要一套餐具。使用餐巾时应注意餐巾的功能，餐巾既非抹布亦非手帕，主要的作用是防止菜汤撒落在衣服上，附带功能是擦嘴及擦净手上油污，用餐巾擦餐具是不礼貌的，除了被他人视为不懂宴会礼节和礼貌，而且主人会认为客人嫌餐具不洁，藐视主人等。宴会中，拿餐巾擦脸或擦桌上的水都是不礼貌的行为。菜点上桌后应立即食用，表示对菜点的欣赏。一般而言，谁的菜肴先上桌谁先食用，因为不论菜肴是冷的还是热的，上桌时都是最适合食用的温度。当然与上级领导或长辈一起用餐时，最基本的礼貌是上级领导或长辈开始用餐时，其他的人才开始。若是好友在同一桌并且上菜的时间很接近，应该等到菜肴上齐了一起进食。参加宴会时，有些开胃菜均可以用手拿取和食用。例如，开那批（canape），因为这些菜肴，用刀叉食用非常不方便，使用牙签效果也不佳，而且这些菜肴不沾手，也不会弄脏手。不仅开胃菜如此，凡不沾手的食物均可用手取食。在宴会中，食物进入口内不可吐出。除了腐败的食物、鱼刺和骨头外，一切食物既已入口则应吃下去。当然，西餐宴会中的骨头和鱼刺在烹调前已经去掉。用汤匙喝汤时，应由内向外舀，即由身边向外舀出。由外向内既不雅观也会被人取笑。汤匙就口的程度，以不离盘身正面为限，不可使汤滴在汤盘之外。进餐时无论喝汤或吃菜都不能发出声响。在西餐宴会中，汤常作为开胃菜，食用面包应在喝汤时开始。席面上，面包不可用刀切，而是用手撕开后食用，被撕开面包的大小应当是一口能够容纳的量。而且掰一块食用一块，现掰现食用，不可以一次撕多块后再食用。使用黄油或果酱的原则是，应将黄油或果酱抹在撕好的面包上，抹一块食用一块。用餐时，不要中途离席，为了避免尴尬的情形，凡事应当在餐前处理妥当，中途离席往往受到困扰并且是不礼貌的。使用洗手盅应先洗一只手，再换另一只手。洗手盅通常随菜肴一起上桌，洗手盅常装有二分之一的水，为了去除手上的腥味，在水中放一个花瓣或小柠檬片。尽管里面装着洗手水，但只能用来洗手指，不能把整个手掌放进去，两只手一起进入洗手盅不仅是不雅，且容易打翻洗手盅。用餐时，女士未结束用餐，男士不应结束。不论何时何地，宴会主人一定要注意女宾或主宾的用餐情况。

9.3.6 饮茶与喝咖啡礼仪

宴会饮茶有一定的礼仪。饮茶要趁热喝，只有喝热茶才能领略其中的醇香味，当然不包括饮用凉茶。当饮用热茶时，不要用嘴吹，等几分钟，使它降温，然后饮用。不要一次将茶饮完，应分作三、四次喝完。冲泡一杯色、香、味俱全的茶需要很多方面的配合。根据宴会文化，喝咖啡应遵守礼仪，作为顾客，饮用咖啡时应心情愉快，趁热喝完咖啡（冷饮除外），不要一次喝尽，应分作三至四次饮完。饮用前，先将咖啡放在方便的地方，饮用咖啡时可以不加糖、不加牛奶，直接饮用，也可只添加糖或只添加牛奶。如果添加糖和牛奶时，应当先加糖，后加牛奶，这样使咖啡更香醇。饮用咖啡时，先用右手用匙，将咖啡轻轻搅拌（在添加糖或牛奶的情况下）。然后，将咖啡匙放在咖啡杯垫的边缘上，用右手持咖啡杯柄，饮用，也可以左手持咖啡杯盘，右手持杯柄，饮用。作为宴会运营企业必须要了解饮用咖啡的礼仪，认真钻研咖啡文化，做好咖啡原材料的选择，掌握咖啡制作程序，了解咖啡用具及做好咖啡服务工作。

9.3.7 自助餐宴会礼仪

自助餐宴会是目前最流行的宴会方式，客人可以随意入座，依照个人的口味与爱好挑选菜肴和饮料，依照个人的食量自己选择菜量。自助餐宴会服务人员不必像传统宴会那样多。通常，服务员只负责添加餐台上的菜肴，将顾客使用过的餐具适时撤走。顾客没有固定的座位，所以可以与其他人随意交谈。此外，在拿饮料，取菜时彼此还有交谈的机会，充分发挥社交功能。通常，顾客进入餐厅后，首先找到座位，将个人物品放妥后，打开餐巾，说明那个座位已有人坐了。然后，依序到自助餐台取菜，习惯上第一次取开胃菜，包括沙拉、热汤和面包等。第二次取主菜，包括肉、鱼、海鲜等菜肴。顾客取菜时可以一次只取一种菜肴，味道不会彼此受影响，也可以一次取几个不同种类的菜肴。取菜时避免将菜肴洒落在餐台上，避免将汤汁洒落在容器外。大虾和生蚝等菜肴要适量取用。此外，顾客使用过的餐具应留在自己的餐桌上，以便服务员取走，每取一道菜应用一个新的餐具，不要拿用过的餐盘去取下一道菜肴。

9.3.8 酒会礼仪

鸡尾酒会简称酒会（cocktail party）又称招待会（reception），是目前国际社交中最为流行的宴会形式。酒会举办的目的主要是庆祝节假日。如国庆节、新年等。同时，在展览开幕式、信息发布会和公司成立大会等也常举办酒会。实际上酒会是一种节省时间、利于交际、节省经费的聚会方式。酒会举办的时间多在下午四点至七点之间，有些鸡尾酒会结束后紧接着是正式宴会。鸡尾酒会中的菜点简单，多为小点心，饼干、蛋糕、小肉卷、奶酪、鱼子酱、三明治及各种小吃等。酒会参加人可以用手拿取食物食用。这种宴会形式方便和他人交谈。酒会的酒水种类常有鸡尾酒、果汁、啤酒、葡萄酒等，顾客可以从饮料吧台自行取用或是请服务员代取。鸡尾酒会服装多以日常服装为宜，因鸡尾酒会都在上班时间举行，男士着西装、衬衫打领带即可。女士以套装或上衣加裙子等。酒会常以社交为主要目的，因此应主动与他人交谈，增加人际关系。由于这种宴会的服务时间不长。一般而言，顾客之间的交谈时间不宜过长。

9.4 宴会菜点服务表演

9.4.1 宴会菜点服务表演概述

宴会菜点服务表演是指在宴会中服务员面对顾客，利用烹调车或服务桌制作一些有观赏价值的菜点或运用艺术切割法切割水果、奶酪和制熟的肉类与禽类菜肴。同时，还搅拌一些著名的调味酱等。宴会菜点服务表演的目的是创造宴会气氛，体现宴会服务文化与特色，增加企业知名度及实施体验营销的一系列服务活动。宴会菜点服务表演必须有观赏性，且选择可以快速制熟和没有特殊气味的项目。一些宴会菜点服务表演选择菜肴最后成熟阶段的项目。例如，扒牛排的最后成熟阶段；在宴会厅当众进行抻面条表演；将菜点放入少许烈性酒，使酒液与锅边接触产生火焰等，目的是活跃宴会气氛。这种服务表演称为燃焰表演。此外，宴会菜点服务表演还常包括那些不加热而仅进行组装菜点的表演项目。

当今，体验营销和视觉效应在宴会服务中愈加受到重视。许多宴会服务管理人员认为，利用各种视觉效应收到理想的服务效果。例如，沙拉吧（salad bar）展示、菜肴展示、自助餐台、酒架和酒柜展示及宴会现场表演等。瑞士餐饮管理专家沃尔特·班士曼（Walter Bachmann）在评论宴会菜点服务表演时说，"我相信在顾客面前做一些烹调、燃焰或切割服务表演已成为宴会中最吸引顾客的服务。但是，宴会菜点服务表演存在着一定的局限性和缺点。因为，一些顾客在宴会进行时不希望被过多地打扰。其次，由于这种服务需要较大的空间、专业服务员或厨师及专业的设备等，因此使宴会的价格高于一般消费水平。综上所述，不是任何一个宴会都能采用宴会菜点服务表演的，宴会运营企业必须根据目标顾客的需求、自身的设施及其他因素才能决定是否采用宴会菜点服务表演。

9.4.2 宴会菜点服务表演分类

按照服务形式，宴会菜点服务表演可以分为全烹调表演项目和半烹调表演项目，包括开胃菜服务表演，意大利面条服务表演，海鲜和肉类菜肴服务表演及甜点服务表演等。

(1) 全烹调表演是将加工过而没有熟制的原料进行烹调和熟制表演。目前这种服务表演都在自助餐宴会上。厨师在自助餐台上，使用电磁炉为顾客进行扒牛排和扒海鲜等表演。

(2) 半烹调表演是将厨房烹调好的菜点做最后阶段的烹调表演、组装或调味。当今，这种表演多以组装和调味酱制作表演为主。

(3) 开胃菜服务表演包括冷汤服务、沙拉和鸡尾菜（cocktail）服务表演。主要的表演是切割和组装表演。

(4) 意大利面条熟制表演是将厨房煮熟的面条进行烹调，制作调味酱及组装表演。

(5) 海鲜和肉类菜肴制作表演是将小块易熟的原料通过烹调车的酒精炉进行表演。目前，这种表演基本上都在自助餐宴会的自助餐台上进行。

(6) 甜点制作表演是在烹调车上制作一些可快速成熟而又有观赏价值的甜点，或者将已经制熟的甜点和水果原料组装在一起。目前的发展趋势是以组装服务为主。

[案例1] 龙虾与荷兰沙司熟制表演（Lobster with hollandaise sauce）

1. 表演用具

切菜板一块，厨刀一把，电磁炉一个，主菜匙，主菜叉，洗手盅一个，餐盘一个，杂物盘一个，铺好餐巾的椭圆形盘一个。

2. 食品原料

烹制好的龙虾一个，荷兰沙司（调味酱）适量，香菜嫩茎4根。

3. 厨房准备工作

将龙虾制熟，连带锅中调味酱一起放入一个可加热的圆形无柄平底锅内。将荷兰沙司倒入调味酱容器内。

4. 表演程序

(1) 用服务匙和服务叉将龙虾从锅中取出，放在铺好餐巾的椭圆形餐盘上，使龙虾的汁浸在餐巾上，然后放到切菜板上，左手用口布按住龙虾，右手用厨刀切下龙虾腿，把切下的龙虾腿与虾身分开。

(2) 用餐巾把虾头包住，从头下部把虾纵向切成两半，再把虾头纵向切成两半，用服务叉和服务匙取出龙虾头中和背部的黑体与黑线。

(3) 用服务叉和服务匙从龙虾尾部将虾肉取出；用服务匙压住虾壳，用叉子取肉。

(4) 用厨刀切下头部的触角，左手用餐巾握住龙虾大爪，右手用厨刀背将大爪劈开并用服务叉取出虾肉；用厨刀将龙虾头部的肉切整齐。

(5) 把龙虾肉整齐地放在餐盘上，虾肉浇上荷兰沙司，盘中摆放些龙虾壳、小爪和香菜茎作为装饰品。

[案例2] 苏珊煎饼熟制表演（crepes suzette）。

1. 表演用具

电磁炉一个，热碟器一个，平底锅一个，服务匙一个，服务叉一个，餐盘一个。

2. 食品原料

制作两份脆饼（共计4个），白砂糖30克，黄油20克，橘子汁100毫升，橘子利口酒、白兰地酒少许，橘子皮与橘子瓣适量。

3. 表演程序

(1) 将平底锅放在电磁炉上稍加热，将白砂糖放入平底锅制成至金黄色，加黄油使它充分溶解，加少量橘子汁搅拌，再加少量柠檬汁，煮几分钟后，倒入适量橘子利口酒。

(2) 用服务匙将煎饼挑起，旋转，使其裹在服务叉上。然后，将薄饼放在平底锅内，摊开，使薄饼与锅中的调味汁充分接触，蘸匀糖汁后将其沿直径对折，将其移至锅内的一边。

(3) 将其余的3张薄饼依次按照该方法完成，整齐地摆在平底锅内。

(4) 将橘子皮切成丝，撒在薄饼表面，将橘子瓣摆放在薄饼表面。

(5) 在锅内倒入适量白兰地酒，使白兰地酒在锅内微微起火，将两个薄饼摆放在一个餐盘中，将锅中的糖汁浇于薄饼表面上。

[案例3] 火焰香蕉烹制表演（banana flambe）。

1. 表演用具

温碟器一个，平底锅一个，服务匙一个，服务叉一个，电磁炉一个。

2. 食品原料

香蕉3个（去皮)，竖切成6块，黄油20克，白砂糖30克，红塘10克，朗姆酒适量，烤熟的杏仁片适量。

3. 表演程序

(1) 将平底锅放在加热器上加热，溶化黄油，加白糖和红糖，用服务匙轻轻搅拌，使颜色成为浅棕色。

(2) 把香蕉放入平底锅，让香蕉的刀口部分朝上，当香蕉底部着色时，用服务刀和服务叉把香蕉片翻转，使香蕉刀口部朝下，继续在糖液中烹调，直到香蕉外部全部着色为止。

(3) 把少许朗姆酒倒入锅中，由于朗姆酒接触热锅沿，产生火焰。

(4) 用服务匙和服务叉把香蕉取出，放在餐盘上，香蕉背部朝下，在香蕉上面浇上浓糖汁，再在香蕉片上撒上适量杏仁片。

[案例4] 切火腿表演（cured ham)。

1. 表演用具

火腿刀一个，切皮刀一个，服务匙和叉各一个，杂物盘一个，口布一块，餐盘一个。

2. 食品原料

熟制的火腿一个。

3. 表演程序

(1) 将火腿的皮部朝上，放在火腿架上，用干净口布包住火腿的腿部，左手握住，右手用去皮刀去掉火腿的皮和肥肉。

(2) 用火腿刀将火腿肉片成非常薄的长圆片放在餐盘中，送至顾客面前。

[案例5] 烤火鸡切配表演（roast turkey)。

1. 表演用具

小木板一块，厨刀一个，片鱼刀一把，服务匙一个，服务叉一个，餐盘一个。

2. 表演原料

烤熟的火鸡1只，煸炒熟的土豆片与蘑菇片适量，棕色原汤50毫升，白葡萄酒20毫升，水田芹（watercress）50克。

3. 表演程序

(1) 把火鸡放在木板上，背部朝上，用厨刀将鸡腿切下，用服务叉将鸡腿放到木板上，将大腿部和小腿分开，把大腿肉切成薄片。

(2) 用片刀将火鸡胸肉切成薄片，左手用服务匙按住火鸡，右手握刀，尽量把鸡胸肉切得宽些，直至将两边火鸡胸肉全部切下。

(3) 将火鸡肉整齐地摆放在餐盘中，用水田芹和熟土豆与蘑菇作配菜。

(4) 将烤火鸡盘中的原汁去掉浮油，与白葡萄酒，少量的棕色原汤放在一起搅拌制成沙司，浇在火鸡肉上。

[案例6] 橙子切配表演（orange）。

1. 表演用具

水果刀一个，主菜匙一个，主菜叉一个，餐盘一个，杂物盘一个。

2. 表演原料

洗干净的橙子一个，白糖少许，橘子利口酒少许。

3. 表演程序

(1) 用水果刀从橙子的根部切下一片（约0.5厘米厚），用叉子叉住橙子，橙子的根部朝向叉尖，然后再从根部叉上橙子。

(2) 左手拿稳服务叉，右手持刀，从橙子的切口向根部削皮，将橙子的白筋切下。

(3) 右手用刀将橙子从服务叉上剥落下来，放在餐盘上，左手用叉重新按住橙子的根部，右手用刀将橙子横切成薄片，整齐地摆放在餐盘上，撒上一些白糖或橙子利口酒。

本章小结

宴会服务是指饭店或宴会运营企业为顾客提供有关宴会的一系列服务活动，其中包括宴会服务程序、宴会服务方法、宴会服务时间、宴会服务礼节礼貌等。不仅如此，宴会服务还包括服务环境和服务设施等的安排。宴会服务是宴会中的无形产品。虽然从表面上，顾客看不到宴会服务的实体，然而顾客可以容易地感受到宴会服务的质量和特色等。根据学者和企业家的总结宴会服务具有多个特点，主要包括宴会服务是无形的，宴会服务与消费同步，宴会服务是不可贮存的及宴会服务具有个性化等特点。

现代宴会服务环境常根据宴会业务的整体需要，合理地规划宴会服务空间，服务设施，服务人员，服务流动线路，服务环境的光线、色调、温度和湿度等。此外，宴会服务还特别关注宴会厅的周围的环境。通常，宴会服务环境应进行适当的点缀和装饰。同时，宴会背景墙应使用烘托宴会主题的大屏幕，采用先进的虚拟技术及可变换的背景，使参加宴会的顾客感觉身临其境。通常，宴会运营企业或饭店为了达到理想的宴会服务效果，设计和开发了不同的服务方法。这些方法具有不同的服务效果和特色，可用于不同的宴会，包括不同规模的宴会、不同主题的宴会、不同服务特色的宴会。

练习题

1. 名词解释

宴会服务、法式服务、英式服务、俄式服务

2. 判断对错题

（1）宴会菜点服务表演的目的是创造宴会气氛，体现宴会服务文化与特色，增加企业知名度及实施体现营销的一系列服务活动。

（2）当今，体验营销和视觉效应在宴会服务中愈加受到重视。许多宴会服务管理人员认为，宴会应利用各种视觉效以达到理想的服务效果。

（3）咖啡或茶水的服务方法应根据宴会订单安排。从顾客左边摆上咖啡具或茶具，随时为顾客添加咖啡或茶，直至顾客表示不饮用为止。

（4）自助餐宴会是目前最流行的宴会方式，客人可以随意入座，依照个人的口味与爱好挑选菜肴和饮料，依照个人的食量自己选择菜量。

（5）宴会服务场所代表饭店的形象，其菜点质量的重要性高于清洁卫生。

（6）在宴会中，表情非常重要。表情应亲切自然，切忌做作。通常，人们的感情表达由20%的言辞+40%的声音+40%的表情组成。

（7）由于宴会服务人员提供服务时，也正是顾客享用宴会服务的过程。因此，一些学者认为，宴会服务和消费是同步的，是不可分割的。

（8）在欧洲国家，判断人们礼貌行为的一个重要渠道是通过宴会礼仪。

3. 简答题

（1）简述火焰香蕉烹制表演。

（2）简述宴会服务的个性化。

4. 论述题

（1）论述宴会服务种类及其特点。

（2）论述中餐宴会服务管理。

（3）论述西餐宴会服务管理。

参考文献

[1] 王天佑．饭店餐饮管理［M］．3版．北京：北京交通大学出版社，2015.

[2] 格罗鲁斯．服务管理与营销［M］．韦福祥，译．北京：电子工业出版社，2008.

[3] 李先国，曹献存．客户服务管理［M］．北京：清华大学出版社，2006.

[4] 王永贵．服务营销［M］．武汉：武汉大学出版社，2007.

[5] 龙建新．企业管理理论与实践［M］．北京：北京师范大学出版社，2009.

[6] 陆力斌．生产与运营管理［M］．北京：高等教育出版社，2013.

[7] 刘宇．现代质量管理学［M］．北京：社会科学文献出版社，2009.

[8] 陈国华．现场管理［M］．北京：北京大学出版社，2013.

[9] 王景峰．质量管理流程设计与工作标准［M］．2版．北京：人民邮电出版社，2012.

[10] 郭斌．创造价值的质量管理［M］．北京：机械工业出版社，2013.

[11] 哈克塞弗，伦德尔．服务管理［M］．陈丽华，王江，译．北京：北京大学出版社，2016.

[12] 冯俊，张运来．服务管理学［M］．北京：科学出版社，2010.

[13] 王赫男，等．饭店服务心理学［M］．北京：电子工业出版社，2013.

[14] 李祇辉. 酒店服务与顾客行为 [M]. 北京：社会科学文献出版社，2010.
[15] 赵海峰. 服务运营管理 [M]. 北京：冶金工业出版社，2013.
[16] 刘金岩. 酒店服务接触对顾客体验的影响效应研究 [M]. 北京：经济科学出版社，2009.
[17] 张晶敏. 现代服务企业的服务创新 [M]. 大连：东北财经大学出版社，2012.
[18] 王焕宇. 餐厅服务 [M]. 北京：高等教育出版社，2011.
[19] 张素娟，宋雪莉. 饭店大型主题活动策划与运行北京 [M]. 北京：化学工业出版社，2012.
[20] SOMAN P. Managing customer value [M]. Singapore：World Scientific Publishing Co. Pte. Lid.，2010.
[21] BOTTGER P. Leading the top team [M]. Cambridge：Cambridge University Press，2008.
[22] SCHEIN E H. Organization culture and Leadership [M]. 2rd ed. CA：John Wiley & Sons，Inc.，2006.
[23] BIERMAT J E. The ethics of management [M]. 5th ed. Bangalore：SR nova Pvt Ltd，2006.
[24] Rao M M. Knowledge management tools and techniques [M]. Ma：Elsevier Inc.，2008.
[25] HAMILTON C. Communicating for Results [M]. A：Thomson Higher Education，2008.
[26] GITLOW H S. Quality management [M]. 3rd ed. New York：Mcgraw- Hill Inc.，2005.
[27] RUSSELL R S. Operations Management [M]. 4th ed. New Jersey：Prentice Hall，Inc，2003.
[28] BARAN. Customer relationship management [M]. Mason：Thomson Higher Education，2008.
[29] JENNINGS M M. Business ethics [M]. Mason：Thomson Higher Education，2006.
[30] BURROW. Business principles and management [M]. Mason：Thomson Higher Education，2008.
[31] USUNIER J C. Marketing across cultures [M]. Essex：Pearson Education Limited. 2005.
[32] KOTAS R，JAYAWARDENA C. Food & beverage management [M]. London：Hodder & Stoughton 2004.
[33] WALKEN G R. The restaurant from concept to operation [M]. 5th ed. New Jersey：John wiley & Sons，Inc.，2008.
[34] BARROWS C W. Introduction to management in the hospitality industry [M]. 9th ed. New Jersey：John Wiley & Sons Inc.，2009.
[35] KAUFMAN T J. Timeshare management：the key issues for hospitality managers [M]. Burlington：Butterworth-Heinemann，2009.
[36] PARASECOLI F. Food Culture in Italy [M]. London：Greenwood Publishing Croup Inc.，2004.

第10章

食品安全与卫生管理

本章导读

宴会运营中出现任何食品安全问题与卫生事故都会影响饭店声誉，从而影响宴会运营。宴会食品安全与卫生管理是宴会运营管理的基础和核心，宴会食品安全与卫生关系着顾客的生命和健康。饭店在宴会运营中不仅要为顾客提供优秀的宴会环境和设施，具有特色的菜点和酒水，更应为顾客提供卫生、安全及富有营养的宴会餐饮。通过本章学习，可了解宴会食品安全与卫生管理的重要性，了解食品污染的各种途径，掌握宴会食品安全与卫生管理的各种措施。

10.1 食品安全与卫生概述

食品安全与卫生是世界旅游业与饭店业宴会卫生管理的首要大事。随着经济全球化和旅游业可持续性发展，食品安全管理全球化进程在加快。从13世纪至21世纪，食品卫生与安全管理经历了从无到有，从国家管理到全球管理的发展过程。这一发展揭示了食品卫生与安全管理的重要性及实施全球食品安全管理的必然性。同时，21世纪世界各国将面临全球食品安全管理和全面发展的机遇与挑战。

10.1.1 食品安全与卫生含义

食品是维持人体生命活动不可缺少的物质，它供给人体各种营养，满足人体需要，保障人们身体健康。食品安全（food safety）是指宴会中的菜点（食品）无毒、无害，符合应有的营养要求，对顾客健康不造成任何危害。食品卫生（food hygiene）是指宴会中，菜点没有受到任何有害的微生物和化学物等污染。然而，在宴会菜点生产中，食品随时会受到生物或化学物质的污染，对人体造成伤害。因此，食品安全与卫生管理是宴会管理的基础和核心。饭店的宴会运营不仅要为顾客提供有特色的菜点和酒水，更应为顾客提供安全、卫生及富有营养的食品并且为企业带来良好的声誉和经济效益。

10.1.2 食品安全与卫生管理发展

当今，世界各国已开始实行从农田到餐桌（from farm to table）的食品卫生与安全管理。这一管理理念源于 1997 年美国食品药品管理局、美国农业部、美国环境保护署和美国疾病控制中心。人类的食品安全与卫生知识源于对自身食品与健康的观察与思考。根据考察，人类对食品可能造成健康损害或死亡的认识，最早可追溯到人类的起源。大约在 1 万年至 1 万 7 千年以前，人类主要以捕猎或采集野果维持生命。这一时期，人类已经意识到一些动物和植物食品是有毒的，可使人中毒，甚至致命。在大约 8 千年以前，人类开始进入食品制作期。人们发现使用火烤或水煮的方法加工食品可以减少疾病。然而，出现了食物过剩现象及由此引起了食物腐败变质和食物中毒问题。于是，出现了各种食物贮存和保护措施。这样，人们逐渐认识到食物对人类健康可以造成重大的危害。根据历史记载，我国周朝已经有了对未成熟的五谷不准交易的规定。春秋战国时期，孔子在《论语 · 乡党》中阐述了，腐败变质的食品不可食用。唐代制定了一套食品安全法令。根据研究，食品安全管理的立法可追溯到中世纪的英格兰国王约翰（John）于 1202 年颁布的第一部英国食品法（*the English food law*）。美国于 1906 年颁布《食品药品法》（*Food and Drugs Act*）及《肉品监督法》（*Meat Inspection Act*）。自 19 世纪中叶，许多发达国家和发展中国家相继对本国的食品安全立法。我国食品安全与卫生法制化始于 20 世纪 50 年代。1953 年我国开始建立卫生防疫站，1964 年国务院颁布了《食品卫生管理试行条例》，2009 年 2 月 28 日第十一届全国人民代表大会常务委员会第七次会议通过了《食品安全法》。目前，我国食品安全的监管工作已经进入了一个全新的阶段。

10.1.3 食品污染来源

1. 内源性

某些宴会菜点的食品原料中，由于本身带有的微生物而造成的食品污染，或本身自带有毒或有害的成分造成内源性污染。例如，河豚毒素、苦杏仁苷及畜禽在生活期间的消化道中的沙门氏菌等。

2. 外源性

宴会菜点在运输、贮存、生产或销售过程中，通过水、空气、人、动物和机械设备及用具等使菜点受到微生物污染和食品添加剂及意外进入的化学物质污染。例如，食品原料在贮藏中诱发的有害物质，油脂氧化等。一些人打喷嚏或咳嗽中的飞沫等都会造成食品的外源性污染。

10.1.4 食品污染途径

一份优质的菜点或酒水，其色香味形俱佳，但它不一定是安全和卫生的，很可能被污染，从而给顾客带来疾病或造成食物中毒。因此，食品污染是指一些有毒或有害物质进入正常的宴会菜点的过程。食物中毒是指人们食用含有生物或化学毒物及含有天然毒性的动植物引起的疾病总称。食品污染种类主要包括生物性污染和化学性污染。食品污染主要包括以下三种途径。

1. 食品原料贮存与运输

由于车船等运输工具不洁造成的食品污染。例如，用装过农药或其他有毒和有害物质的运输工具及不经彻底清洗的包装物装运食品原料、同车混装食品原料与化学物品、生食品原料与熟食品混装在冷藏箱等造成的食品污染。此外，食品原料本身受到农药、兽药和饲料添加剂等的影响。

2. 菜点生产与加工

在食品加工和烹调过程中使用的容器和工具不净或使用不当造成其中的有害物质析出，形成的食品污染，生产原料和生产工艺不符合卫生标准造成的食品污染，个人卫生和环境卫生不良造成的微生物污染等都是宴会菜点生产与加工中的污染。当然，宴会生产中使用不符合卫生标准的水也是造成微生物污染的途径。此外，还有食品添加剂也是菜点生产与加工中不可忽视的内容。

3. 有害动物和昆虫

苍蝇、老鼠、蟑螂和蛾等动物和昆虫常作为病菌的传播媒介，将病菌带到宴会的菜点中，引起人们的食物中毒等。

10.1.5 食品污染种类

1. 生物性污染

生物性污染是指有害的病菌和真菌等微生物，寄生虫和昆虫造成的食品污染。其中病菌污染占有较大的比重，危害也较大。在宴会运营企业中，生物性污染是引起菜点污染、变质腐败、食物中毒和肠道传染病的最主要污染物。

1）病菌污染

从宴会食品原料的贮存、加工至烹调的全过程，通过病菌导致食品变质称为病菌污染。病菌污染不仅降低了食品营养，还产生有害毒素，人食用了被污染的菜点会引起食物中毒。病菌是单细胞生物，体形细小，种类繁多，形态各异，有球状、杆状和螺旋状。它由细胞壁、细胞膜、细胞质和核质体构成，经裂殖方式进行繁殖，繁殖速度受温度、湿度、营养、光线、氧供给和酸碱度影响。生长在 0 ℃以下的病菌处于休眠状态，但依然保持生命。在高温 70 ℃至 100 ℃条件下，病菌在数分钟内会死亡。在 60 ℃至 74 ℃内的病菌，大多数已被杀死，少数病菌仍然有生命力，但已没有繁殖能力。在 7 ℃至 60 ℃内的病菌，繁殖力最强。0 ℃至 7 ℃属于食品冷藏温度，病菌几乎停止繁殖，但没有死亡。此外，一些病菌还可构成孢子，孢子可经受高温，在经历数小时高温后，温度恢复正常，仍可繁殖。一些病菌排出的毒素与宴会菜点混合在一起，经几小时，变成了有毒食品。在适当温度下，病菌每 20 分钟繁殖一次，几个小时后，病菌可繁殖数万个。通常，宴会菜点污染指标常包括 3 个：细菌总数、大肠菌群和致病菌。细菌总数是宴会菜点常用的卫生指标，菜点中的细菌总数是指每克固体或每毫升液体或每平方厘米面积上菜点所含的细菌数量。大肠菌群是宴会菜点卫生质量鉴定的重要指标。其中，若检出大肠菌群，表示食品近期内受到污染。通常，大肠菌群小于 3，表示食品中所含的大肠菌群很少或几乎等于零。但是，致病菌是严重危害人体健康的病菌。国家卫生标准中明确规定各种食品不得检出致病菌。目前，宴会菜点中被检出致病菌的种类主要有沙门氏菌属、致病性大肠杆菌和金黄色葡萄球菌。

（1）沙门氏菌污染。沙门氏菌（见图 10-1）常寄生于牲畜和家禽的消化系统中，从体内排出后，可引起一系列直接或间接感染。在食品原料中，被沙门氏菌污染的有鸡蛋、肉类和家禽，它们经过多种渠道将病菌传播到食品上。这些渠道包括食品原料、病人、昆虫粪便、动物爪子和毛，菜刀和墩板等工具和工作人员的手等。人食用了带有沙门氏菌污染的食品，通过 48 小时的潜伏期，会出现腹痛、腹泻、头痛、发烧、恶心和呕吐等症状。病程为三天至七天，一般愈后良好。

（2）葡萄球菌污染。葡萄球菌（见图 10-2）常寄生在人的手、皮肤、鼻孔和咽喉上，也分布在空气、水和不清洁的食具上。该病菌常通过厨房和餐厅工作人员的咳嗽、喷嚏或手接触等方式将病菌污染在食品上。牛肉和奶制品是这类病菌繁殖最理想的地方，人食用了葡萄球菌污染的菜肴，经过约 16 个小时的潜伏期后，会出现腹痛、恶心、呕吐和腹泻等症状。葡萄球菌有多个种类。包括金黄色葡萄球菌、白色葡萄球菌、柠檬色葡萄球菌等。其中，金黄色葡萄球菌在自然界中无处不在，空气、水、灰尘及人和动物的排泄物中都可以找到。一些地区，由金黄色葡萄球菌肠毒素引起的食物中毒，占整个细菌性食物中毒的 33%~45%。

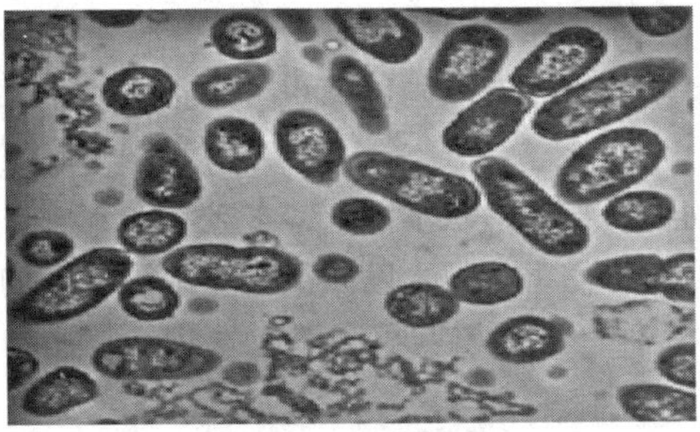

图 10-1　沙门氏菌

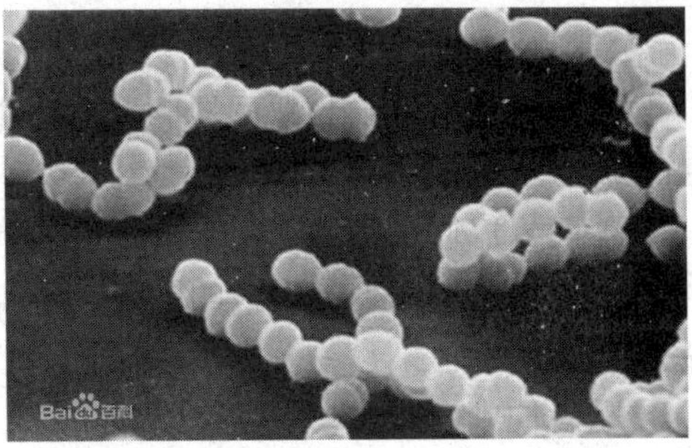

图 10-2　金黄色葡萄球菌

（3）芽孢杆菌属污染。芽孢杆菌属常寄生在土壤、尘土、水和谷物、人或动物的消化系统中，耐热力很强，一些被污染的食品原料经过蒸、煮、烧、烩和烤等方法烹调后，如果没有熟透，常带有芽孢杆菌，其在 15 ℃至 50 ℃之间繁殖力最强。容易受该菌污染的食物有甜点、肉类菜肴、沙司（sauce）和各种汤。人食用了芽孢杆菌污染的食物后，约经 8 至 16 个小时的潜伏期会出现腹痛、腹泻、恶心和呕吐等症状（见图 10-3）。

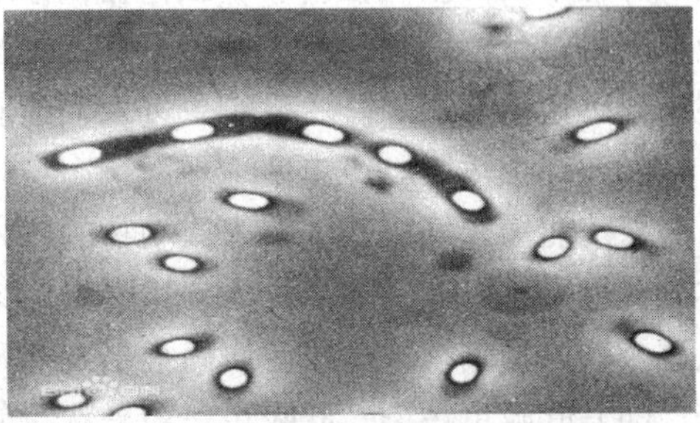

图 10-3　芽孢杆菌

2）霉菌污染

近年来，人们愈加重视霉菌给人类造成的危害。霉菌是真菌的一部分，在自然界分布很广。霉菌在粮食中遇到适宜的温度和湿度繁殖很快，并在食物中产生有毒代谢物。它除了引起食物变质外，还易于引起人的急性与慢性中毒，甚至使肌体致癌。霉菌种类繁多。霉菌广泛存在于自然界，大多数对人体无害，有的霉菌对人类有益，如在酿酒、酿醋、制作酱类和腐乳中都应用霉菌。但是，一些霉菌是有害的，会产生有毒的代谢物，即霉菌毒素。霉菌毒素是一些结构复杂的化合物，由于种类和剂量不同，造成人体危害的表现亦不同，可以造成急性中毒、慢性中毒、致畸和致癌。目前已被证实，使人致癌或病变的霉菌有黄曲霉毒素和谷物霉素等。食品被霉菌毒素污染后，即使产毒的霉菌死亡，霉菌毒素仍然保留在食品中。一些霉菌毒素结构相当稳定，普通的烹饪方法不能将其破坏。

（1）黄曲霉素污染。黄曲霉素主要污染花生、豆类及玉米、大米和小米等粮食，还发生在水果、奶制品和肉类食品中。该霉素的毒性稳定而耐热，在 280 ℃时才能分解。人们食用了黄曲霉素污染的食品，会造成急性或慢性肝脏损伤及肝功能异常和肝硬化，可诱发肝癌（见图 10-4）。

图 10-4　黄曲霉菌

（2）谷物霉素污染。谷物霉素污染谷物，当贮存中的谷物含有较多水分时，极容易发生霉变，产生黄色谷物霉素。谷物霉素的毒性很强，人们食用谷物霉素可引起肾功能损坏和中枢神经系统损坏。

3）原虫与虫卵污染

原虫也称为寄生虫。常见的危害人类健康的寄生虫主要有阿米巴原虫、蛔虫、绦虫、肝吸虫和肺吸虫等。

（1）阿米巴原虫污染。阿米巴原虫为单细胞动物，身体形状不固定，多生活在水中，常寄生在人体内的结肠处，对人的肠壁、肝和肺等处进行伤害。阿米巴原虫通过水源、人的手及苍蝇等为媒介污染食物。人食用了阿米巴原虫污染的冷菜和点心会引起发烧、腹痛和腹泻，严重者便中带脓血，眼窝凹陷等。

（2）蛔虫污染。蛔虫的形状像蚯蚓，呈白色或米黄色，成虫约 10 厘米至 20 厘米。它常寄生在人的肠壁和牲畜的体内。虫卵排出后进入土壤，附在蔬菜上或混入饮水中。人食用被蛔虫卵污染的冷菜和饮料后，虫卵在人体消化道发育成虫。蛔虫对人类危害很大，在人体中吸取养料，分泌毒素，使人营养不良，精神不振，面色灰白，腹痛并且容易引起肠阻塞、阑尾炎、肠穿孔等疾病。一旦蛔虫进入人的肝脏和胆道，会发展为其他疾病。

（3）绦虫污染。绦虫呈扁平形状，身体柔软，像带子。它由许多节片构成，每个节片各自有繁殖能力。绦虫寄生在人或动物的体内，幼虫被人们称作囊虫，多寄生在猪和牛等动物体内，也寄生在人的体内。人食用囊虫污染的畜肉类菜肴会出现皮下结节，全身无力。当囊虫进入人体的脑、眼睛或心肌内会出现抽风、双目失明或心脏机能障碍。

（4）肝吸虫污染。肝吸虫呈扁平状，前端较尖，常寄生在动物或人体的肝脏内，虫卵随粪便排出后，先在淡水螺体内发育，然后侵入淡水鱼体内。人食用了被肝吸虫污染的生鱼或半熟的海鲜会出现消瘦、腹泻、贫血和肝肿大等症状。

（5）肺吸虫污染。肺吸虫常寄生在人和动物的肺部，虫卵随患者的痰及粪便排出，幼虫寄生在淡水蟹和虾内。人食用肺吸虫污染的、未经过烹饪或半熟的水产品会出现咳嗽、咯血及低热等现象，有时还会出现癫痫或偏瘫等现象。

4）毒性动植物

（1）毒性动物。毒性动物主要是指毒性的鱼类和贝类。一些鱼肉和贝肉中含有毒素，一些鱼的血液和内脏含有毒素。人误食这些鱼和贝类，轻者中毒致病，重者危及生命。但是，有些鱼类去掉内脏后可以食用。例如，鳕鱼的肝脏有毒，去掉肝和内脏后可以食用。相反，河豚鱼的内脏和血液含有大量的河豚毒素和河豚酸，这两种毒素化学性质非常稳定，通过任何烹调方法均不能将其破坏。一旦毒素进入人的身体，将破坏人的神经系统，死亡率极高。此外，家畜中的一些腺体和脏器可引起人们的食物中毒。例如，人们食用了带有甲状腺的猪肉包子，会产生头晕、头痛、胸闷、恶心、呕吐和腹泻等。

（2）毒性植物。毒性植物是指那些含有毒素的菌类、干果和蔬菜。这些植物对人类危害很大，不可以食用。例如，毒蘑菇含有胃肠毒素、神经毒素和溶血毒素等，食用后会发生阵发性腹痛，呼吸抑制，急性溶血和内脏损害，死亡率极高，不可食用。发芽的马铃薯含有龙葵素（龙葵碱），人食用龙葵素0.2至0.4克即可引起中毒，潜伏期常在2至4小时，症状为咽喉有烧灼感，上腹有烧灼感，其后出现胃肠炎症状及头晕、头痛、轻度意识障碍和呼吸困难等，重症者可致心脏衰竭。扁豆（菜豆）中毒一年四季均可发生，但多发生于上市的旺季。人们食用了半熟的扁豆就可会引起食物中毒，由于扁豆含有皂素和植物血凝素，对胃肠道黏膜有强烈刺激作用，引起局部粘膜充血，破坏红细胞引起溶血，潜伏期在30分钟至5小时之间，发病初期感到胃部不适，继而恶心，呕吐，腹痛，头晕，头痛，出汗，畏寒，四肢麻木，胃部有烧灼感，腹泻。同样，人们饮用了加热不彻底的生豆浆，饮用后可造成中毒。其原因是生豆浆含有胰蛋白酶抑制剂、皂苷和皂素等有毒物质。由于加热不彻底，有害物质未被破坏。豆浆中毒发病较快，潜伏期常在30分钟至1小时，主要症状为恶心，呕吐，腹泻，腹痛和头晕等。此外，鲜黄花菜味道鲜美，常用于煲汤、烹制木须肉等。由于鲜黄花菜中含有秋水仙碱等毒性物质。因此，食用鲜黄花菜100克即可引起中毒。

2. 化学污染

化学污染是指食品中的有害化学物质引起的食品污染。随着现代工业迅速发展，环境污染问题日趋严重。流行病统计资料和科学研究都证实，人类的健康与其周围的生活环境、水、食品等的污染程度有着十分紧密的关系。工业生产排放的大量废水、废气和废渣，交通运输中排放的废气，都市化形成的生活污水和生活垃圾，农业生产中使用的化肥和农药造成的残留污染及人为毁坏自然资源和生态环境等因素，都可对人体健康造成威胁。根据统计，目前化学污染大量增加，现有2 000多种化学物质被人们有意地加入食品中，各种化学添加剂通过饮食摄入到人体的量不断增加。许多人工合成的化学物质半衰期较长，不能被人体所分解，他们对人类构成潜在的威胁。随着化学污染的日趋严重，食物中有害因素的来源更加广泛，种类也逐渐繁多，这些污染物通过食物链转移到人体内，对人体造成不同程度的危害。造成化学污染的原因主要来自以下几个方面。

（1）来自生产、生活环境中的各种有害金属、非金属、有机及无机化合物。如使用锡铅容器贮存食物会造成铅中毒，用镀锌容器贮存菜肴会造成锌中毒，用铜容器贮存酸性食物会造成铜中毒。

（2）在菜点生产中加入不符合卫生标准的食物添加剂、色素、防腐剂和甜味剂等，都会造成化学污染。例如，制作香肠使用的亚硝酸盐是致癌物质，如果误食了一定量的亚硝酸盐会出现烦躁不安，呼吸困难，腹泻，严重者会出现呼吸衰竭。人工合成的食用色素有致泻性和致癌性物质。

（3）农作物在生长期或成熟后的贮存期，常沾有化肥与农药，如果清洗不彻底，人食用后，会造成急性中毒和积蓄中毒并危及人的生命。例如，人们食用了残留的敌敌畏、敌百虫等有机磷农药的谷物、蔬菜和水果可引起神经功能紊乱。

(4) 一些残留在畜肉与禽肉中的兽药等可引起肝、肾和神经系统中毒。根据研究，一些兽药有致癌作用。所谓兽药是指用于预防、治疗、诊断动物疾病或者有目的地调节动物生理机能的物质。

(5) 一些运输车辆在沾染化学物质后，由于未经严格的处理就与食品原料接触，也会造成食品原料的化学污染。

10.2 食品生产安全与卫生管理

饭店和宴会运营企业所有职工都应掌握和预防食物中毒的知识并遵守卫生法规。严格遵循宴会食品采购、验收、贮存管理原则和方法，做好菜点加工，烹调至服务等环节的安全与卫生管理工作。这些环节都是病菌、寄生虫卵、霉菌和化学污染的渠道。

10.2.1 食品采购安全与卫生

1. 食品索证制度

基于宴会食品原料的安全与卫生管理，饭店或宴会运营企业必须坚持食品原料采购索证制度。根据国家食品药品监督管理局规定，饭店业在采购食品原料时，应查验食品原料是否符合相关食品安全法规或安全标准要求，查验供货产品合格证明并索取购物凭证。索证目的在于保障食品安全。饭店必须建立宴会食品原料索证制度，无论是对宴会运营企业本身还是对消费者都具有重要而长远的意义。宴会食品验收员要查验食品原料的卫生状况、合格证明及其标识。例如，供货商的检验报告复印件、肉类查验和检疫合格证明等。同时，建立进货验收记录。在验货中应记录进货时间、食品名称、规格、数量、简单的感官鉴定、供应商及其联系方式等。当然，饭店或宴会运营企业必须从固定的供应商采购食品原料并签订采购合同。

2. 食品感官鉴定

食品感官鉴定是以验收员的视觉、嗅觉、触觉、味觉来查验食品原料的新鲜程度及初期腐败变质的一种简单而实用的方法。一般而言，食品初期腐败时会产生气味，出现颜色变化（包括褪色、变色、着色、失去光泽）并呈现组织变软和黏液等现象。这些现象都可以通过食品原料验收员的感官分辨出来。

1）色泽鉴定

食品原料无论在加工前或加工后，本身均呈现一定的色泽。然而，由于微生物的繁殖引起食物变质时，其色泽就会发生改变。一些微生物在食品上产生色素，色素不断累积就会造成食品原有色泽的改变。例如，食品腐败变质时常出现黄色、紫色、褐色、橙色、红色和黑色的片状斑点或全部变色。另外，由于微生物代谢产物的作用促使食品发生化学变化，也可引起食品色泽的变化。例如，腊肠由于乳酸菌增殖过程中产生了过氧化氢促使肉色素褪色。

2）气味鉴定

食品本身有其自然的气味。然而，不论动物原料还是植物原料及其制品因微生物繁殖而产生轻微的变质时，人们通过嗅觉可以敏感地觉察到气味不正常。例如，食品原料产生了氨、三甲胺、乙酸、硫化氢、乙硫醇、粪臭素等腐败的气味。然而，一些食品原料的质量评定不能仅以气味来鉴定，还要结合其他手段。

3）口味鉴定

微生物造成食品原料腐败变质时也常引起其口味的变化。而食品口味改变比较容易分辨的是其产生的酸味和苦味。一般碳水化合物含有较多的低酸食品，在其变质初期会产生酸味。但是，对于本身酸味较高的食品，通过其口味变化难以鉴定其新鲜度。例如，微生物造成番茄制品酸败时，酸味稍有增高，鉴别难度增加。因此，带有酸味的食品应借助仪器来测试。

4）组织鉴定

通常，动物和植物的固体原料在微生物酶的作用下可破坏组织细胞，使食品的性状出现变形和软化。例如，鱼和肉类食品会呈现肌肉松弛、弹性下降。有时，某些食品的组织表面会出现黏液等。一般而言，液态食品变质后会出现液体浑浊和沉淀物及表面变稠现象。例如，鲜牛奶变质后常出现凝块，乳清会析出，液体会变稠等。

10.2.2 食品验收安全与卫生

为了保证食品安全与卫生，饭店通常会建立食品原料验收制度，选派经过专业培训的食品验收员，在食品验收中对各种食品原料进行感官鉴定。必要时，一些食品原料还要通过仪器鉴定。例如，对大米、玉米、小麦粉、玉米粉等粮食的安全与卫生鉴定。合格的粮食无黄曲霉毒素、镉和无机砷等。对蔬菜的色泽、气味、口味和形态的检验。优质的蔬菜应当表面鲜嫩，无黄叶，无伤痕，无病虫害，无烂斑等。对各种畜肉的检验，新鲜的畜肉表面应当有光泽，红色均匀，脂肪洁白，外表微干或微湿润，用手指压后凹陷可立即恢复（见表10-1）。对各类水产品的感官检验，新鲜鱼有光泽，有清洁透明的黏液，鳞片完整且不易脱落，具有海水鱼或淡水鱼固有的气味，眼球饱满且凸出，角膜透明，腹部坚实，无胀气和破裂现象（见表10-2）。新鲜的虾，头体连接紧密，青白色或青绿色，手摸有干燥感，有伸屈能力。新鲜的蟹肢体连接紧密，腮色洁净，蟹黄凝固。

表10-1 畜肉感官检验

检验项目	新鲜	比较新鲜	变质
色泽	肌肉有光泽，红色均匀，脂肪洁白	肌肉颜色稍暗，脂肪缺乏光泽	肌肉无光泽，脂肪灰绿色
黏度	外表微干或微湿润，不粘手	外表略湿，略粘手	外表粘手
弹性	指压后，凹陷立即恢复	指压后，凹陷恢复且不完全，速度慢	指压后，凹陷不能恢复，留有明显痕迹
气味	具有鲜肉正常气味	略有氨味或略带酸味	有臭味

表10-2 海水鱼与淡水鱼感官检验

检验项目	新鲜	比较新鲜	变质
表面	有光泽，有清洁透明的黏液，鳞片完整不易脱落，具有海水鱼或淡水鱼固有的气味	光泽度较差，有混浊黏液，鳞片容易脱落	暗淡无光，有黏液，鳞片脱落不全，有腐败臭味

续表

检验项目	新鲜	比较新鲜	变质
眼睛	眼球饱满、凸出，角膜透明	眼球平坦或稍陷，角膜稍混浊	眼球凹陷，角膜混浊
鱼鳃	色鲜红，清晰	淡红、暗红或紫红，有黏液	呈灰褐色，有黏液
腹部	腹部坚实，无胀气与破裂现象	腹部发软，膨胀不明显	松软、膨胀
肉质	坚实，有弹性，骨肉不分离	肉质稍软，弹性较差	软而松弛，弹性差，手指压时鱼肉凹陷，骨肉分离

10.2.3 食品贮存安全与卫生

根据宴会食品安全管理和方便菜点生产的需要，宴会食品原料贮存常需设立不同的仓库。通常设立干货库、冷藏库和冷冻库。干货库存放各种罐头食品、干海鲜、干果、粮食、香料及其他干性食品原料。冷藏库存放蔬菜、水果、鸡蛋、黄油、牛奶及需要保鲜或当天使用的畜肉、家禽和海鲜等。冷冻库贮存需要冷冻的畜肉、禽肉和其他冷冻食品。各食品原料仓库应有照明和通风装置并规定各自的温度和湿度及其他管理规范等。

1. 干货食品卫生管理

干货食品原料应避免接触地面和库内墙面。非食物不能贮存在干货库内。所有食品原料都应存放在有盖子和有标记的容器内。货架和地面应整齐和干净，应明示各种食品原料入库日期、按入库日期顺序进行发放原料，执行“先入库先发放”的原则。同时，把宴会厨房常用的原料存放在离仓库出口较近的地方，将带有包装或较重的食品原料放在货架的下部。干货库的温度应保持在 10 ℃至 24 ℃，湿度保持在 50%至 60%之间以保持食品营养素、味道和质地，非工作时间要锁门。

2. 冷藏食品卫生管理

熟制的食品或食品原料应放在干净、有标记、带盖的容器内，不要接触水和冰。同时，仓库保管人员要经常检查冷藏库的温度。啤酒与白葡萄酒温度应保持在 10 ℃，新鲜水果和蔬菜应保持在 7 ℃，奶制品与熟制品应保持在 4 ℃。当天使用的畜肉、鱼类及各种海鲜应保持在 0 ℃。冷藏库要通风，将湿度控制在 80%至 90%范围内。不要将食品原料接触地面，要经常打扫冷藏设备，标明各种货物进货日期，按照进货日期顺序发放原料，遵循先入库的原料先使用原则。将气味浓的食品原料单独存放；经常保养和检修冷藏设备。

3. 冷冻食品卫生管理

冷冻食品原料的贮存温度低于-18 ℃。仓库管理人员应经常检查冷冻库的温度并在各种食品容器上加盖子。用保鲜纸将食品原料包裹好，密封冷冻库，减少冷气损失。根据需要设置备用的冷冻设备。同时，标明各种食品原料的进货日期，按进货日期顺序发放原料，遵循“先入库的原料先使用”原则。此外，保持货架与地面的清洁卫生，经常保养和检修冷冻库，非工作时间应锁门（见表 10-3）

表 10-3 食品原料贮存温度

啤酒与白葡萄酒温度	10 ℃
干货原料	10 ℃～24 ℃
蔬菜与水果	7 ℃
奶制品与熟制品	4 ℃
新鲜海鲜与畜肉	0 ℃
冷冻畜肉与海鲜	-18 ℃
冷冻家禽	-23 ℃
冰淇淋	-29 ℃

10.2.4 食品加工与熟制安全与卫生

在宴会的菜点生产中，水果和蔬菜在生长期会沾染化肥与农用杀虫剂。因此，必须认真清洗。同时，直接生吃的水果和蔬菜必须使用具有活性作用的食品洗涤剂认真清洗，再用清水冲洗。当然，可以将去皮的水果和蔬菜去皮后食用。此外，经过加工并且等待上桌的水果和蔬菜必须用无毒物溶出及符合卫生标准的食品包装材料进行包装。在制作香肠与腊肉等食品时，严格掌握硝酸盐和亚硝酸盐的用量，尽量用其他无毒的替代品替代它们。

通常，宴会菜点的熟制工艺不同，产生的食品安全问题也不同。因此，在菜点的熟制过程中应采用具体和有效的安全控制措施（见表 10-4 和表 10-5）。同时，菜点制熟后应立即食用，食物在常温下已放过 4 至 5 个小时应重新加热。通常，动物食品原料必须熟制后才能作为菜点食用。菜点成熟的温度，内部最低温度 70 ℃。成熟的菜点应与半成品或食品原料隔离，防止交叉污染。同时，所有的菜点及其原料应防止被昆虫和老鼠接触。

表 10-4 水热烹饪法与食品生产安全

烹调热源	工艺特点	安全问题	控制措施	应用范围
水	在常压下加热，温度不超过 100 ℃，适用于多种烹调方法。加工时间可长可短，包括炖烧、焖、烩和煮等方法	如果温度与时间不足，生物性危害不能消除；天然有毒的物质没有灭活	确保灭菌和灭活的加热温度与时间	用于各种冷开胃菜、热开胃菜与主菜类的制作
蒸汽	封闭状态下进行烹调，利用水蒸气进行熟制。可保持菜点的营养素和原汁原味	如果温度与时间不足，生物性危害不能消除；天然有毒的物质没有灭活	掌握食品原料的特点，蒸制火候、时间、原料及摆放方法等	用于各种原料制成的主菜。例如，四喜丸子或芙蓉鸡蛋等熟制及面点的热加工

表 10-5 干热烹调法与食品安全

烹调方法	工艺特点	安全问题	管理措施	应用范围
软炸、干炸	油淹没食品原料，油温高，可达约 230 ℃	油的重复使用或过度油温会产生化学性危害，有时原料未炸透，存在生物性危害	控制原料大小、数量、油量、油温和时间	用于各种油炸成熟的菜点

续表

烹调方法	工艺特点	安全问题	管理措施	应用范围
炒、爆、熘	原料多以小块为主，油量中或少，油温高，快速烹制成菜，一些菜看需要上浆或挂糊工艺	加热不彻底，难以消除生物性危害	控制食物原料形状及原料数量，控制油温与加热时间	用于各种热开胃菜和主菜
煎、贴、瓤	油量少，烹饪时间短，食品原料多成饼状或片状，经常需要采用上浆工艺	原料受热不均匀，常出现焦煳状，导致化学性危害。由于加热时间与温度不足，常出现生物性危害	控制食品原料形状、数量及加热时间与温度，确保菜点加热时间与温度适宜	用于水晶虾饼、煎瓤苦瓜等热开胃菜的制作

10.2.5　食品安全保证体系

1. 食品安全保证体系概述

食品安全保证体系（HACCP）也称作食品危害分析与关键控制体系。这一体系是从农田到餐桌或从养殖场到餐桌全过程的食品安全预防体系，是识别食品生产中可能发生的危害环节并采取适用的控制措施防止危害的方法，是从宴会原料采购开始，经储藏，粗加工、熟制至餐饮服务等，整个过程中每个环节经过物理、化学和生物等三个方面的危害分析并制定关键控制点。该系统涉及宴会运营活动的各个方面，要求饭店或宴会运营企业有一套机制，由企业的管理层组成的专项工作小组管理，最大限度地保护消费者利益。

这一体系最初诞生于美国。1959 年美国航空航天局为确保宇航员的食品安全而开发研制出这一体系。最早这一体系适用于太空食品的生产。目前，美国食品与药品管理局、美国农业部、世界卫生组织（WHO）等为了最有效地控制食品危害，都推荐这一体系。这一体系目前已被广泛采纳，欧盟、日本、澳大利亚、新西兰、印度、巴西和泰国等相继发布各自的食品安全保证体系。我国从 1990 年开始探讨食品安全保证体系（HACCP）的应用，由国家卫生部对各种食品生产体系管理进行研究。1991 年北京第 11 届亚洲运动会食品卫生防病评价就采用 HA CCP 原理以确保各国运动员食品安全。我国《食品生产企业危害分析与关键控制点管理体系认证管理规定》自 2002 年 5 月 1 日起执行。同年 12 月，中国认证机构国家认可委员会正式启动对该体系认证机构的认可试点工作。

2. 食品安全保证体系内涵

食品安全保证体系是食品生产和安全的一种控制手段。这一体系是对食品生产过程的各环节进行监控的安全保障体系，这种体系与传统体系有着本质的不同。由以下 7 个基本原理组成。

（1）对危害进行分析，制定预防措施。列出原料、加工、生产和销售直至消费所有可能发生食品危害的环节并找出防止危害发生的所有预防措施。

（2）确定食品危害的关键控制点，对相关人员进行严格的培训。

（3）建立关键界限或关键限值。通常采用具体参数，例如温度、时间、压力、流速和水分活度等，也可以采用感官指标。例如，外观和组织结构等控制限值并确保限值在食品安全范围内。

（4）对关键控制点实施监控。首先对关键控制点的限值进行测量和分析。然后，建立监控程序，确保达到关键限值的要求。及时提供监控信息，及时调整控制，必须有监控人和复查人签名负责。

（5）确定纠偏措施。在监控中，发现偏离关键限值时要立即采取纠正措施。同时，偏差和问题的处理过程必须记录到相应的文件中并保存记录。

（6）建立验证系统。建立验证程序以确定该体系是否正常运行。其中，验证的频率要足以监控该体系的运转效果。验证内容要包括食品安全保证体系的所有文件和记录并验证出现的偏差及其问题的处理，确认体系是否在控制之内。

（7）建立记录管理系统。保持有效和准确的记录管理系统。文件和记录的管理模式应该与企业生产规模和特点相适应。

3. 食品安全保证体系实施基础

良好的食品生产规范和卫生操作标准是建立该体系的前提。食品安全保证体系的支持程序要符合政府的卫生法规和餐饮业生产规范。通常主要涉及以下几个方面。

（1）清洁。清洁是食品生产过程中影响食品安全的一个关键因素。清洁要求将所有食品生产区域的清洁卫生的工作频率、使用的食品添加剂品种和数量比例、使用方法、存放方法等通过文件确定和记录下来。

（2）校准。校准是指精心维护检验工具、监测设备或测量仪器等，确保监测工具的测量精确性。校准还规定了如何处理失准时的食品。

（3）虫害。实施虫害控制，建立完备的文件与记录，规定虫害的检查方法与频率及使用药品的规定和记录。

（4）培训。食品安全保证体系的验证和工作人员必须经过严格的培训，培训形式要通过文件记录下来。

（5）标志。食品标志应包括：产品描述、级别、规格、包装、最佳食用期或者保质期、批号、生产商。产品必须有标志，消费者通过标志才能明确产品的性质和特征。

（6）供应商。向所有供应商提供本企业的标准采购说明书，明确对采购的食品原料的标准，并以文件的形式记录保存。查验所有供应商提供的原料来源与质量档案，建立值得信赖的供应商名单。

（7）生产手册。包括生产规范、卫生标准和作业指导书。在食品生产中应提供必要的生产指南，明确为食品生产安全和卫生所需要遵守的操作规程，并将指南纳入食品质量与安全管理体系中。

10.3 个人清洁与卫生管理

宴会运营工作人员的卫生和健康状况对宴会的食品安全与卫生起着关键作用。因此，个人卫生的管理工作是宴会安全与卫生管理的关键内容之一。严格管理宴会生产和服务人员的个人卫生，确保职工身体健康是宴会食品安全与卫生管理等的重要环节。因此，在宴会菜点生产和服务中，职工接触食品前必须洗手。为了防止病菌污染，宴会部管理人员必须管理好职工的个人卫生。试验证明不论在人体表层或是人体内部都存有病菌。个人清洁与卫生管理包括个人清洁、身体健康管理、工作服管理、职工卫生知识培训等。

10.3.1　个人清洁

个人清洁是个人卫生的基础，个人清洁状况不仅显示个人的自尊自爱，也标志着饭店或宴会运营企业的宴会产品质量和企业形象。饭店业根据国家卫生法规，只准许健康的人参与宴会生产和服务。因此，宴会工作人员的个人清洁应以培养个人良好的卫生习惯为前提。宴会职工每天应洗澡和刷牙，尽量在每次用餐后刷牙。上岗前衣帽应整齐干净。

每次接触食品前应洗手，特别是使用了卫生间后，要认真将手清洗。许多饭店对职工洗手程序做出规定：职工应用热水洗手，用指甲刷刷洗指甲，用洗涤剂搓洗手两次，洗手完毕用面巾纸擦干手或用卫生间的干手器吹干（见图 10-5）。宴会职工应勤剪指甲，保持指甲卫生，不可在指甲上涂抹指甲油。职工工作时应戴发帽，不可用手抓头发，防止头发和头屑落在食物上，防止交叉感染。

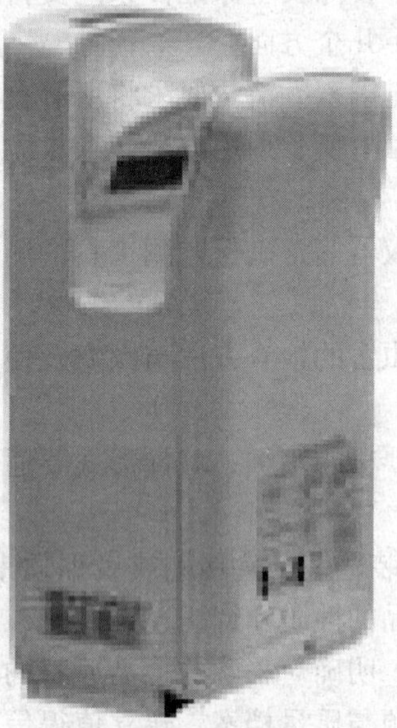

图 10-5　干手器

工作时不可用手摸鼻子，不可打喷嚏，擦鼻子可以用口纸，用毕将纸扔掉，手应清洗消毒。禁止在厨房内咳嗽，挖耳朵等动作。厨房和备餐间等工作区域严禁吸烟和吐痰；工作时不可用手接触口部，品尝食品时，应使用干净的小碗或小碟，品尝完毕，应将餐具洗刷和消毒。保持身体健康，注意牙齿卫生、脚的卫生、伤口卫生等。宴会生产人员应定期检查牙齿并防止患有脚病。当职工在厨房受到较轻的刀伤时，应及时包扎好伤口，决不可让伤口接触食物。工作时禁止戴手表、戒指和项链等装饰品。

10.3.2　身体检查

按照国家和地方卫生法规，宴会部工作人员应每年进行一次体检。身体检查的重点是肠道传染病、肝炎、肺结核、渗出性皮炎等。上述各种疾病患者及带菌者均不可从事宴会生产和服务工作。

10.3.3　身体健康

宴会工作人员的身体健康非常重要。这是防止将病菌带入厨房和宴会厅的首要环节。因此，饭店宴会管理人员应重视和关心职工的健康，并为他们创造良好的工作条件，不要随意让职工加班加点。职工应适当休息和锻炼，吸收新鲜空气和均衡饮食。特别是宴会生产人员，由于宴会厨房工作时间长，工作节奏快，厨房温度高，部分职工上两头班（早晚班），职工需要有充分的睡眠和休息。下班后应得到放松，特别需要吸收新鲜空气。职工需要丰富和有营养的食品，喝干净水，养成良好的饮食习惯，善于放松自己，避免焦虑，以保持身体的健康。

10.3.4　工作服卫生

宴会部工作服应合体，干净，无破损，大小适合每个职工的身材，使职工感到轻松，舒适。宴会部工作人员应准备 3 套工作服，工作服必须每天清洗，更换。工作服应当结实、耐洗、适合的颜色、轻便、舒适并且具有吸汗作用，应包括上衣、裤子、帽子等。此外，厨房工作人员可以配备围巾和围裙，工作服应为长袖、双排扣式（胸部双层）。宴会部的厨师和服务人员的帽子应当舒适、吸汗，防止头发和头屑掉在菜肴上，使空气在帽子内循环。工作鞋必须结实，保护脚的安全，使其免遭烫伤和砸伤，并能有效地支撑身体。通常，宴会生产人员工作服为白色上衣，黑色或黑白格的裤子。工作服由棉布制成，其优点是干净、易于发现工作服上的污点。

10.4 宴会环境与设施卫生

环境与设施的卫生状况与宴会食品安全有紧密的联系，宴会管理人员应重视宴会生产与服务环境及设施的卫生管理。宴会环境和设施卫生管理主要包括厨房与宴会厅的卫生管理。宴会设施卫生管理主要包括通风设施、照明设施、冷热水设施、地面、墙壁、天花板的清洁程序和方法管理、生产与服务设备和工具卫生管理等，炊具卫生，餐具和酒具要消毒。

10.4.1 生产环境卫生

1. 职工洗手间

饭店常在宴会厨房相近的区域建立职工洗手间，洗手间的大门不可朝向任何宴会厅或宴会厨房，应有专人负责洗手间的卫生和清洁，宴会厨房职工不可兼职洗手间的清洁工作。

2. 宴会厨房地面

宴会厨房地面应选用耐磨、耐损和易于清洁的材料。地面应平坦，没有裂缝，不渗水。地面用防滑砖最适宜，经常保持地面清洁，每餐后应冲洗地面，冲洗时用适量的清洁剂，然后擦干。

3. 宴会厨房墙壁

宴会厨房墙壁应当结实，光滑，不渗水，易冲洗，浅颜色为宜。墙壁之间、墙壁与地面之间的连接处应以弧型为宜以利清洁，瓷砖墙面最为理想，保持墙面清洁，经常用热水配以清洁剂冲洗墙壁。许多饭店在对宴会厨房墙壁卫生管理中规定，每天应擦拭 1.8 米以下高度的厨房墙面，每周清洁 1.8 米以上的厨房墙面一次。

4. 宴会厨房天花板

宴会厨房天花板应选用不剥落或不宜断裂及可防止贮存尘土的材料制成，通常选用轻型金属材料作天花板。其优点是不易剥落和断裂，可以拆卸和快速安装以利清洁。

5. 宴会厨房门窗

宴会厨房门窗应没有缝隙，保持门窗的清洁卫生，保持门窗玻璃的清洁，使光线充足。宴会厨房门窗应当每天清洁。较高位置的窗户和玻璃，如果超过 1.8 米，可以 3 天至 1 周清洁一次。

10.4.2 生产设施卫生

1. 通风设施

宴会厨房应安装通风设施以排出炉灶烟气和仓库发出的气味。由于排风设施距离炉灶近，容易沾染油污，油污积存多了会落在食物上。因此，通风设施要定时或经常清洁。通常，宴会厨房每两天清洁一次通风设施，通风口要有防尘设备，防止昆虫和尘土等飞入。良好的通风设施不仅会使厨房职工感到凉爽、空气清新，还能加速蒸发职工身上的汗水。

2. 照明设施

有效的照明设施可以缓解宴会生产人员的眼睛疲劳，自然光线的效果比人工照明设施更理想。同时，必须有适度的照明，宴会生产职工才可能注意厨房中的各角落卫生。通常，宴会厨房每周应对所有照明设施清洁一次。

3. 冷热水设施

宴会厨房和备餐间要有充足的冷热水设施，宴会厨房和宴会备餐间的菜点生产和清洁卫生只有在具有冷热水设施的前提下才能完成。

10.4.3 生产设备和工具

不卫生的生产设备常是污染宴会菜点的主要原因之一。因此，宴会生产设备的卫生管理不容忽视。合格生产设备的特点是易于清洁，易于拆卸和组装，设备材料坚固，不吸水，光滑，防锈，防断裂，不含有毒物质。宴会生产设备卫生管理工作内容如下。

1. 生产设备的清洁

每天工作结束时应对设备进行彻底清洁。清洁设备时应先去掉残渣和油污，然后将拆下的部件放入含有清洁剂的热水里浸泡，用刷子刷，再用清水冲洗。对于不可拆卸的设备应在抹布上涂上清洁剂，然后涂在设备上，再用硬毛刷刷去污垢，用清水清洗后，用干净布擦干。清洁绞肉机和削皮机时，用清水冲掉网洞中的食物残渣，用毛刷、热水和清洁剂刷洗，用净水冲洗，擦干。清洗电器设备时，应关闭机器，切断电源，用布、小刀或其他工具去掉食物残渣，用热水和清洁剂清洗各部件，尤其应注意清洗刀具和盘孔，然后擦干（见图10-6）。

2. 用具与器皿的清洁

不同材料制成的用具和器皿应采用不同的清洁方法以达到最佳卫生效果和保护用具和器皿的作用。例如，使用热水和毛刷冲洗大理石用具，然后晾干；使用热水和清洁剂冲刷木制品，然后使用净水冲洗，用干净布巾擦干；用热水冲洗塑料制品；用热水和清洁剂冲洗瓷器和陶器等。铜制品清洁方法是先清除食物残渣，然后用热水和清洁剂冲洗，再晾干。清洗铝制品时，先去掉食物残渣，然后浸泡，再用热水放适量清洁剂，不要用碱类物质清洗以免破坏其防腐的保护膜。清洗锡制品和不锈钢制品时，先使用热水与清洁剂刷洗，然后用清水冲净，晾干。清洁镀锌制品时，注意保护外部的薄膜（锌），洗涤后一定要擦干，不然会生锈。用潮湿的布擦洗搪瓷制品，然后擦干。清洁刀具时，应注意安全，用热水和清洁剂将刀具洗净，然后用清水冲净，擦干，涂油。清洗各种滤布和口袋布时，先去掉其残渣，用热水和清洁剂洗涤揉搓后，用水煮，冲洗，晾干（见图10-7）。

10.4.4 建立卫生制度

在饭店业中，所有的职工都应严格遵守国家和地方的卫生法规。宴会部应建立一些针对原料采购和保管、加工和烹调及服务过程中的卫生制度，以完善宴会生产卫生管理工作。

图 10-6　厨房器皿消毒

图 10-7　干净的器皿

本章小结

食品安全是指宴会中的菜点无毒、无害，符合应有的营养要求，对顾客健康不造成任何危害。食品卫生是指宴会中，菜点没有受到任何有害的微生物和化学物等污染。然而，在宴会菜点生产中，食品随时会受到生物或化学物质的污染，对人体造成伤害。食物中毒是指人们食用含有生物或化学毒物及含有天然毒性的动植物引起的疾病总称。食品污染种类主要包括生物性污染和化学性污染。生物性污染是指有害的病菌和真菌等微生物、寄生虫和昆虫造成的食品污染。其中病菌污染占有较大的比重，危害也较大。在菜点生产中，加入不符合卫生标准的食物添加剂、色素、防腐剂和甜味剂等，都会造成化学污染。饭店和宴会运营企业所有职工都应掌握和预防食物中毒的知识并遵守卫生法规。严格遵循宴会食品采购、验收、贮存管理原则和方法，做好菜点加工，烹调至服务等环节的安全与卫生管理工作。这些环节都是病菌、寄生虫卵、霉菌和化学污染的渠道。环境与设施的卫生状况与宴会食品安全有紧密的联系，宴会管理人员应重视宴会生产与服务环境及设施的卫生管理。宴会运营工作人员的卫生和健康状况对宴会的食品安全与卫生起着关键作用。因此，个人卫生的管理工作是宴会安全与卫生管理的关键内容之一。

练习题

1. 名词解释

食品安全、食品卫生、食物中毒

2. 判断对错题

(1) 冷冻食品原料贮存温度应高于-18 ℃。仓库管理人员应经常检查冷冻库的温度并在各种食品容器上加盖子。

（2）所谓病菌是单细胞生物，体形细小，种类繁多，形态各异，有球状、杆状和螺旋状。

（3）个人清洁是个人卫生的基础，个人清洁状况仅仅是显示个人的自尊自爱，与饭店宴会产品的质量和企业形象没有相关性。

（4）通常，动物和植物的固体原料在微生物酶的作用下可破坏组织细胞，使食品的性状出现变形和软化。

（5）人们食用了黄曲霉素污染的食品会造成急性或慢性肝脏损伤及肝功能异常和肝硬化，还可诱发肝癌。

（6）良好的通风设施不仅会使厨房职工感到凉爽、空气清新，还能加速蒸发职工身上的汗水。

（7）环境与设施的卫生状况与宴会食品安全没有必然的联系，宴会管理人员应重视宴会生产与服务质量的管理。

（8）食品是维持人体生命活动不可缺少的物质，它供给人体各种营养，满足人体需要，保障人们身体健康。

3. 简答题

（1）简述个人清洁管理。

（2）简述食品污染来源。

4. 论述题

（1）论述宴会生产环境卫生管理。

（2）论述个人清洁与卫生管理。

参考文献

[1] 王璋．食品科学［M］．北京：中国轻工业出版社，2001.

[2] 陈炳卿．营养与食品卫生学［M］．北京：人民卫生出版社，2000.

[3] 曾庆孝．食品生产危害与关键控制点原理与应用［M］．广州：华南理工大学出版社，2000.

[4] 冯玉珠．食品卫生与安全［M］．北京：对外经济贸易大学出版社，2005.

[5] 邱礼平．食品原料质量控制与管理［M］．北京：化学工业出版社，2009.

[6] 刘雄．食品质量与安全［M］．北京：化学工业出版社，2009.

[7] 孙晓红．食品安全监督管理学［M］．北京：科学出版社，2017.

[8] 张娜．食品卫生与安全［M］．北京：科学出版社，2017.

[9] 傅维，王笂．食品安全导论［M］．北京：北京师范大学出版社，2012.

[10] 胡敏予．食品安全与人体健康［M］．北京：化学工业出版社，2013.

[11] 王焕宇．餐厅服务［M］．北京：高等教育出版社，2010.

[12] 张素娟，宋雪莉．饭店大型主题活动策划与运行［M］．北京：化学工业出版社，2012.

[13] 孙长颢，凌文华，黄国伟．营养与食品卫生学［M］．7 版．北京：人民卫生出版

社，2012.
[14] 朱恩俊 . 饮食安全与健康 [M] . 北京：经济管理出版社，2009.
[15] GITLOW H S. Quality management [M] . 3rd ed. NY：Mcgraw- Hill Inc.，2005.
[16] JENNINGS M M. Business ethics [M] . Mason：Thomason Higher Education，2006.
[17] USUNIER J C. Marketing across cultures [M] . Essex：Pearson Education Limited，2005.
[18] KOTAS R，JAYAWARDENA C. Food & beverage management [M] . London：Hodder & Stoughton，2004.
[19] WALKEN G R. The restaurant from concept to operation [M] . 5th ed. New Jersey：John wiley & Sons，Inc.，2008.
[20] BARROWS C W. Introduction to management in the hospitality industry [M] . 9th ed. New Jersey：John & Sons Inc.，2009.
[21] DAVIS B. Food and beverage management [M] . Oxford ：Elsevier Butterworth-Hein，2008.
[22] SPLAVER B. Successful catering [M] . New York：Van Nostrand Rinhold，1991.
[23] REAY J. All About Catering [M] . London：Pttman Publishing，1988.
[24] ZACCARELLI，HERMAN E. Foodservice management by checklist，a handbook of control techniques [M] . New York：John Wiley & Sons，1991.
[25] FOSTER，DENNIS L. Food and beverage operations，methods，and controls [M] . New York：Glencoe McGraw-Hill，1994.

第 11 章

宴会营销管理

本章导读

当代宴会营销是以市场为中心，为满足顾客对宴会产品的需求而实现运营目标，综合运用各种营销手段，将宴会环境、菜点、酒水和服务等销售给顾客的一系列运营活动。通过本章学习，可了解宴会营销的特点、宴会营销的理念和宴会营销的任务，掌握宴会营销环境分析和宴会市场定位及有效的宴会营销策略的制定。

11.1 宴会营销概述

11.1.1 宴会营销含义

宴会营销也称作宴会市场营销，是指饭店为满足顾客对宴会产品的需求实施的宴会运营活动，包括宴会市场调研，选择目标市场，开发宴会菜单，为宴会产品定价，选择宴会销售渠道及实施宴会促销等的一系列活动。

11.1.2 宴会营销特点

当代宴会营销以市场为中心，为满足顾客对宴会需求而实现饭店宴会的运营目标。饭店或宴会运营企业综合运用各种营销手段，将宴会环境、菜点、酒水和服务等销售给顾客。现代宴会营销不仅是饭店宴会部和营销部的职责，而且是饭店整体运营行为。随着市场的发展和顾客需求的变化，宴会服务环境、宴会生产与服务设施和设备、宴会服务方法与手段、宴会菜单筹划等在不断地适应新的发展和变化，而竞争对手也不断地出现，其竞争手段与水平也不断地提高。因此，饭店宴会部或宴会运营企业只有不断地创造和开发顾客满意且具有特色的宴会产品，才能满足顾客的需求，才能在市场竞争中取胜。现代宴会营销不仅要制定好近期的营销计划，落实好一系列营销活动，而且应立足长远，获取长期运营成功的营销途径。

11.1.3 宴会营销理念

宴会营销理念是指饭店或宴会运营企业在从事宴会营销时所依据的指导思想和行为准则。它体现了饭店对宴会市场环境、饭店与宴会市场相互关系等问题的认识和态度，是饭店或宴会运营企业所实施的宴会运营哲学。宴会营销理念作为一种业务指导思想，是宴会一切运营活动的出发点。它支配着宴会营销实践的各个方面，包括营销目的、营销活动、营销组织、营销策略和营销方法等。在宴会营销中，营销理念的正确与否直接影响宴会营销的效率和效果，进而决定饭店或宴会运营企业在宴会市场竞争中的地位。因此，执行适合的营销理念，是饭店宴会营销的基础和关键。随着我国旅游业和饭店业的快速发展和市场环境的变化，我国宴会营销理念也经历了相应的发展和变化。这种发展过程大体包括宴会生产理念、宴会销售理念和宴会营销理念等 3 个阶段。

20 世纪 80 年代，我国实施了改革开放，我国经济发展迅速，商贸和旅游需求不断地增长，人们对宴会的需求大幅度地增加。那时，饭店数量少，宴会产品的品种少。饭店与宴会运营企业处于宴会市场的主导地位，饭店只要提高宴会生产率，就会运营成功。因此，当时的运营理念是以扩大宴会运营规模为中心的运营观，称为宴会生产理念。进入 21 世纪，随着我国旅游业和饭店业的发展，不同主题和消费水平的宴会产品不断增加，宴会产品已供大于求。饭店或宴会运营企业仅依靠扩大宴会产品的生产数量，提高产品质量已不能达到理想的营销效果。从而，饭店业产生了销售理念。这一理念的特点是重视推销活动和推销技术，强调通过推销增加宴会的销售量。当今，我国宴会产品种类和生产数量剧增，宴会产品的更新换代周期也不断地缩短，宴会组织购买者和家庭消费者对宴会的购买力大幅度地提高，顾客对不同主题的宴会环境、设施、服务和菜单等的需求也持续地变化。顾客对宴会产品已经有了很大的选择性，宴会产品的供应量已超过了顾客的需求量。因此，当今饭店之间及与宴会运营企业间的竞争不断地加剧。同时，顾客已经占据了宴会市场的主导地位。在这种市场背景下，传统以产定销的宴会营销理念转变为以销定产。饭店在充分了解宴会市场的需求下，根据顾客需求确定宴会主题、环境、设施、服务、菜单和价格等。这种理念称为市场营销理念或新型市场营销理念。这种营销理念的最大特点是明确目标市场、以顾客需求为中心，协调宴会产品主题、特色、价格、销售渠道和促销方式等因素以满足目标顾客的最大需求。

总结以上宴会营销理念可发现它们的不同点。传统宴会营销理念把消费者仅作为获取利润的对象，忽视消费者自身利益和需求。新型宴会营销理念认为，消费者是饭店或宴会运营企业不可分割的组成部分，消费者的需要是饭店生存和发展的前提和动力。传统营销理念以本饭店宴会产品为出发点，根据自身生产能力决定宴会产品主题和特色。在宴会产品销售前很少考虑目标顾客的需求。新型营销理念将目标顾客对宴会主题、服务、菜单和价格等的实际需求作为企业营销的出发点，强调企业对宴会市场的调查和预测，持续研究消费者的需求，根据市场需求营销宴会产品。此外，传统营销理念手段单一，重视生产数量和效率及成本控制或借助各种推销手段促销宴会产品。新型营销理念强调营销手段的综合性和整体性，强调知识管理，开发与创新宴会主题、宴会产品、宴会设施、宴会服务模式并实施有效的价格策略及分销渠道策略。从而，不断地满足目标消费者的需求。同时，新型营销理念兼顾企业、消费者和社会的共同利益，强调通过满足消费者的需求和维护社会长远利益，实现饭店或宴会运营企业的可持续发展。

11.1.4 宴会营销任务

宴会营销任务是规定饭店对宴会营销的原则、方法与手段及对员工的社会责任和态度等。当今，宴会市场需求多种多样且十分复杂。宴会市场不仅存在着潜在的需求，还存在着不规则的需求等。同时，现有的宴会产品随着时间的推移会受多种因素的影响。基于以上原因，复杂多变的市场需求决定了宴会营销任务的多样性（见图 11-1）。

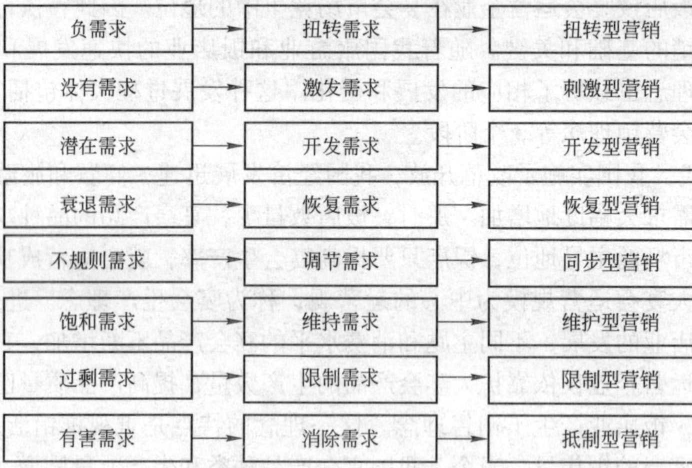

图 11-1 宴会营销任务

1. 扭转型营销

当大部分潜在的顾客讨厌或不需要某种宴会产品时，饭店采取措施，扭转这种负需求的市场状况称为扭转型营销。例如，一些传统的宴会产品。其菜单中菜品种类都是传统的且不符合现代人们对平衡营养的需求，而环境和设施的安排不能突出宴会主题。饭店应该淘汰或更新这些落后于现代市场需求的宴会菜单，使其宴会产品紧跟市场需求，达到理想的营销效果。

2. 刺激型营销

所谓刺激型营销是指当大部分顾客不了解某些宴会产品时，饭店应采取一些措施和手段，将无需求的宴会产品转变为市场欢迎的宴会产品称为刺激型营销。例如，当某饭店开发了节假日宴会产品及休闲宴会产品，特别是中西结合式的休闲自助餐宴会产品时，消费者或潜在的顾客还没有理解这些宴会的用途与产品特色。饭店经过宣传和讲解，采取了一些促销手段及优惠策略，使节假日宴会产品或休闲宴会产品的销售量不断地增加。最终，这些宴会产品受到了市场的理解和欢迎。

3. 开发型营销

当顾客对酒店某种产品存在需求时，而饭店尚不存在这种产品或无法满足这种需求时，某饭店或宴会运营企业及时开发具有潜在需求的宴会产品称为开发型营销。例如，近年来，一些饭店增加了升学宴会产品、不同主题的自助餐宴会产品、中老年休闲自助餐宴会产品、各种规格的中西结合式主题宴会产品等以满足消费者、组织购买者及休闲顾客等的需求以达到理想的宴会营销效果。同时，根据上午、下午和晚上的不同时段，开发了休闲型的茶歇宴会产品业务，受到了一些商务顾客和休闲顾客的青睐。

4. 恢复型营销

当部分顾客对某些宴会产品的需求衰退时，酒店采取措施，将因衰退和需求下降的宴会产品重新兴起，称为恢复型营销。由于现代快餐业的发展和大众中西结合型的普通菜系发展及年轻人对传统的经典菜系不很熟悉和了解的原因，一些传统的经典宴会产品销售量下降。因而，一些饭店在开发休闲宴会产品和节假日宴会产品时，将中餐经典菜融入宴会菜单。这样，在体现了宴会主题的前提下，保持了一些传统的经典菜点，受到顾客的好评。此外，一些饭店近年开发了中餐经典菜宴会产品、中餐地方传统菜宴会产品、春节中餐经典菜宴会产品及中秋节宴会产品等。这些产品的销售量呈现上升趋势。

5. 同步型营销

根据研究，宴会市场需求存在着明显的区域、季节和时段等差异，这一差异给宴会营销带来一定的挑战。因此，饭店宴会运营部门调节了宴会需求和供给之间的矛盾，满足顾客对宴会产品的个性化需求，尽量使宴会产品的需求与地区、季节和时段等的变化相适应。例如，饭店采用平日价格与周末价格、旺季价格和淡季价格、午餐宴会价格与正餐宴会价格、传统式服务宴会价格和自助式宴会价格等策略。同时，还根据不同时段和不同季节，开发了不同种类和主题及特色的宴会产品。此外，饭店根据顾客的不同主题需求，开发了不同主题宴会需求的菜单。例如，中餐宴会菜单、西餐宴会菜单、中西结合式宴会菜单、茶歇菜单、午餐宴会菜单、下午茶菜单、正餐宴会菜单等。近年来，一些宴会营销人员关注宴会产品的文化内涵与特色并使宴会融合了目标顾客的习俗与文化以满足顾客的个性化需求。例如，在不同主题宴会的食品原料和生产工艺方面，在宴会厅布局与色调、服务设备与服务程序等方面满足了不同顾客的需求。从而，使宴会服务与顾客需求同步。

6. 维护型营销

当某些宴会产品的需求达到市场饱和时，饭店采取一些销售措施，保持其合理的售价，严格控制宴会成本并改进产品的质量与特色以稳定宴会的销售量。例如，当某地区的婚宴市场趋于饱和状态，饭店一方面保持其合理的售价并积极改进婚宴的菜单和增加菜点的特色。一方面，开发与创新婚宴产品的菜单、服务环境、服务设施、服务程序和服务方法等以保持饭店宴会产品的整体销售水平（见图 11-2）。

图 11-2　创新婚宴服务环境

7. 限制型营销

当饭店的某种宴会需求过剩时，饭店实行了限制型营销。主要的方法有提高产品的质量和价格等措施。例如，某地区饭店刚上市时休闲宴会非常著名，每天购买这种宴会的顾客超过了饭店的接待能力。这样，饭店采取适当提高价格并提高产品质量等策略限制该产品的营销数量。当然，使用这一营销方法时，管理人员应十分谨慎。限制型营销的目的不是破坏营销，是适当降低需求水平而不影响饭店或宴会运营企业的收入。

8. 抵制型营销

通常，饭店严禁将不符合国家和地区质量标准及低于企业质量水平的宴会产品和不安全的宴会产品销售给顾客以免影响饭店的声誉和品牌。这是饭店营销中的职业道德，也是保持饭店可持续发展的基础工作。

11.1.5 宴会营销环境

宴会营销环境是指与宴会运营相关的宏观环境与微观环境的集合。宏观环境是指与宴会运营有关的间接环境，包括自然环境、经济环境、政治法律环境、社会文化环境和技术环境等。微观环境是指与饭店或宴会运营企业有直接联系的内外环境，包括供应商、顾客、竞争对手和公众等。微观环境受宏观环境制约，宏观环境借助微观环境发挥作用。宴会营销环境对宴会营销产生极大的影响。它既可为饭店的生存和发展提供机会，也可对企业发展造成不利的影响。所以，饭店或宴会运营企业必须认真分析宴会营销环境，识别环境，利用环境，判断未来营销环境的发展趋势并尽力为宴会营销环境施加影响，创造更多的营销机会。

1. 宏观营销环境

1）自然环境

自然环境是指与宴会营销有关的自然资源，包括地理位置、地形、气候和能源等。自然环境与宴会营销效果紧密相关，并以不同程度对宴会营销决策产生影响。例如，以电作为能源会影响宴会生产和服务的成本，从而影响宴会价格。当今，环境污染已成为饭店业和餐饮业关注的核心问题，一方面环境污染会影响到人们的生活环境和企业的成本。从而，影响企业生存与发展。另一方面，某些国家借环境保护名义设置保护壁垒。因此，饭店或宴会运营企业必须关注自然环境对企业的影响。同时，要树立社会营销理念，强化饭店的社会责任，树立良好的企业形象，取得顾客的信任，增加企业的美誉度，使宴会营销获得成功。

2）经济环境

根据经济学原理，地区经济发展状况和不同阶段的经济发展地区影响着顾客的宴会消费观念和消费水平。一般而言，越是经济发达地区的消费者，对宴会原料的新鲜度、宴会产品营养成分及菜点特色、宴会服务环境和宴会主题个性化越加关注。同时，市场规模是经济环境的重要因素之一，市场规模取决于人口数量和收入水平两个因素。首先，人口增长和分布、职业和家庭结构、人口流动等因素决定着宴会市场容量。其次，宴会市场是由那些具有购买宴会产品欲望和购买能力的个人或组织消费者组成。因此，购买力是构成和影响宴会市场规模的重要因素。美国著名经济学家沃特·罗斯特（Walt W. Rostow）认为，经济发展过程可分为6个阶段：传统经济阶段、经济发展准备阶段、经济发展开始阶段、迈向经济成熟阶段、大量消费阶段和追求生活质量阶段。经济发达的宴会市场强调宴会主题、宴会特色、宴会服务环境和宴会服务方法与技巧等。

3）政策法律环境

根据实践，饭店或宴会运营企业的营销活动受地区政治和法律环境的规范和制约。因此，饭店从事宴会营销前，必须明确所处区域的政策法律环境，尤其是跨国营销中的政治风险、文化风险、外汇风险、利率风险等。随着我国经济发展，我国饭店管理法规建设、公平竞争法则、环保措施和消费者保护法不断完善。饭店或宴会运营企业在宴会运营中既要适应这些法规，又要善于捕捉营销机会。目前与宴会营销相关的法规和政策主要包括税法、合同法、商标法、广告管理条例、食品安全与卫生法、环境保护法、城市规划法及与市场营销相关的政策等。

4）社会文化环境

社会文化环境是指社会群体的知识、宗教信仰、价值观、风俗习惯、道德规范、艺术等的集合。根据研究，社会文化环境影响宴会消费观念、宴会偏好和宴会消费行为。因此，饭店在开发不同的主题宴会、宴会菜点创新及举办各项宴会推销活动中，必须适应当地的社会文化和习俗。同时，社会文化环境还包括跨国经营引发的文化风险，企业并购引发的文化风险，企业组织管理引起的文化风险等。

5）知识与技术环境

知识与技术环境是影响宴会运营的主要因素之一。饭店或宴会运营企业应重视本行业及相邻行业的知识与技术的发展。例如，智慧旅游、智慧酒店、网络营销、电子技术、园林设计、人机工程学、烹调技术、服务技术和营销技术等。知识与技术发展可导致宴会环境、生产和服务设施、菜点、酒水和服务的更新换代。同时，由于知识与技术发展和变化，造成顾客消费行为的变化及追求宴会主题的个性化等。

2. 宴会微观营销环境

1）饭店内部环境

饭店或宴会运营企业的宴会营销活动不是独立的职能，它必须依靠企业各业务部门的相互配合和支持。由于饭店各部门业务互相关联，构成了企业内部的业务环境或宴会营销体系。因此，部门之间相互联系，相互制约非常重要。企业高层管理人员制定宴会总体运营任务、目标、战略和政策，业务部门依据总体运营目标来执行。

2）供应商

供应商对宴会营销有着很大的影响，他们提供的食品原料、宴会设施和用具等直接影响宴会的产品质量、价格和利润。因此，宴会管理人员必须关注供应商的供应能力，原料和设施的质量及适用性。这些都是影响宴会产品质量和特色、企业信誉和知名度及顾客满意度的重要因素。

3）竞争者

宴会营销工作不仅要考虑目标顾客的需要，还应在消费者心目中留下比竞争对手更有优势的印象，以赢得市场上的优势。饭店或宴会运营企业管理人员应关注竞争者的规模和数量、他们销售的宴会主题、宴会品种、宴会价格、推销策略、人力资源、财务和技术等信息。因此，每个饭店都应考虑本企业在宴会市场的定位。同时，应关注竞争者在某地区分布的密度、产品差异程度和市场进入难度等。在市场相对稳定的前提下，竞争者的密度越大，意味着宴会市场竞争越激烈。一个地区的宴会产品差异化程度越高，说明该地区宴会运营竞争力越强。

4）消费者

所谓消费者包括个人消费者和组织消费者。根据消费者购买宴会产品的用途，宴会消费者可划分为个人消费者市场和组织消费者。然而，不同的消费者，其购买特点、购买目的及购买决策影响因素都存在着差异。消费者是宴会营销活动的核心和基础。宴会消费者可分为若干种类，包括商务宴会购买者、休闲宴会消费者、假日宴会团队、旅游宴会团队、企业或政府宴会团体等。宴会营销成功的关键是适应目标消费者的需求。

5）公众

公众是对宴会营销活动有着潜在兴趣的群体。公众包括宴会部内部职工、企业相关部门职工、企业外部顾客及相关团体，包括金融界、新闻界、政府、企事业单位、行业协会和利益团体等。一个饭店或宴会运营企业在制定宴会营销计划时，除了考虑目标顾客外，还应关注公众并得到公众的信任、赞扬和帮助。因此，饭店或宴会运营企业应制定有市场吸引力的营销计划。

11.2 宴会市场选择

市场是宴会营销的出发点与归宿，是宴会产品交换的场所，宴会一切营销活动都围绕着市场展开。宴会市场选择是在宴会市场细分的基础上，通过评估和分析，选定一个或若干个细分的宴会消费群体作为本企业的目标市场并为他们制定相应的营销策略的过程。由于宴会营销受个人消费者和组织购买者的需求差异与市场竞争及企业自身资源的限制和影响，因此，饭店或宴会运营企业只有集中本企业资源，为具有相似需求的目标顾客或目标市场创造并传递价值，才可有效地完成本企业宴会营销任务。

11.2.1 宴会市场及其特点

宴会市场是指消费者和组织购买者及其对宴会产品需求的总和，包括现实的需求和潜在的需求。在现代市场经济条件下，宴会市场是充分开放的，向所有的个人、企业、政府和非营利组织等开放。同时，宴会市场是一个多元化的体系，不仅提供多个种类的宴会产品，而且其营销方式和促销手段也是多种多样的。因此，多元化的特征使得宴会市场呈现出复杂和多变的特点。酒店或宴会运营企业作为独立经营的企业，拥有法定的自主营销权力，决定了其宴会营销的自主性。其中包括根据宴会市场需求，自主决策营销方式和营销手段，自主调整宴会产品内在的结构等。同时，宴会市场具有竞争性特点。所有企业均可平等进入，公平竞争，各酒店和宴会运营企业凭借自身的实力开展市场竞争，实现优胜劣汰。

11.2.2 宴会市场构成要素

根据市场营销学理论，宴会市场是宴会需求。基于这一理论，宴会市场构成必须包括购买宴会产品的顾客、满足宴会需求的购买能力及具有对宴会产品的购买欲望。以上三个要素互相制约，缺一不可。同时，评价宴会市场的容量或规模时，可根据这三个要素进行(见表 11-1)。

表 11-1 宴会市场构成要素

顾客（个人消费者与组织消费者）	购买欲望	购买力	市场容量
多	有	低	小
少	有	高	有限
多	无	高	有限
多	有	高	大

1. 顾客

顾客是指购买各类宴会产品的个人消费者和组织购买者的总和。顾客是宴会产品市场的主体，没有顾客的需求，就没有宴会市场。当然，个人消费者和组织购买者的数量及其购买影响因素是影响宴会市场发展与变化的基本因素。

2. 购买力

购买力是指顾客购买各类宴会产品的消费能力，可分为个人消费者购买力（简称个人购买力）和组织消费者购买力。个人宴会购买力与其经济收入紧密相关。组织购买者的购买力包括各类工商企业、政府机构、学校、医院和各协会团体等及非营利组织购买宴会产品的支付能力。同样，组织消费者的宴会产品购买力大小也取决于其经济收入状况。这些收入主要包括工商企业的营业收入、政府的财政收入、政府拨款或社会捐助等。

3. 购买欲望

购买欲望是指个人消费者和组织购买者为了满足其工作和生活需求所希望购买的宴会产品。其购买欲望通常与个人购买者与组织购买者的工作和文化环境等相联系。同时，购买欲望是顾客将潜在的购买力转化为现实购买力的前提。因此，购买欲望是构成宴会市场的基本要素之一。当然，如果顾客没有购买宴会产品的欲望，也不会形成现实的宴会产品市场。综上所述，宴会市场构成的3个主要因素，可通过以下公式来表示

$$宴会市场=顾客+购买力+购买欲望$$

11.2.3 宴会市场功能

根据研究，宴会市场具有较强的功能。这些功能主要表现为交换功能、供给功能、反馈功能和调节功能等。

1. 交换功能

宴会市场的交换功能表现在，以市场为场所或中介，促进和实现宴会产品的交换。在商品经济条件下，饭店或宴会运营企业销售宴会产品或消费者和组织购买者购买宴会产品都是通过市场进行的。因此，宴会市场不仅为买卖双方提供了产品交换的场所，而且通过等价交换的方式促成宴会产品使用权或所有权向使用者转移，从而实现宴会产品使用权等的交换。与此同时，宴会市场通过各种营销渠道，推动宴会从企业向消费者和组织购买者转移，从而完成交换。这种促成和实现宴会产品使用权或所有权的交换活动是宴会市场最基本的功能。

2. 供给功能

通常，宴会市场营销活动顺利进行的基本条件是市场上存在可供交换的宴会产品。因此，宴会市场似乎是一个磁场，吸引着众多企业（饭店业和餐饮业）而形成一个强大的宴会产品供应源。然后，通过市场交换，完成向个人消费者及组织购买者供给宴会产品的功能。因此，离开市场供给功能，个人消费者和组织购买者就无法购买所需的宴会产品；而企业也无法购买生产和销售宴会产品所需的设备和食品材料。

3. 反馈功能

宴会市场反馈功能是指宴会市场把交换活动中产生的经济信息传递和反映给交换当事人的功能。宴会市场不仅是消费者和组织购买者购买宴会产品的场所，也是饭店或宴会运营企业获取宴会营销信息的重要途径。宴会产品最终要经过市场的检验，得到市场的承认，形成产品的社会价值。通常，饭店或宴会运营企业在与顾客进行交换时，不断地输入有关宴会销

售与消费等的信息。这些信息的形式和内容多种多样，为不同种类的宴会产品销售提供信息，也对顾客的消费偏好和需求潜力做出判断和预测以决定和调整宴会的营销方向。随着社会信息化的发展与提高，宴会市场的反馈功能会日益得到加强和改善。

4. 调节功能

宴会市场调节功能是指在市场机制的作用下，宴会市场可自动调节营销过程。宴会市场作为商品经济的运行载体和现实表现，本质上是价值规律发生作用的形式。价值规律通过价格、供求和竞争等作用转化为经济活动的内在机制。因此，宴会市场常以价格调节、供求调节和竞争调节等方式对各种宴会产品营销全过程进行自动调节。

11.2.4 宴会市场细分

宴会市场细分，也称为宴会市场划分。它是根据顾客的需求、顾客的购买行为和顾客对宴会主题、宴会环境、宴会菜单和宴会服务等消费习惯的差异性，把宴会市场划分为不同类型的消费者群体。每个消费者群体形成一个宴会分市场或称为餐饮细分市场。这样，一个宴会市场可以分为若干个宴会细分市场。因此，宴会市场细分的目的是确定本企业的宴会目标市场并针对本企业的目标市场制定具体的宴会营销策略。宴会细分市场是客观存在的。其依据是宴会市场供应的多元性和市场需求的差异性。由于宴会市场细分是根据顾客对宴会的购买愿望、购买需求和购买习惯的差异性而实施的。因此，它可以根据饭店或宴会运营企业自身条件和资源选择适合本企业的目标市场，从而拟定最佳运营组织、最佳营销组合以降低运营费用，充分利用自身的人力资源、财力资源和设施设备等。

1. 宴会市场细分标准

1）界限明确

有效的宴会市场细分，其首要工作是明确细分标准界限，找出各分市场间的分界线，突出每个细分市场间的差异，反映每个细分市场的鲜明特点以便能有的放矢地制定宴会营销策略。因此，应尽可能地实施量化指标。

2）规模可观

“细分”一词不意味把宴会市场划分得越细越好。相反，细分后的宴会市场必须在经济上可行，即具备足够的规模使本企业在满足特定宴会市场需求的情况下获得营业额和利润。此外，还应注意，不要仅考查现有宴会市场的规模，还应重视潜在的或可开发的宴会市场。同时，不应拘泥于某一个地区的宴会市场规模，应放眼诸多宴会市场的总和。

3）反应敏感

宴会市场细分的目的是为了制定行之有效的营销策略，针对不同的细分市场运用不同的营销组合。例如，不同的营销渠道、不同的价格、不同的营销手段等。从而，刺激不同的宴会市场。如果营销组合在各自细分市场无法达到预期的营销效果，细分市场就失去了意义。

4）通道畅通

经过细分所选定的宴会市场必须是本企业可进入的，即本企业有能力进入。对于国际宴会市场或某一具体地区宴会市场而言，还要关注市场壁垒等问题。如果市场壁垒过高，本企业宴会产品就很难以消费者可接受的水平送至目标顾客群体。这样的宴会市场是可望而不可及的。

5）量力而行

宴会市场要细分到何种程度，最终取决于饭店自身的能力和产品特点。饭店或宴会运营企业的运营规模、人力资源、设备设施、资金实力、运营能力、物流供应及宴会服务等能否适应细分后的宴会市场及其产品类型、消费水平和品牌价值是否达到目标顾客的偏好等。这些都是企业在宴会细分市场中要全面考虑的问题。

2. 宴会市场细分依据

宴会市场细分的依据是宴会产品的需求。例如，不同的地理区域、人口特征、消费心理和消费行为等的群体，他们对宴会产品的需求完全不同并有一定的区别。当然，这些依据并不是独立的，而是相互联系的。如果，饭店或宴会运营企业能够有效地结合细分后的宴会市场，那会更有利于支持目标市场的营销决策。根据调查，宴会市场细分的主要依据如下。

1）根据区域特征细分

根据区域特征可进行宴会市场细分，可以将宴会市场划分为不同的地理区域。例如，南方与北方、城市与城镇、国际与国内、沿海地区与内陆地区。这是一种比较传统的宴会市场细分原则。把地理因素作为市场细分的标准是因为地理因素会影响顾客对宴会产品的需求。不同的地区由于长期形成的气候、风俗习惯及经济发展水平，形成了不同的宴会消费主体及菜单偏好与服务环境及设备需求等。根据近年我国宴会市场的营销统计，经济发达的省会城市和沿海城市对中西合璧式自助餐宴会的需求不断上升，对传统宴会产品的需求保持着稳定的市场份额，对新主题宴会产品需求不断提高。例如，会议中的茶歇产品（brunch tea party 或 short break）。而其他的区域或城市对传统的中餐宴会产品有较高的需求，对自助式宴会有少量的需求或无需求。

2）根据购买者特征细分

宴会市场可细分为个人消费者市场和组织购买者市场。个人消费者市场是指满足个人或家庭消费的宴会市场。因此，称为个人消费者市场。其特点是购买人数多、每次购买的数量少，需求的变动性较大。组织购买者市场也称为组织团队市场，是指为满足企业生产、政府与非营利组织工作需要的宴会市场。然而，组织购买者市场与个人消费者市场相比较，购买人数总体相对较少，每次购买的数量较大，购买的频率较高，需求弹性小，技术性较强。通常由企业、政府或非营利组织等的专业部门或专职人员购买。

3）根据人口特征细分

人口特征包括人口数量、年龄、性别、家庭人数、收入、职业、教育、宗教、社会阶层和民族等。人口特征与宴会消费有着一定的联系。通过调查，发现不同年龄、不同性别、不同收入、不同文化程度和不同宗教信仰的宴会个人消费者和组织购买者对宴会的菜单、食品原料、菜点风味、宴会环境和宴会设施及服务有着不同的需求。此外，有着较高学历的顾客、商务团体、会议与旅游团队及普通家庭的宴会购买者对宴会产品需求的个性化有着上升的趋势。

4）根据心理特征细分

根据研究，许多宴会购买者在收入水平及所处的地理环境等基本条件相同的条件下却有着截然不同的宴会购买特征。这种特征通常由宴会购买者心理因素引起。因而，心理因素是宴会细分市场的一个重要影响因素。不同的社会阶层所处的社会环境和成长背景不同，他们对不同的宴会主题偏好不同，对菜单需求和宴会服务方法和模式的需求也不相同。例如，某些婚宴产品购买者青睐中餐传统宴会产品，而另一些消费者喜爱自助餐婚宴产品。当然，购买动机也是引起宴会购买行为的内在推动力。根据研究，消费者在宴会购买动机中存在着名牌心理、实惠心理等消费心理。

5）根据行为特征细分

宴会市场根据顾客对宴会购买目的和时间，使用频率，对企业的信任度，购买态度和方式等将顾客分为不同的宴会消费群体。例如，根据顾客购买宴会的目的、时间和方法可以将宴会市场分为不同的主题。这就形成了不同的消费群体。对于休闲宴会群体而言，他们是以节假日休闲和团聚为目的，其特点为家庭、亲戚、老同学与同事等消费。休闲型宴会消费市场需求量大，消费者多，购买频率高，购买时间以周末、节假日等为主，消费水平大众化。商务宴会购买群体包括政府机构、企业与非营利组织。他们以商务活动、工作协调为目的举行宴会活动。商务型宴会购买行为的特点是购买频率高，消费水平较高，购买个性化强，购买决策的参与者多。其他宴会购买者是根据不同的宴会主题而购买宴会产品。例如，婚庆、生日、升学、留学和接待等。这类宴会购买者的购买行为对宴会环境、服务特色、菜单风味、购买日期等都有具体的要求。

11.2.5 宴会目标市场选择

宴会目标市场是指宴会产品面对的目标消费群体，是饭店或宴会运营企业营销需要满足的消费者，是饭店决定要进入的宴会细分市场。宴会目标市场选择是指饭店在细分宴会市场的基础上确定符合本企业运营的最佳宴会市场，即确定本企业的宴会服务对象。饭店或宴会运营企业为了实现自己的运营目标，在复杂的宴会市场中寻找自己需要的一个或几个服务对象并为选中的服务对象设计产品，筹划价格，选择销售渠道和推销策略等。

1. 目标市场选择原则

饭店应首先收集和分析各宴会细分市场的销售情况、市场增长率和预期利润等。通常，理想的宴会细分市场应具有预计的收入和利润。一般而言，一个宴会细分市场可能具有理想的消费规模和市场增长率。通常包括以下几个方面。

1）竞争者状况

如果在某一细分市场上已经存在许多强有力的和具有进攻性的竞争者，这一宴会细分市场通常不具有吸引力。例如，在某城市已有多家饭店营销婚宴产品，如果再筹建营销婚宴产品的企业进入这一市场，很难保证这家企业获得理想的运营效果。

2）替代产品状况

如果在一个宴会细分市场，当前或未来存在着许多替代产品。那么，进入这一宴会细分市场时就应当慎重。例如，某一地区开设了过多的饭店，而这些饭店均有宴会业务。如果这些饭店营销的宴会主题不明显，宴会产品特点不突出，应该说，这些饭店的宴会产品可以互相替代。

3）顾客消费能力

通过研究，个人消费者和组织购买者的消费能力会影响宴会市场的规模和质量。在一个宴会细分市场上，购买者对宴会产品的消费水平及他们的可随意支配的收入等因素都会影响一个宴会细分市场的形成和发展。

4）宴会资源状况

在某一宴会细分市场，如果宴会运营、生产和服务所需的资源数量和质量得不到充分的保证，说明这一宴会细分市场运营效果和产品质量都得不到保证。所以，这一宴会细分市场也是缺乏吸引力的。通常，宴会资源包括理想的地理位置、人力资源、技术资源、生产设施与能源及食品原料等。

2. 目标市场选择范围

饭店在确定宴会目标市场时应考虑：在某一细分市场上能否体现本企业宴会产品的优势？本企业是否完全了解细分市场中的宴会需求和购买潜力？细分市场上是否有许多竞争对手？是否会遇到强劲的竞争对手？本企业能否迅速提高在细分市场上的市场占有率？以下是确定宴会目标市场范围常用的 5 种措施（见表 11-2）。

表 11-2　确定宴会目标市场范围常用的 5 种措施

名称与范围	图示	特　点
1. 产品-市场集中化		饭店仅营销一种宴会产品，满足某一特定的细分市场。例如，高消费的商务宴会
2. 市场专业化	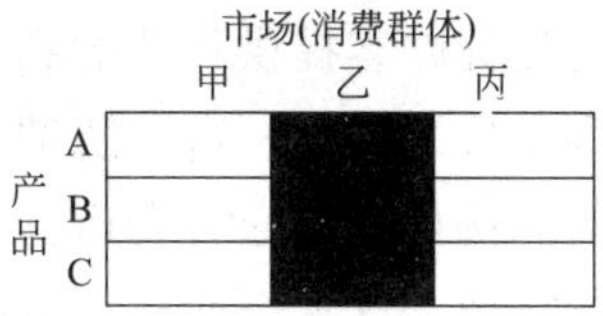	饭店服务于商务宴会市场，服务于不同规格的商务宴会市场。例如，某一饭店在某一区域运营高消费的、中等消费水平和普通企事业单位的商务宴会等
3. 产品专业化	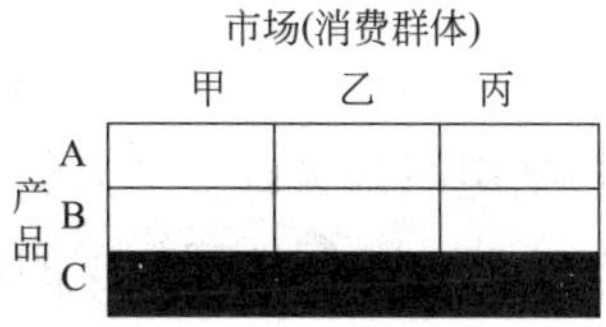	某经济型饭店在不同的地区经营同一类型或大众型综合宴会产品，包括企事业的年会宴会、婚宴产品、家庭休闲宴会和生日宴会等
4. 有选择的专业化		某饭店集团根据某些地区的不同经济发展和消费能力，有选择地经营不同的宴会产品。例如，在东部地区和省会城市经营高级别的商务宴会，在二线和三线城市经营普通商务宴会和各种主题宴会等
5. 整体市场覆盖化		某饭店集团根据各地不同的经济发展、旅游业和会展业发展状况和宴会需求，经营多种宴会产品，服务于各细分市场

11.2.6 宴会市场定位

通常，在宴会市场细分的基础上选定本企业营销目标市场后，就要进行市场定位。所谓宴会市场定位是根据目标市场上的个人消费者和组织购买者对宴会的实际需求及竞争者现有产品在市场的营销状况，结合本企业的自身条件，运用适当的营销组合确立本企业产品和品牌在市场上的地位。近年来，宴会市场定位受到了旅游业、会展业和饭店业的高度重视。宴会市场定位虽然从产品开始，但是，其实质是不仅建立在产品质量、宴会主题、产品功能之上，还建立在企业品牌和企业形象在顾客心目中的位置。根据调查，宴会消费者常关注的问题包括产品特色、企业品牌、企业知名度和美誉度等。综上所述，宴会市场定位的基本策略主要包括以下方面。

1. 根据产品特色定位

任何宴会产品都可以看作是一种属性的结合。宴会产品的属性主要包括宴会举办场所的地理位置与环境、饭店或宴会运营企业建筑与内部设施、宴会运营商的品牌与声誉、宴会服务质量与特色、菜单中的菜点与宴会主题的相关度、宴会设施与设备、宴会价格等。因此，宴会营销人员可以根据本企业宴会产品的组成和特色或优势来进行定位。

2. 根据顾客需求定位

通常，宴会产品可为满足目标顾客的需要或为目标顾客提供具体的利益都可作为宴会市场定位的基础，也是饭店或宴会运营企业用以市场定位的依据。这些所谓的需要或利益应当是目标顾客所关注的，与目标顾客的利益紧密相关。例如，一家宴会运营企业在广告中强调自己是婚宴服务专家。那么，针对这一目标市场的需要，这家企业必须突出举办婚宴业务所能给目标顾客提供的关键利益。其中包括提供给顾客婚宴的场所、产品的质量与特色服务设施与设备的优势及价格优惠等。

3. 根据使用者类别定位

根据统计，宴会产品的使用者有多种类型，包括组织购买者、个人购买者、商务宴会购买者、休闲宴会购买者及家庭宴会购买者等。一般而言，不同地理位置的饭店、不同级别的饭店、不同业务的饭店等，由于其地理位置、内外环境与设施、生产与服务技术、投资与收益等原因、其主营的宴会产品有所不同。因此，一些饭店常根据宴会使用者的类别为本企业宴会产品定位。

4. 根据现有竞争者定位

一些饭店或宴会运营企业常通过将本企业的运营管理水平与同行竞争者进行比较，主要包括避强定位、对抗定位、概念定位和重新定位等方法。所谓避强定位是指避开强有力竞争对手的市场定位，寻找创建本企业宴会特色和品牌定位的策略；对抗定位是指与市场最强的竞争对手“对着干”的市场定位方式。这种市场定位具有一定的风险。然而，一旦成功会取得较大的市场优势。当今，在宴会市场高度发展和激烈竞争的前提下，通过市场细分找到一个尚未开发的宴会市场很困难，而概念定位是指影响和改变顾客的宴会消费习惯，将一种新的消费理念打入顾客心里的定位策略。例如，开发休闲宴会市场、自助宴会市场等。重新定位是指本企业在市场上重新确定宴会主题与产品特色及塑造企业形象以争取有利的市场地位的定位策略。

11.3 宴会推销策略

宴会推销策略包括宴会促销组合策略、产品策略、价格策略、分销渠道策略、营业推广策略、服务组合策略、清洁展示策略、绿色销售策略和网络销售策略。产品策略是宴会推销的基础，它直接影响其他推销策略的实施。价格策略关系宴会市场对宴会产品的接受程度并影响各类主题宴会需求和企业利益。分销渠道策略可协调饭店与宴会需求之间的平衡，对宴会营销目标的实现产生积极作用。

11.3.1 宴会促销组合策略

宴会促销组合也称为宴会营销信息传播方式的组合。这种组合是通过人员推销、广告推销、营业推广和公共关系等 4 种方式将宴会销售信息传播给个人消费者和组织购买者。由于这些信息传播方式各具不同的特点，可针对不同的营销目标和任务。因此，在宴会促销中，营销信息传播的方式需要认真并科学地进行组合（见表 11-3）。

表 11-3 宴会促销组合

人员推销	广告推销	营业推广	公共关系
展销会	印刷广告	有奖销售	招待会
展览会	酒店小册子	赠券销售	年终会
电话销售	商业杂志	美食节	赠品
企业拜访	报纸专栏	捆绑销售	慈善活动
宴会预订	宴会菜单	赠送礼品	社区关系
现场点菜	电梯广告	价格折扣	饭店期刊
	户外广告	宴会展示	
	网络平台		

1. 人员推销

人员推销是指饭店或宴会运营企业销售人员和服务人员等直接向顾客推销宴会产品的促销活动。实际上，人员推销是一种互动的营销信息传播方式。这种方式可及时地将宴会产品信息准确地传递给潜在的个人消费者和组织购买者而增进顾客对宴会产品的了解。从而，激发潜在顾客的购买欲望。通常，宴会销售人员是饭店与顾客之间的桥梁和纽带，对企业和顾客均负有责任。因此，宴会销售人员的职责并非仅限于把宴会产品销售出去，而是承担着多方面的工作。首先，销售人员应具备良好的语言表达能力和敏锐的观察能力，应深入了解顾客消费心理并具有较强的自我控制能力和灵活的应变能力。其次，具备良好的敬业精神和职业道德，勤奋学习，熟练地掌握宴会专业知识和推销技巧是宴会销售人员必须具备的素质。由于人员推销是直接面对顾客或潜在顾客的推销活动。因此，这种推销方式与广告推销、营业推广及公共关系等方式比较，有着明显的特点。这些特点表现在促成顾客购买、提供技术服务和收集市场信息等 3 个方面。通常，宴会人员推销程序包括 5 个步骤：寻找目标顾客、接近目标顾客、传播宴会信息并与顾客沟通、促成宴会产品销售及售后跟踪访问等。

2. 广告推销

广告推销是指饭店借助于杂志、报纸、广播、电视、宣传册等媒介向市场和潜在的顾客传递有关宴会信息以推销宴会产品（见图 11-3）。饭店广告推销与其他推销手段相比，具有信息传播速度快，涵盖面广，能多次重复同一信息等优点。因此，在宴会促销组合中，广告的运用比较广泛且发挥着重要的促销作用。根据统计，市场上的宴会推销方式有多种。然而，传播最广泛且使用频率较高的方式就是广告。在市场上，一个饭店或宴会运营企业要使本企业的宴会产品顺利地进入市场，首先要做的推销活动就是信息传播，让顾客了解和记忆本企业及其宴会产品。这样，通过广告，可以介绍本饭店的文化与特点、宴会种类及其功能等，使潜在的顾客和公众对本饭店宴会产品有一个基本的印象和了解。

图 11-3　周日早午餐自助宴会的广告推销

通过广告将本企业新开发的宴会产品介绍给顾客，向顾客提供宴会价格与价值及优惠等信息。同时，广告可增强顾客对宴会的认知，激发他们对本企业宴会的兴趣。通常，市场上有较多的著名饭店及其宴会产品。因此，顾客购买宴会产品，挑选的空间很大。同时，顾客总是在详细地了解各种宴会产品的功能和特点及价格等的基础上进行购买。根据调查，70%的顾客在购买各种主题宴会前都参考了广告提供的信息。所以，饭店可通过广告，介绍本企业宴会突出的优势和特色，加强顾客对宴会产品的了解和认识，激发顾客对本企业宴会的兴趣和偏爱。此外，宴会广告具有激励和创造顾客购买欲望而引导其购买宴会的功能。一般而言，顾客对宴会产品都有潜在的需要和购买欲望。这种需要和欲望如果得到适当的引导，可以导致他们的购买行为。例如，在当今的宴会市场上，具有特色的家庭宴会，休闲宴会或中西餐结合的自助宴会的需求不断上升。因此，饭店可通过广告，宣传本企业宴会产品的特点及为顾客带来的利益和收获，引导顾客对本企业宴会产品的信任和并产生兴趣进而产生购买行为。

3. 营业推广

营业推广也称作销售促进或推销活动，是指为了激励顾客购买宴会产品，饭店采用短期并优惠的促销措施，将这些信息传递给公众和潜在的顾客以达到促进宴会销售的目的。当今，宴会市场竞争非常激烈，宴会产品生命周期不断缩短，传统和被动地等待顾客上门的推销观念已失去宴会的营销效果。在这种前提下，举办各种推销活动是宴会营销的有效策略之一。目前，一些饭店常在各种会展中推销本企业的宴会产品，取得了一定的效果。饭店在本企业举办节假日休闲宴会和主题宴会等的推销活动也是常用的推销活动之一。例如，圣诞节晚会、中秋美食自助餐、地中海美食节、法国烧烤展示等活动对休闲宴会推销起着重要的作用。根据研究，成功的宴会推销活动应当具备新闻性、新潮性、简单性、视觉性和顾客参与性并突出宴会服务环境的装饰和菜单特色，使宴会推销活动产生主题，呈现现代人的生活气息，引起潜在购买者的兴趣。

饭店或宴会运营企业常采用赠送礼品策略以达到宴会促销目的。然而，宴会礼品应使企业和顾客同时受益才能达到推销效果。饭店赠送的礼品应包括本企业的特色菜点，新开发的特色甜点，生日蛋糕或婚宴蛋糕，新研制的鸡尾酒，新设计的水果盘及最新设计的宴会贺卡或精致的菜单等。菜点、蛋糕、果盘和酒水属于奖励型赠品。这种赠品应根据宴会主题和休闲活动，有选择地赠送给顾客以便满足其不同的需求，使顾客真正得到实惠并提高企业的知名度，提高顾客购买宴会的频率。这种礼品的包装必须精致及讲究赠送气氛。同时，赠送礼品的种类、内容和颜色等要与宴会主题与宴会目的相协调，使饭店的赠品达到理想的营销效果。贺卡和菜单属于广告型赠品。所以，赠送贺卡时，应讲究纸张和颜色并在贺卡上写有企业的名称。当然，宴会菜单除了应有饭店的名称、地址和联系电话外，还应有不同主题宴会菜点的特色介绍及主厨介绍。实际上，赠送贺卡和菜单主要起到宣传本企业运营的宴会主题及其特色的作用，使更多的顾客了解本企业宴会产品，提高本企业宴会产品的知名度。综上所述，宴会营业推广的优势表现在以下几方面。

（1）酒店营业推广活动通过向促销对象提供短期的促销激励，引导顾客迅速采取购买行动。因此，宴会营业推广是在限定的时间和空间进行有效的推销。例如，在婚宴季节进行婚宴产品营业推广；在各种节假日进行有关节假日主题宴会的推销活动。

（2）饭店在相关时段内为某一主题促销宴会产品常为顾客提供一些优惠。这种优惠具有较强的激励因素以引导顾客购买某一特定的宴会产品，包括价格折扣、宴会赠品、增加服务项目或附加产品等。根据调查，较高的优惠是促使顾客实施购买行为的直接原因。

4. 公共关系

公共关系也称为公众关系或公共宣传，是指饭店或宴会运营企业为了取得社会和公众的了解和信任，将本企业的宴会经营信息及宴会产品信息传递给公众以扩大本饭店宴会在社会上的知名度和美誉度等的各种活动。公共关系是饭店或宴会运营企业为了取得社会和公众的信赖与了解而进行的有关宴会各种宣传和信息沟通活动。它运用各种信息传播手段，将本企业宴会产品等信息传递给潜在的顾客、社区民众、政府机构、非营利组织等以扩大本企业宴会产品在社会上的影响，树立良好形象，从而为本企业宴会市场争取良好的营销环境。因此，公共关系是塑造本企业宴会产品形象的艺术，是饭店进行促销活动不可缺少的手段。因此，良好的公共关系已经成为饭店或宴会运营企业开拓市场、扩大销售和建立良好的营销环境必不可少的促销活动。

公共关系中的宣传报道常被称为是免费的广告，使饭店不需要或付出少量的费用就可以进行宣传报道。实际上，公共关系中的宣传活动和报道在宴会促销组合中已成为费用低且效益高的一种推销手段。同时，饭店或宴会运营企业通过公共关系活动，将市场调查中获取的信息运用于宴会的营销规划和营销战略和计划中。宴会公共关系活动的实施主要通过信息宣传和信息沟通，将饭店策划和制订的公共关系活动方案贯彻实施以实现与宴会营销目标相关的公共关系及推销活动。综上所述，饭店进行有关宴会业务的公共关系活动是一项综合型的促销活动。这一工作必须遵循科学并可以带来实际营销效果的程序。这些程序可归纳为相关调查研究、确定公关目标、制订公关策略、实施公关计划、反馈和评价公关效果等。

11.3.2 产品策略

产品是指用于满足人们需求的实物、服务与体验。产品的形式可以是有形的，也可以是无形的。当今，任何饭店或宴会运营企业都致力于宴会产品质量的提高和创新以便更好地满足市场需求并提高企业市场竞争力。宴会产品是由有形产品和无形产品组合而成。例如，宴会服务设施、宴会中的菜点等是有形产品；而宴会服务是无形产品。包括宴会服务效率、宴会服务方法菜点和酒水的温度等。宴会产品策略是饭店根据市场需求和企业的人、财、力，选择自己要经营的宴会过程，是宴会营销决策的基础。根据研究，宴会产品组合的宽度、长度、深度和关联度对宴会推销活动产生重大影响。一般而言，增加宴会产品组合的宽度，即扩大宴会产品的生产与服务范围，可使企业获得新的发展机会并充分利用饭店或宴会运营企业的各种资源。当然，也分散了企业的投资风险。增加宴会产品组合的长度和深度会使宴会产品具有更多的规格和花样品种以更好地适应或满足个人消费者与组织购买者的需要和爱好。同时，增强了饭店的竞争力。同样，增加宴会产品组合的关联度，可发挥企业宴会产品的特色，提高了宴会产品销售的经济效益。反之，降低宴会产品组合宽度和长度可集中企业资源，降低成本，提高生产和推销效率。因此，科学的宴会产品组合是饭店等根据宴会市场需求、市场竞争形势和企业自身资源和能力对宴会产品组合的宽度、长度、深度和关联度等方面做出的推销决策。饭店或宴会运营企业常运用5R分析法对本企业宴会产品在地理位置、产品功能、购买时间、产品价格和产品数量是否符合目标市场需求及其经济效益和社会效益等进行评估。

1. 适合的地理位置（right place）

著名的美国饭店企业家斯坦特勒（Statler）根据自己多年经营饭店的经验，将饭店或宴会运营企业成功的因素归为饭店的地理位置。他认为："饭店成功的三个要素是，地理位置、地理位置，地理位置。"根据研究，宴会产品运营成功的第一要素同样是地理位置。因此，在该饭店进行宴会业务的规划中，营销管理人员必须对本企业所经营的宴会产品与所在地的经济、文化和习俗等情况及其发展进行认真的评价。

2. 适合的产品（right products）

所谓适合的产品是指能满足目标顾客需要的宴会主题、宴会种类、宴会菜点、宴会服务环境、宴会设施。宴会产品还必须适应地区经济发展与环境保护等的要求。

3. 适合的时间（right time）

通常，宴会产品受季节和时段等因素影响。例如，在对商务饭店的宴会产品销售统计中发现，每年的春季与秋季及节假日和周末，宴会产品销售收入比其他季节或时段高。在对宴会产品的菜点销售调查中，发现作为宴会甜点的冰淇淋销售量夏季最高。因此，宴会菜单设计应考虑季节因素。

4. 适当的价格（right price）

开发宴会产品时，必须考虑个人消费者和组织购买者对宴会产品的消费能力及其对不同主题宴会产品的需求和消费习惯等。不同的个人消费者和组织购买者对不同价格的宴会产品有不同的消费习惯和承受能力。因此，饭店的坐落地点及其所在地经济发展状况与新开发的宴会产品的价格紧密相关。

5. 适当的数量（right quantity）

饭店或宴会运营企业在开发新的宴会产品时，必须考虑地区经济状况和未来的宴会市场发展趋势。同时，其中，特别要关注宴会市场中的目标顾客规模及目标顾客潜在的需求及其发展。这些因素都与开发新的宴会产品种类与数量及饭店或宴会运营企业的投资与产出等紧密相关。例如，新开发的休闲宴会产品和节假日宴会产品的消费者规模及其发展等。

11.3.3 价格策略

价格是宴会推销的重要影响因素之一。它关系到宴会产品销售和利润等问题。随着宴会市场营销环境的发展与变化，宴会产品价格制定与调整不仅要考虑成本补偿问题，还要关注目标顾客的接受能力与宴会在市场上的竞争能力。综上所述，价格策略是宴会推销中直接影响饭店或宴会运营企业营业收入和利润的因素。通常，宴会价格受多种因素影响，尤其受到地域和时间因素的约束。通常宴会价格越高，其市场需求越小。宴会价格策略包括成本价格策略、需求价格策略和竞争价格策略等。成本价格策略是宴会最基本的定价策略，它客观地通过销售来补偿宴会实际消耗的各项成本；需求价格策略参考了顾客对宴会产品价值的理解和需求强度，而不是仅依据其成本。因此，它也称为感受价格策略。竞争价格策略基本上是随行就市。这种策略可保证饭店获得适当的收益。此外，饭店或宴会运营企业常采用较低的价格策略以扩大宴会销售收入。有时为了竞争和扩大宴会销售，饭店还采用数量折扣和季节折扣等策略。

11.3.4 销售渠道策略

宴会销售渠道，也称作宴会分销渠道、宴会营销网络、中间商或中介组织等，由便利顾客购买宴会产品的商业组织和个人组成。实际上，宴会销售渠道是指饭店或宴会运营企业向消费者和组织购买者提供宴会产品所经过的各种途径。宴会销售渠道是宴会市场推销策略的主要内容之一。饭店建立高效畅通的宴会销售渠道，是实现宴会产品价值及开拓宴会市场的关键环节。由于宴会产品具有不可贮存及消费不可转移等特点。因此，除了发挥自身的营销优势外，饭店还必须选择适合本企业营销需求的渠道以实现销售任务和销售目标。通常，宴会销售渠道策略包括宴会产品的直接销售渠道和间接销售渠道。直接销售渠道是通过饭店或宴会运营企业将不同主题和种类的宴会产品直接销售给顾客。间接销售渠道是通过中间商销售宴会产品。当今，越来越多的管理人员重视宴会销售渠道并有效地加宽销售渠道。目前，饭店业实施连锁经营模式不断地发展销售渠道并通过各种销售渠道扩大本企业宴会产品的销售市场。

11.3.5 服务组合策略

宴会服务是无形产品，由不同的要素组成。通常，顾客在享受宴会服务时，也获得或享受一些实体产品。例如，菜肴、酒水、家具和设施等。实际上，宴会产品是多维的，其组成不仅包括宴会服务，还包括一些实体产品（有形产品）。由于宴会服务的特征，决定了顾客购买宴会产品前只能通过搜寻信息，参考多方面的建议才能做出购买决策。因此，饭店或宴会运营企业必须对其宴会服务环境及其设施进行展示，对各种主题宴会的菜单进行展示以呈现其宴会产品的质量和特色。此外，饭店还必须以诚实、准确、周到和及时并有针对性地兑现其宴会产品的服务内容及服务质量水平。综上所述，宴会服务必须依靠有形产品的衬托才能成功地销售。实际上，宴会服务的内涵包括有形产品的一些因素和特色。当然，宴会环境的布置，宴会设施与设备的展示，餐具和酒具的造型与质量及其摆放方法以及菜点的数量与造型等都是影响宴会服务质量和特色的因素。此外，宴会服务方法与程序、顾客与服务人员的沟通和互动等都在宴会推销中起着重要的作用。

11.3.6 清洁展示策略

当今，清洁已成为现代宴会产品质量标准之一。因此，清洁是宴会产品的重要组成。清洁不仅含有它本身的含义，还代表尊重和高尚，是顾客选择宴会产品的重要因素之一。饭店或宴会运营企业应保证本企业外观的清洁、灯饰的清洁、设施和饰品的清洁、宴会餐具和酒具的清洁。同时，应制定清洁质量标准，并按时进行检查。饭店应保持其招牌的清洁、文字的清晰度、灯光完好无损、盆景、叶子和花卉的整洁卫生。饭店和宴会厅的地面应当干净，墙面、玻璃门窗和天花板应无尘土。当今，饭店卫生间是其产品质量的重要标志之一。因此，饭店或宴会运营企业应重视宴会服务场所卫生间的设施与造型并配备方便的冷热水系统、抽风装置和空气调节器等。当然，卫生间的明亮镜子、液体香皂，擦手用的纸巾、干手用的烘干器、干净的垃圾桶、盆景和新鲜的空气都是宴会体验营销不可忽视的内容。

11.3.7 绿色销售策略

绿色是指宴会使用安全和具有营养价值的食品原料，通过科学的生产工艺，以利顾客的身体健康。宴会的绿色推销从食品原料采购开始，控制好食品原料的来源、尽可能不购买罐装及半成品食品原料，从无污染和无公害种植地和饲养场所采购食品原料。宴会菜点生产是宴会推销的又一关键环节。宴会厨房在菜点生产中，应认真清洗原料、合理搭配原料、科学运用烹调技艺，以防止原料的营养成分损失。同时，不使用任何化学添加剂，致力于原料自身的特色，简化生产环节，减少污染机会。精简宴会服务程序，减少餐巾和餐具被污染的机会，使宴会的菜点和服务更加清新和自然。

11.3.8 网络销售策略

网络销售称为互联网推销或电子销售，是有效的宴会推销策略之一。宴会网络销售是以现代营销理论为基础，利用互联网技术和功能，最大限度地满足顾客需求以开拓宴会市场，更有效地销售宴会产品而增加企业宴会产品市场占有率的有效途径。当今，网络销售可视为一种有效的推销方法，它并非一定要取代传统的推销方式，而是利用信息技术，重组销售渠道。根据调查，互联网络比传统媒体的表现更加丰富，可发挥宴会营销人员的创意，超越时空而加快信息传播速度。同时，网络平台信息容量大且具备传送文字、声音和影像等多媒体的功能。因此，宴会网络销售没有地域限制，除了受文字局限外，它比任何传统的推销方式更具国际性。因此，顾客可根据自己的需求，进入需要的网站，在目标地域内寻找自己需要的宴会产品信息。另一方面，饭店可通过互联网收集顾客信息，形成顾客数据库，经分析，可为顾客提供更加个性化的宴会产品。此外，网络销售可使顾客直接向企业表达需求，销售人员可与潜在的顾客进行实时信息交流和在线销售产品等。实际上，网络销售可为顾客提供便利的宴会销售。综上所述，网络销售可给饭店和顾客带来方便和经济利益。对饭店而言，能实现宴会的直销，降低营销成本。对顾客而言，能节省购买时间和交易成本。随着网络的普及与发展，饭店在互联网上拥有自己的站点和主页已成为事实。这样，网络时代的饭店形象系统已成为企业宣传其优质的宴会产品和宴会服务的关键。所谓网络企业形象系统是指通过网络树立的饭店形象和宴会产品形象。随着网络技术在商业和旅游业的应用，饭店的宴会产品应在网络市场空间取得市场竞争力。饭店的网站设计应重视企业的标志，尽可能使饭店标志出现在每个页面上，而突出其宴会产品的形象和特色。

本章小结

市场是宴会营销的出发点与归宿，是宴会产品交换的场所，宴会一切营销活动都围绕着市场展开。宴会营销也称作宴会市场营销，是指饭店为满足顾客对宴会产品的需求而实施的宴会运营活动，包括宴会市场调研，选择目标市场，开发宴会菜单，为宴会产品定价，选择宴会销售渠道及实施宴会促销等一系列活动。当代宴会营销以市场为中心，为满足顾客对宴会需求而实现饭店宴会的运营目标。宴会市场具有较强的功能，这些功能主要表现在交换功能、供给功能、反馈功能和调节功能等方面。

饭店或宴会运营企业综合运用各种营销手段，将宴会环境、菜点、酒水和服务等销售给顾客。现代宴会营销不仅是饭店宴会部和营销部的职责，而是企业整体运营行为。宴会营销任务是规定饭店对宴会营销的原则、方法与手段及对员工的社会责任和态度等。当今，宴会市场需求多种多样且十分复杂。宴会市场不仅存在着潜在的需求，还存在着不规则的需求等。宴会市场定位是根据目标市场上消费者和组织购买者对宴会的实际需求及竞争者现有产品在市场的营销状况，结合本企业的自身条件，运用适当的营销组合确立本企业产品和品牌在市场上的地位。近年来，宴会市场定位受到了旅游业、会展业和饭店业的高度重视。宴会市场定位虽然从产品开始，但是，其实质不仅建立在产品质量、宴会主题、产品功能上，还将企业品牌和企业形象建立在顾客的心目中。

练习题

1. 名词解释

宴会市场、宴会营销、营业推广、营销渠道

2. 判断对错题

(1) 宴会网络销售是以现代营销理论为基础，利用互联网技术和功能，最大限度地满足顾客需求以开拓宴会市场，更有效地销售宴会产品而增加企业宴会产品市场占有率的有效途径。 (　　)

(2) 宴会的绿色推销是从食品原料加工开始，控制好食品原料的加工程序和方法并关注加工设备和餐具的清洁卫生。 (　　)

(3) 产品策略是宴会推销的内容之一，它不会影响其他推销策略的实施。 (　　)

(4) 宴会营销理念是指饭店或宴会运营企业在从事宴会营销时所依据的指导思想和行为准则。 (　　)

(5) 由于宴会产品的不可贮存性和地点的不可转移性等特点，因此，除了发挥自身的营销优势外，饭店还必须选择适合本企业营销需求的价格以实现销售任务和销售目标。

(　　)

（6）当今，宴会市场竞争非常激烈，宴会产品生命周期不断缩短，传统和被动地等待顾客上门的推销观念已失去宴会的营销效果。（ ）

（7）宴会产品运营成功的第一要素是产品价格。因此，在饭店进行宴会业务的规划中，营销管理人员必须对本企业所经营的宴会产品与所在地的经济、文化和习俗等情况及其发展进行认真的评价。（ ）

（8）如果在一个宴会细分市场，当前或未来存在着许多替代产品。那么，进入这一宴会细分市场时就应当慎重。（ ）

3. 简答题

（1）简述宴会营销特点。

（2）简述宴会促销组合策略。

4. 论述题

（1）论述宴会市场细分依据。

（2）论述宴会推销策略。

参考文献

[1] 王艳，程艳霞．现代营销理论与实务［M］．北京：人民邮电出版社，2012.
[2] 武铮铮．实用市场营销学［M］．南京：东南大学出版社，2010.
[3] 王天佑．饭店管理概论［M］.3 版．北京：北京交通大学出版社，2015.
[4] 王天佑．饭店餐饮管理［M］.3 版．北京：北京交通大学出版社，2015.
[5] 曾萍．企业伦理与社会责任［M］．北京：机械工业出版社，2011.
[6] 郭国庆．国际营销学［M］.2 版．北京：中国人民大学出版社，2012.
[7] 孙国辉，崔新健，王生辉．国际市场营销［M］.2 版．北京：中国人民大学出版社，2012.
[8] 王天佑．酒店市场营销［M］．天津：天津大学出版社，2014.
[9] 骆品亮．定价策略［M］．上海：上海财经大学出版，2006.
[10] 本顿．采购和供应管理［M］．穆东，译．大连：东北财经大学出版社，2009.
[11] 温卫娟．采购管理［M］．北京：清华大学出版社，2013.
[12] 赖利．管理者的核心技能［M］．徐中，译．北京：机械工业出版社，2014.
[13] 莫里森．旅游服务业市场营销［M］．李天元，译．北京：中国人民大学出版社，2012.
[14] 科恩．销售管理［M］．刘宝成，译.10 版．北京：中国人民大学出版社，2017.
[15] 杨劲松．酒店战略管理［M］．北京：机械工业出版社，2013.
[16] 卢进勇．跨国公司经营与管理［M］．北京：机械工业出版社，2013.
[17] 克拉耶夫斯基．运营管理［M］.9 版．北京：清华大学出版社，2013.
[18] 陈钦兰．市场营销学［M］.2 版．北京：清华大学出版社，2017.
[19] RAO，MADANMOHAN. Knowledge management tools and techniques［M］. Ma：Elsevier Inc.，2005.
[20] HAMILTON C. Communicating for results. a：Thomson Higher Education，2008.

[21] RUSSELL R S. Operations management [M] . 4th ed. Upper Saddle River, NJ: Prentice Hall, 2003.

[22] BARAN. Customer relationship management. Mason: Thomson Higher Education, 2008.

[23] JENNINGS M M. Business Ethics [M] . 5th ed. Mason: Thomson Higher Education, 2006.

[24] BURROW. Business Principles and Management [M] . Mason: Thomson Higher Education, 2008.

[25] USUNIER J C. Marketing across cultures [M] . Essex: Pearson Education Limited, 2005.

[26] BOTTGER P. Leading the top team [M] . Cambridge: Cambridge University Press, 2008.

[27] MORRISON A M. Marketing And Management Tourism Destinations [M] . Cornwall: TJ International Ltd, 2013.

[28] WEAVER D. Tourism Management [M] . 5th ed. John Wiley & Sons, Australia Ltd, 2014.

[29] MCKEAN J. Management Customers Through Economic Cycles [M] . West Sussex: John Wiley & Sons, 2010.

[30] PARDUN C J. Advertising and society [M] . 2nd ed. West Sussex: John Wiley & Sons, 2014.

[31] KELLER K, Consumer-brand relationship theory and practice [M] . New York: Cenveo Publisher Services, 2012.

[32] WESTWOOD J. Marketing your business [M] . London: Kogan Page Limited, 2011.

[33] HASTINGS G. Social Marketing [M] . 2nd ed. Oxon: Butterworth Heinmann, 2014.

[34] MCDONALD M, GOSMAY R. Market segmentation [M] . 4th ed. West Sussex: John Wiley & Sons, 2012.

[35] RICHARDSON N, GOSNAY R. Develop Your Marketing Skills [M] . UK: Kogan Page Limited, 2011.

[36] MCALLISTER M P. The routledge companion to adverting and promotional culture [M] . New York: Tailor & Francis Group, 2013.